教育部高职高专规划教材

焊 接 技 术

叶 琦 主编

化学工业出版社
教材出版中心
·北京·

图书在版编目(CIP)数据

焊接技术/叶琦主编．—北京：化学工业出版社，
2005.2（2025.7重印）
教育部高职高专规划教材
ISBN 978-7-5025-6458-2

Ⅰ．焊… Ⅱ．叶… Ⅲ．焊接-高等学校：技术学院-
教材　Ⅳ．TG.4

中国版本图书馆 CIP 数据核字（2005）第 005136 号

责任编辑：高　钰　　　　　　　　　　　　文字编辑：韩庆利
责任校对：蒋　宇　边　涛　　　　　　　　装帧设计：潘　峰

出版发行：化学工业出版社（北京市东城区青年湖南街 13 号　邮政编码 100011）
印　　装：北京盛通数码印刷有限公司
787mm×1092mm　1/16　印张 18½　字数 452 千字　2025 年 7 月北京第 1 版第 18 次印刷

购书咨询：010-64518888　　　　　　　　　售后服务：010-64518899
网　　址：http://www.cip.com.cn
凡购买本书，如有缺损质量问题，本社销售中心负责调换。

定　　价：49.00 元　　　　　　　　　　　　　　　　　　　　版权所有　违者必究

出 版 说 明

  高职高专教材建设工作是整个高职高专教学工作中的重要组成部分。改革开放以来，在各级教育行政部门、有关学校和出版社的共同努力下，各地先后出版了一些高职高专教育教材。但从整体上看，具有高职高专教育特色的教材极其匮乏，不少院校尚在借用本科或中专教材，教材建设落后于高职高专教育的发展需要。为此，1999年教育部组织制定了《高职高专教育专门课课程基本要求》（以下简称《基本要求》）和《高职高专教育专业人才培养目标及规格》（以下简称《培养规格》），通过推荐、招标及遴选，组织了一批学术水平高、教学经验丰富、实践能力强的教师，成立了"教育部高职高专规划教材"编写队伍，并在有关出版社的积极配合下，推出一批"教育部高职高专规划教材"。

  "教育部高职高专规划教材"计划出版500种，用5年左右时间完成。这500种教材中，专门课（专业基础课、专业理论与专业能力课）教材将占很高的比例。专门课教材建设在很大程度上影响着高职高专教学质量。专门课教材是按照《培养规格》的要求，在对有关专业的人才培养模式和教学内容体系改革进行充分调查研究和论证的基础上，充分吸取高职、高专和成人高等学校在探索培养技术应用性专门人才方面取得的成功经验和教学成果编写而成的。这套教材充分体现了高等职业教育的应用特色和能力本位，调整了新世纪人才必须具备的文化基础和技术基础，突出了人才的创新素质和创新能力的培养。在有关课程开发委员会组织下，专门课教材建设得到了举办高职高专教育的广大院校的积极支持。我们计划先用2~3年的时间，在继承原有高职高专和成人高等学校教材建设成果的基础上，充分汲取近几年来各类学校在探索培养技术应用性专门人才方面取得的成功经验，解决新形势下高职高专教育教材的有无问题；然后再用2~3年的时间，在《新世纪高职高专教育人才培养模式和教学内容体系改革与建设项目计划》立项研究的基础上，通过研究、改革和建设，推出一大批教育部高职高专规划教材，从而形成优化配套的高职高专教育教材体系。

  本套教材适用于各级各类举办高职高专教育的院校使用。希望各用书学校积极选用这批经过系统论证、严格审查、正式出版的规划教材，并组织本校教师以对事业的责任感对教材教学开展研究工作，不断推动规划教材建设工作的发展与提高。

教育部高等教育司

前　言

随着科学技术的发展，焊接技术从20世纪中期以来取得了突飞猛进的发展。其应用已经遍及工业、农业、军事以及人民生活等各个领域。在国民经济中发挥着越来越重要的作用，成为了一种传统的基础工艺与技术。近年来，随着新材料、新技术以及信息技术等在焊接领域的应用，使焊接由金属材料的焊接向非金属材料扩展，由自动控制向人工智能控制发展，由传统的焊接向各种极限环境下的焊接发展。今天，焊接技术已成为最具发展潜力和广阔应用前景的技术。

本书以高等职业教育的培养目标为基础，以非焊接专业学生对焊接专业的知识需要为对象，较系统介绍了焊接冶金基础、焊接应力与变形、焊接材料、焊接工艺、常用焊接方法、常用金属材料的焊接、焊接缺陷的产生及防止、典型焊接钢结构、焊接检验等。全书内容编写突出够用和简单实用的原则，适用于高等职业学校机械类非焊接专业的焊接技术课程的教学和工程技术人员、工人自学焊接的参考书。

本书的绪论、第一章、第二章、第四章、第七章和第八章由叶琦编写，第三章、第五章由邱霞菲编写，第六章和第九章由徐慧波编写，由叶琦任主编，邱霞菲任副主编。

本书在编写过程中得到了安徽理工大学职业技术学院的关心和支持，在此表示感谢。同时，对本书编写中所参阅的书籍和资料的作者（编者）们表示感谢。

由于编写时间仓促，加之编者水平所限，书中难免有不足和错误，恳请广大读者批评指正。

编　者
2004年10月

目　　录

绪论 ·· 1
　一、焊接技术在工程建设中的作用与地位 ·· 1
　二、焊接的本质及分类 ·· 1
　三、焊接技术的发展 ··· 2
　四、学习建议 ·· 3
　复习思考题 ·· 3

第一章　焊接冶金基础 ·· 4
　第一节　焊接热过程 ·· 4
　　一、常用焊接热源及传热基本方式 ··· 4
　　二、焊接温度场 ·· 6
　　三、焊接热循环 ·· 9
　第二节　焊接的化学冶金过程 ·· 14
　　一、焊缝金属的组成 ·· 14
　　二、焊接化学冶金特点 ··· 18
　　三、焊接熔渣 ··· 20
　第三节　有害元素对焊缝金属的作用 ··· 22
　　一、氢对焊缝金属的作用 ·· 22
　　二、氮对焊缝金属的作用 ·· 25
　　三、氧对焊缝金属的作用 ·· 25
　　四、焊缝中硫、磷的危害及脱除 ··· 30
　第四节　焊缝金属的合金化 ··· 31
　　一、焊缝金属合金化的目的 ··· 31
　　二、合金化的方式 ··· 31
　　三、合金元素过渡系数及影响因素 ·· 32
　第五节　焊接接头的组织与性能 ··· 32
　　一、熔池的凝固与焊缝金属的固态相变 ·· 33
　　二、熔合区的组织和性能 ·· 35
　　三、焊接热影响区的组织和性能 ··· 35
　　四、焊接接头组织和性能的调整与改善 ·· 39
　复习思考题 ·· 41

第二章　焊接应力与变形 ··· 42
　第一节　焊接应力和变形的基本概念 ··· 42
　　一、焊接应力和变形 ·· 42
　　二、焊接应力和变形的形成 ··· 42

第二节　焊接残余变形 …………………………………………………………… 46
　　　一、焊接残余变形分类、产生原因及危害 ………………………………………… 46
　　　二、影响焊接残余变形的因素 …………………………………………………… 51
　　　三、控制焊接残余变形的措施 …………………………………………………… 54
　　　四、焊后残余变形的矫正方法 …………………………………………………… 60
　　第三节　焊接残余应力 …………………………………………………………… 63
　　　一、应力的分类 …………………………………………………………………… 63
　　　二、焊接残余应力的分布及其对结构的影响 …………………………………… 64
　　　三、减小焊接残余应力的措施 …………………………………………………… 70
　　　四、消除焊接残余应力的措施 …………………………………………………… 74
　　复习思考题 ………………………………………………………………………… 76
第三章　焊接材料 …………………………………………………………………… 78
　　第一节　焊条 ……………………………………………………………………… 78
　　　一、焊条的组成及作用 …………………………………………………………… 78
　　　二、焊条的分类及型号 …………………………………………………………… 79
　　　三、焊条的选用及管理 …………………………………………………………… 83
　　第二节　焊丝 ……………………………………………………………………… 84
　　　一、实芯焊丝 ……………………………………………………………………… 84
　　　二、药芯焊丝 ……………………………………………………………………… 85
　　第三节　焊剂 ……………………………………………………………………… 87
　　　一、焊剂的分类 …………………………………………………………………… 87
　　　二、焊剂的型号和牌号 …………………………………………………………… 87
　　　三、焊剂与焊丝的选配 …………………………………………………………… 88
　　第四节　焊接用气体 ……………………………………………………………… 89
　　　一、焊接用气体的性质 …………………………………………………………… 89
　　　二、焊接用气体的应用 …………………………………………………………… 90
　　第五节　其他焊接材料 …………………………………………………………… 91
　　　一、钨极 …………………………………………………………………………… 91
　　　二、钎料和钎剂 …………………………………………………………………… 92
　　　三、气焊熔剂 ……………………………………………………………………… 93
　　复习思考题 ………………………………………………………………………… 94
第四章　焊接工艺 …………………………………………………………………… 95
　　第一节　焊接接头的组成、形式及设计、选用原则和焊缝形式 ……………… 95
　　　一、焊接接头的组成、形式及设计、选用原则 ………………………………… 95
　　　二、焊缝形式 ……………………………………………………………………… 103
　　第二节　焊缝的符号及标注 ……………………………………………………… 103
　　　一、常用焊接方法代号 …………………………………………………………… 104
　　　二、焊缝符号 ……………………………………………………………………… 104
　　　三、焊接接头在图纸上的表示方法 ……………………………………………… 106
　　第三节　焊接工艺要素和规范的选择 …………………………………………… 109

一、焊前准备 …………………………………………………………………… 110
　　二、焊接工艺规范参数 ………………………………………………………… 111
　第四节　焊接工艺评定基本要求 …………………………………………………… 115
　　一、意义和目的 ………………………………………………………………… 115
　　二、钢结构焊接工艺评定的规则 ……………………………………………… 115
　　三、焊接工艺评定试验 ………………………………………………………… 117
　　四、焊接工艺评定报告 ………………………………………………………… 118
　复习思考题 …………………………………………………………………………… 120

第五章　常用焊接方法 ………………………………………………………………… 122
　第一节　焊条电弧焊 ………………………………………………………………… 122
　　一、焊条电弧焊原理及特点 …………………………………………………… 122
　　二、焊条电弧焊电源 …………………………………………………………… 123
　　三、焊接工艺参数的选择 ……………………………………………………… 128
　　四、常用焊接工艺措施 ………………………………………………………… 130
　　五、焊条电弧堆焊 ……………………………………………………………… 131
　第二节　气体保护电弧焊 …………………………………………………………… 132
　　一、气体保护电弧焊原理及分类 ……………………………………………… 132
　　二、二氧化碳气体保护电弧焊 ………………………………………………… 133
　　三、氩弧焊 ……………………………………………………………………… 138
　　四、富氩混合气体保护电弧焊与药芯焊丝气体保护电弧焊 ………………… 143
　第三节　气焊与气割 ………………………………………………………………… 144
　　一、气体火焰 …………………………………………………………………… 144
　　二、气焊 ………………………………………………………………………… 145
　　三、气割 ………………………………………………………………………… 148
　第四节　其他焊接与切割方法 ……………………………………………………… 151
　　一、埋弧自动焊 ………………………………………………………………… 151
　　二、钎焊 ………………………………………………………………………… 153
　　三、电渣焊 ……………………………………………………………………… 154
　　四、碳弧气刨 …………………………………………………………………… 155
　　五、等离子弧切割与焊接 ……………………………………………………… 157
　复习思考题 …………………………………………………………………………… 159

第六章　常用金属材料的焊接 ………………………………………………………… 160
　第一节　金属的焊接性和焊接性试验 ……………………………………………… 160
　　一、金属焊接性的概念 ………………………………………………………… 160
　　二、金属焊接性试验 …………………………………………………………… 161
　　三、常用焊接性试验方法 ……………………………………………………… 161
　第二节　碳素钢的焊接 ……………………………………………………………… 166
　　一、低碳钢的焊接 ……………………………………………………………… 167
　　二、中碳钢的焊接 ……………………………………………………………… 168
　第三节　合金结构钢的焊接 ………………………………………………………… 169

一、合金结构钢概述 169
　　二、合金结构钢的焊接 170
　第四节　不锈钢、耐热钢的焊接 178
　　一、不锈钢、耐热钢的类型及性能特点 178
　　二、不锈钢的焊接 180
　第五节　异种钢的接焊 184
　　一、珠光体钢与奥氏体钢的焊接 184
　　二、不锈钢复合钢板的焊接 185
　第六节　铝及铝合金的焊接 187
　　一、铝及铝合金的焊接特点 188
　　二、铝及铝合金的焊接工艺 189
　第七节　铜及铜合金的焊接 192
　　一、铜及铜合金的焊接性 193
　　二、铜及铜合金的焊接工艺 193
　复习思考题 195

第七章　焊接缺陷的产生及防止 197
　第一节　焊接缺陷的种类及特征 197
　　一、焊接缺陷的类型 197
　　二、常见焊接缺陷的特征及危害 198
　第二节　焊缝中的气孔与夹杂物 200
　　一、焊缝中的气孔 200
　　二、焊缝中的夹杂物 207
　第三节　焊接结晶裂纹 209
　　一、结晶裂纹的特征 209
　　二、结晶裂纹产生的原因 209
　　三、影响结晶裂纹产生的因素 210
　　四、防止结晶裂纹的措施 214
　第四节　焊接冷裂纹 216
　　一、焊接冷裂纹的类型 216
　　二、焊接冷裂纹产生的原因 217
　　三、防止焊接冷裂纹的措施 220
　第五节　其他焊接缺陷 222
　　一、咬边 222
　　二、焊瘤 223
　　三、凹坑与弧坑 223
　　四、未焊透与未熔合 223
　　五、塌陷与烧穿 224
　　六、夹渣 225
　　七、焊缝尺寸与形状不符合要求 226
　第六节　焊缝缺陷的返修 226

复习思考题 ·· 228
第八章　典型焊接钢结构 ·· 229
第一节　钢结构的特点及类型 ··· 229
　　一、钢结构的特点 ··· 229
　　二、钢结构的类型 ··· 230
第二节　焊接结构设计基础 ··· 233
　　一、焊接结构采用时应注意的问题 ································· 233
　　二、焊接结构总体设计要求 ·· 234
　　三、焊接结构设计中应考虑的工艺性问题 ························ 235
　　四、合理的接头设计 ·· 235
第三节　压力容器的结构及生产工艺 ··································· 237
　　一、压力容器的分类 ·· 237
　　二、压力容器常用焊接接头 ·· 238
　　三、圆筒形压力容器的生产工艺 ···································· 259
　　四、球形压力容器的生产工艺 ······································· 264
第四节　桁架起重机生产工艺 ·· 268
　　一、桁架起重机的种类 ··· 268
　　二、桁架起重机的焊接生产 ·· 268
　　复习思考题 ·· 269
第九章　焊接检验 ·· 271
第一节　非破坏性检验 ·· 272
　　一、外观检验 ·· 272
　　二、致密性检验 ··· 273
第二节　无损探伤检验 ·· 274
　　一、荧光检验 ·· 274
　　二、着色检验 ·· 275
　　三、磁粉检验 ·· 275
　　四、超声波检验 ··· 276
　　五、射线检验 ·· 276
第三节　破坏性检验 ·· 279
　　一、力学性能试验 ·· 279
　　二、化学分析及腐蚀 ·· 281
　　三、金相检验 ·· 281
　　复习思考题 ·· 282
主要参考文献 ·· 283

绪 论

一、焊接技术在工程建设中的作用与地位

焊接技术是 20 世纪初兴起的科学技术。随着科学技术不断进步，焊接技术近几十年来得到了迅速发展和传播。现已广泛应用于航空航天、原子能、石油化工、造船、海洋工程、电子技术、交通、电力和机械制造等工业部门。

就工程建设而言，焊接技术已经成为最重要的工艺之一。如石油化工建设中各种罐、槽、釜、塔以及大量管道的焊接。据统计在石油化工企业建设设备安装施工中有 60% 以上的工作量是焊接。由于焊接结构具有强度高、质量轻、跨度大等优点，焊接技术在建筑业也有大量的应用。如高 325m 的深圳地王大厦、201m 的大连远洋大厦都是钢制焊接结构，还有像体育场馆一类的大跨度建筑也都采用金属焊接结构的网架屋盖。在三峡工程，秦山、大亚湾核电站建设，西气东输工程等一大批国家重点建设工程中焊接技术均发挥着至关重要的作用。焊接技术已经成为制造业的基础工艺。在西方发达国家年产钢的 50%～60% 需要经过焊接加工。我国 2001 年的钢产量为 1.3 亿吨，据初步统计，其中约有 4000 万吨需要焊接加工。可见无论是在国外发达国家还是国内，焊接技术及其产业都有着广阔的发展空间。

就目前来说，焊接技术也有一些不可忽视的缺点，如会产生焊接变形，存在焊接残余应力，容易产生裂纹等，其检查技术也比较复杂。由焊接缺陷引起的结构失效和破坏还时有发生。如我国重庆的綦虹桥和韩国的汉江大桥的突然断裂。因此，焊接技术是一项要求极为严格的制造技术，有自身的科学规律和方法，同时有许多标准，所有的焊接工程师和焊工上岗焊接，都需经过严格的考试和发证，而且现在正在逐步制定世界标准。

二、焊接的本质及分类

两个或两个以上零件的连接，有螺钉连接、铆接、胶接以及焊接等。在所有连接方法中，焊接是应用最广的、最重要的金属材料的永久连接方法。焊接是指通过加热或加压，或两者并用，并且用或不用填充材料，使工件达到结合的一种方法。焊接不仅可以使金属材料永久地连接起来，也可以使某些非金属材料达到永久连接的目的，如玻璃焊接、塑料焊接和陶瓷焊接等，但在工业生产中应用最广泛的是金属焊接。

焊接与其他的连接方法不同，通过焊接连接材料不仅在宏观上建立了永久性联系，而且在微观上建立了组织之间的内在联系。因此，就必须使分离金属的原子间产生足够大的结合力，才能建立组织之间的内在联系，形成牢固接头。这对液体来说是很容易的，而对固体来说则比较困难，需要外部给予很大的能量，以使金属接触表面达到原子间的距离。为此，金属焊接时必须采用加热、加压或两者并用的方法。

按照焊接过程中金属所处的状态不同，可以把焊接方法分为熔焊、压焊和钎焊三类。熔焊是在焊接过程中将焊件接头加热至熔化状态不加压完成焊接的方法。在加热的条件下，增强金属的原子动能，促进原子间的相互扩散，当被焊金属加热至熔化状态形成液态熔

池时，原子之间可以充分扩散和紧密接触，因此冷却凝固后，即可形成牢固的焊接接头。常见的气焊、电弧焊、埋弧焊、电渣焊、气体保护焊等都属于熔焊的方法。

压焊是在焊接过程中，必须对焊件施加压力（加热或不加热），以完成焊接的方法。这类焊接有两种形式：一是将被焊金属接触部分加热至塑性状态或局部熔化状态，然后施加一定的压力，以使金属原子间相互结合形成牢固的焊接接头，如锻焊、接触焊、摩擦焊和气压焊就是这种类型的压焊方法；二是不进行加热，仅在被焊金属的接触面上施加足够的压力，借助于压力所引起的塑性变形，以使原子间相互接近而获得牢固的挤压接头，这种压焊的方法有冷压焊、爆炸焊等。

钎焊是采用比母材熔点低的第三种金属材料——钎料，将焊件和钎料加热到高于钎料熔点，低于母材熔点的温度，利用液态钎料表面张力润湿母材，这个润湿的金属和要被结合的面产生化学反应，实现去除氧化膜、氧化皮等，同时利用毛细管的填缝作用，也就是利用表面张力的吸附作用，填充接头间隙并与母材相互扩散，形成一个接头，就是钎焊的接头。常见的钎焊方法有烙铁钎焊、火焰钎焊等。

金属焊接方法的分类如图 0-1 所示。

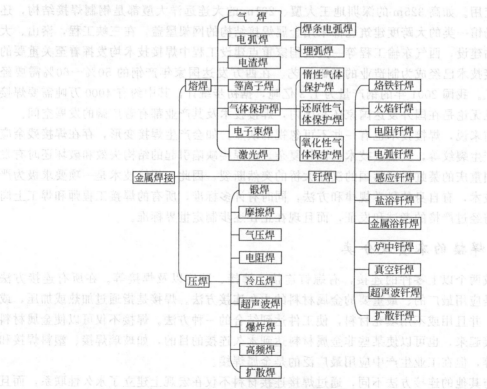

图 0-1　金属焊接方法的分类

三、焊接技术的发展

近代焊接技术，是从 1882 年出现碳弧焊开始，直到 20 世纪 30 年代，在生产上还只是采用气焊和手工电弧焊等简单的焊接方法。由于焊接具有节省金属，生产率高，产品质量好和能大大改善劳动条件等优点，所以在 20 世纪中期得到了迅速的发展。20 世纪 40 年代初期出现了优质电焊条，使长期以来人们所怀疑的焊接技术得到了一次飞跃。20 世纪 40 年代后期，由于埋弧焊和电阻焊的应用，使焊接过程的机械化和自动化成为现实。20世纪50年代的电渣焊、各种气体保护焊、超声波焊，20世纪60年代的等离子焊、电子束焊、激光焊等先进焊接方法的不断涌现，使焊接技术达到了一个新的水平。近年来对能量束焊、太阳能焊、冷压焊等新的焊接方法也开始研究，尤其是在焊接工艺自动控制方面有了很大发展，采用电子计算机控制可以获得较好的焊接质量和较高的生产率。采用工业电视监视焊接过程，便于遥控，有助于实现焊接自动化。在焊接生产中采用了工业机器人，使焊接工艺自动化达到了一个更新的阶段，使人不能达到的那些地方能够用机器人进行焊接，既安全又可靠，特别是在原子能工业中更有其发展前景。

现代焊接技术自诞生以来一直受到诸学科最新发展的直接影响与引导。众所周知，受材料、信息学科新技术的影响，不仅导致了数十种焊接新工艺的问世，而且也使得焊接工艺操作正经历着手工到自动化、智能化的过渡，这已成为公认的发展趋势。

当今，焊接作为一种传统技术又面临着21世纪的挑战。一方面，材料作为21世纪的支柱已显示出几个方面的变化趋势，即从黑色金属向有色金属变化；从金属材料向非金属材料变化，从结构材料向功能材料变化，从多维材料向低维材料变化；从单一材料向复合材料变化，新材料连接必然要对焊接技术提出更高的要求。另一方面，先进制造技术的蓬勃发展，对焊接技术的发展提出了越来越高的要求。突出"高"、"新"以此来迎接21世纪新技术的挑战。

四、学习建议

本书较系统地介绍了焊接技术中的熔焊基本原理、焊接材料、焊接方法、焊接检验、焊接结构基础、常用金属材料的焊接以及有关的焊接工艺知识。内容量大，涉及面广。同时，焊接技术又具有很强的实践性。学习时要注意综合应用已经学过的有关知识外，调整和总结自己的学习方法，注意理论与实践的联系，在理解和掌握基本原理的基础上，培养分析和解决问题的能力；要善于总结焊接技术的基本规律，提高对焊接技术的认识，尽可能多地参加与焊接有关的各类实践活动。有条件的情况下应参加焊接专业的职业技能培训，取得相关的证书。

复习思考题

1. 什么是焊接？
2. 金属的焊接是如何分类的？
3. 谈谈你对焊接技术应用的认识。

第一章　焊接冶金基础

金属熔焊的一般过程为：加热—熔化—冶金反应—结晶—固态相变—形成接头。可见熔焊时所经历的过程是很复杂的。

熔焊时，在熔化金属、熔渣、气相之间进行一系列化学冶金反应，如金属的氧化、还原、脱硫等，这些冶金反应将直接影响焊缝金属的化学成分、组织和性能，因此控制冶金过程是提高焊接质量的重要措施之一。而且，由于焊接时是快速连续冷却，就使焊缝金属的结晶和相变具有各自的特点，并且在这些过程中有可能产生偏析、夹杂、气孔及裂缝等缺陷。因此，控制和调整焊缝金属的结晶和相变过程是保证焊接质量的又一关键。

第一节　焊接热过程

加热是金属熔焊的必要条件。通过对焊件进行局部加热，使焊接区的金属熔化，冷却后形成牢固的接头。此焊接热过程必将引起焊接区金属的成分、组织与性能发生变化，其结果将直接决定焊接质量。决定上述变化的主要因素是焊接区的热量传递和温度变化情况等。因此，为了保证焊接质量，必须了解焊接区热过程的基本规律。

焊接热过程具有两个特点。其一是对焊件的加热是局部的，焊接热源集中作用在焊件接口部位，整个焊件的加热是不均匀的。其二是焊接热过程是瞬时的，焊接热源始终以一定速度运动，因此，焊件上某一点当热源靠近时，温度升高；当热源远离时，温度下降。

一、常用焊接热源及传热基本方式

(一) 常用焊接热源

熔焊时，要对焊件进行局部加热。由于金属具有良好的导热性，加热时热量必然会向金属内部流动。为保证焊接区金属能够迅速达到熔化状态，并防止加热区过宽，要求焊接热源具备温度高且热量集中的特点，即热源温度应明显高于被焊金属的熔点且加热范围小。生产中常用的焊接热源有以下几种。

(1) 电弧热　利用气体介质在两电极之间强烈而持续放电过程产生的热能为焊接热源。电弧热是目前应用最广的焊接热源，如焊条电弧焊、埋弧焊、气体保护焊等。

(2) 化学热　利用可燃气体（如乙炔、液化石油气等）的火焰放出的热量或热剂（如铝粉、氧化铁粉）之间在一定温度下进行化学反应产生的热量作为焊接热源，如气焊、热剂焊等。

(3) 电阻热　利用电流通过导体产生的电阻热作为热源，如电阻焊、电渣焊等。

(4) 摩擦热　利用机械摩擦产生的热量作为热源，如摩擦焊。

(5) 电子束　利用高压高速的电子束轰击金属表面产生的热量作为热源，如电子束焊。

(6) 等离子束　利用高电离、高能量密度的高温等离子束作为焊接热源，如等离子弧焊。

(7) 激光束 利用经过聚焦的高能量的激光束作为焊接热源,如激光束焊。

(8) 高频感应 对有磁性的金属,利用高频感应产生的二次感应电流作为热源,如高频感应焊。

(二) 焊接过程的热效率

焊接时,热源所产生的热量并不能全部得到利用,其中有一部分损失于周围介质和飞溅中。焊件和母材所吸收的热量称为热源的有效功率。现以电弧焊为例,电弧吸收的功率为 P_0,则

$$P_0 = UI \tag{1-1}$$

式中　P_0——电弧功率,即电弧在单位时间内所析出的能量;
　　　U——电弧电压;
　　　I——焊接电流。

有效功率为 P,则

$$P = \eta' UI \tag{1-2}$$

式中　P——有效功率;
　　　η'——焊接加热过程中的热效率,或称功率有效系数。

显然,电弧的有效功率 P 是电弧输出功率 P_0 的一部分,η' 为两者的比值,即

$$P = \eta' P_0 \tag{1-3}$$

η' 值的大小与焊接方法、焊接工艺参数、焊接材料和母材等因素有关,一般根据实验测定,不同焊接方法的 η' 值见表 1-1。以焊条电弧焊和埋弧焊为例,从表 1-1 和表 1-2 可以看出,埋弧焊的热效率高于焊条电弧焊,这是由于埋弧焊过程中飞溅与散失到周围介质中的热量均小于焊条电弧焊所致,因而热量利用更加充分。

表 1-1　不同焊接方法的 η' 值

焊接方法	碳弧焊	焊条电弧焊	埋弧焊	钨极氩弧焊		熔化极氩弧焊	
				交流	直流	钢	铝
η'	0.5~0.65	0.74~0.87	0.77~0.90	0.5~0.65	0.78~0.85	0.66~0.69	0.70~0.85

表 1-2　焊条电弧焊和埋弧焊时热量分配情况和 η' 值

焊接方法	有效热功率			飞溅损失	损失于周围介质的热量①
	基本金属吸收热量	随熔滴过渡热量	η'		
焊条电弧焊	50%	25%	75%	5%	20%
埋弧焊	54%	27%	81%	1%	18%

① 包括焊条药皮或焊剂熔化所消耗的热量。

应该说明的是,η' 值虽然代表了热源能量的利用率,但并不意味着其包含的热量全部得到了"有效"的应用,因为母材所吸收的热量并不全用于金属熔化,其中传导于母材内部的那一部分使得近缝区母材的温度升高,以致组织发生变化而形成热影响区。

焊接时,由焊接能源输入给单位长度焊缝上的热能称为热输入(焊接线能量),以符号 E 表示,计算公式为

$$E = \frac{P}{v} = \eta' \frac{UI}{v} \tag{1-4}$$

式中 E——焊接线能量，J/cm；

v——焊接速度，cm/s。

若焊接速度单位为 cm/s，有效热功率的单位为 J/s，则线能量的单位为 J/cm。焊接线能量是焊接过程中的一个重要工艺参数。

(三) 焊接传热的基本方式

自然界中，热量的传递主要有三种基本方式，即热传导、对流和辐射。

热传导指物体内部或直接接触的物体间的传热。固体金属内部传热惟一方式是热传导。金属内部主要依靠自由电子的运动来传递热量即进行热传导。

热对流指物体内部各部分发生相对位移而产生的热量传递。热对流只发生于流体内部。

热辐射指物体表面直接向外界发射电磁波来传递热量。热辐射过程中能量的转化形式是：热能→辐射能→热能。由于物体的辐射能力与其热力学温度四次方成正比，因此，温度越高，辐射能力越强。

焊接过程中，热源能量的传递也不外以上三种方式，对于电弧焊来讲，热量从热源传递到焊件主要是通过热辐射和热对流方式，而在母材和焊丝内部，则以热传导方式。

二、焊接温度场

(一) 焊接温度场的表示及特点

焊接时，焊件上各点的温度不同，并随时间而变化。焊接过程中某一瞬间焊接接头上各点的温度分布状态称为焊接温度场。焊接温度场可用列表法、公式法或图像法表示，其中最常用最直观的方法是图像法，即用等温线或等温面来表示。所谓等温线或等温面，就是温度场中温度相等各点的连线或连面。因为在给定温度场中，任何一点不可能同时有两个温度，因此不同温度的等温线（面）绝对不会相交，这是等温线（面）的重要性质。

绘制等温线（面）时，通常以热源所处位置作为坐标原点 O，以热源移动方向为 X 轴，焊件宽度方向为 Y 轴，焊件厚度方向为 Z 轴，如图 1-1（a）所示。如工件上等温线（面）确定，即温度场确定，则可以知道工件上各点的温度分布。例如，已知焊接过程中某瞬时 XOY 面等温线表示的温度场 [图 1-1（b）]，则可知道该瞬时 XOY 面任一点的温度情况。同样也可画出 X 轴上和 Y 轴上各点的温度分布曲线，如图 1-1（c）、图 1-1（d）所示。

由图 1-1 可知，沿热源移动方向温度场分布不对称。热源前面温度场等温线密集，温度下降快；热源后面等温线稀疏，温度下降较慢，如图 1-1（b）、图 1-1（c）所示。这是因为热源前面是未经加热的冷金属，温差大，故等温线密集；而热源后面的是刚焊完的焊缝，尚处于高温，温差小，故等温线稀疏。热源运动对两侧温度分布的影响相同，如图 1-1（d）所示。因此，整个温度场对 Y 轴形成不对称，而对 X 轴的分布仍保持对称。

(二) 影响温度场的因素

1. 热源的性质及焊接工艺参数

热源的性质不同，温度场的分布也不同。热源的能量越集中，则加热面积越小，温度场中等温线（面）的分布越密集。同样的焊接热源，焊接工艺参数不同，温度场的分布也不同。在焊接工艺参数中，热源功率和焊接速度的影响最大。当热源功率一定时，焊接速度 v 增加，等温线的范围变小，即温度场的宽度和长度都变小，但宽度减小的更大些，所以温度

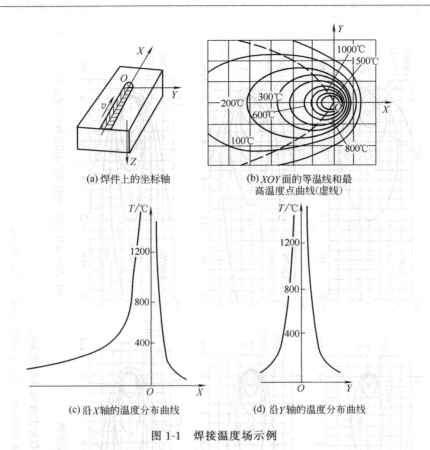

图 1-1 焊接温度场示例

场的形状变得细长。当焊接速度一定时,随热源功率的增加,温度场的范围随之增大。当 $\dfrac{P}{v}$ 一定时,等比例改变 P 和 v,则等温线有所拉长,温度场的范围也随之拉长。焊接工艺参数对温度场分布的影响见图 1-2。

2. 被焊金属的热物理性质

被焊金属的热导率、比热容、传热系数等对焊接温度场的影响较大,见图 1-3。在线能量与工件尺寸一定时,热导率小的不锈钢 600℃ 以上高温区(图 1-3 中的阴影部分)比低碳钢大,而热导率高的铝、纯铜的高温区要小得多。这是因为热导率大时,热量很快向金属内部流失,热作用的范围大,但高温区域却缩小了。因此,焊接不同的材料,应选用合适的焊接热源及工艺参数。

3. 焊件的几何尺寸及状态

焊件的几何尺寸影响导热面积和导热方向。焊件的尺寸不同,可形成点状热源、线状热源和面状热源三种,如图 1-4 所示。当工件尺寸厚大时,如图 1-4(a) 所示,热量可沿 X、Y、Z 三个方向传递,属于三向导热,热源相对于工件尺寸可看作点状热源。当工件为尺寸较大的薄板时,如图 1-4(b) 所示,可认为工件在厚度方向不存在温差,热量沿 X、Y 方向传递,是二向导热,可将热源看作线状热源。如果工件是细长的杆件,只在 X 方向存在温差,是属于单向导热,热源可看作面状热源,如图 1-4(c) 所示。焊件的状态(如预热、环境温度)不同,等温线的疏密也不一样。预热温度和环境温度越高,等温线分布越稀疏。

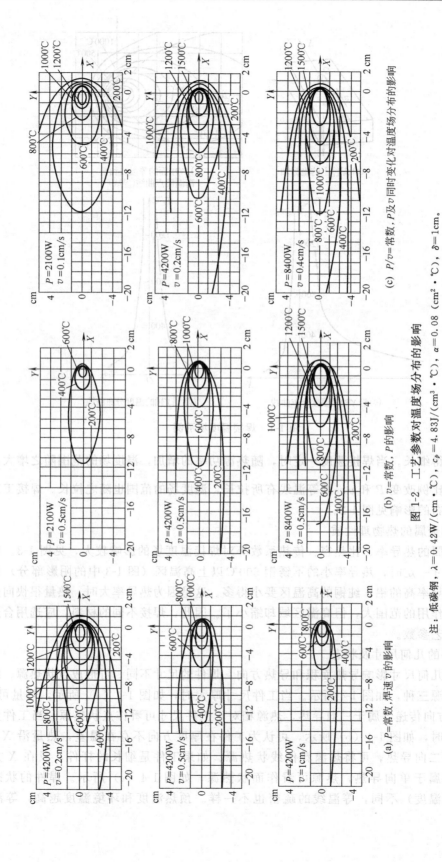

图 1-2 工艺参数对温度场分布的影响

(a) $v=$常数, P 的影响 (b) $P=$常数, v 的影响 (c) $P/v=$常数, P 及 v 同时变化对温度场分布的影响

注：低碳钢，$\lambda=0.42$ W/(cm·℃)，$c\rho=4.83$ J/(cm³·℃)，$a=0.08$ (cm²·℃)，$\delta=1$cm。

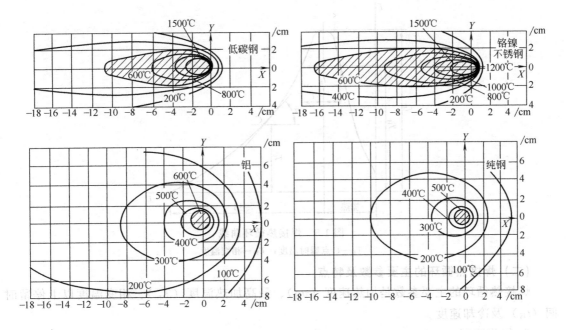

图 1-3 被焊金属的物理性质对温度场的影响

注：$E=21\text{kJ/cm}$，$\delta=1\text{cm}$

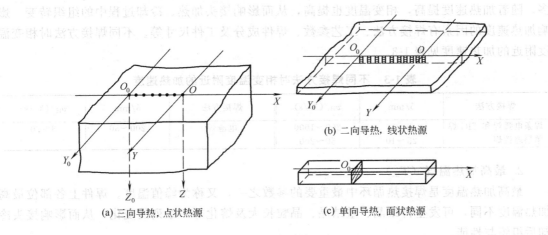

图 1-4 三种典型传热方式示意

三、焊接热循环

焊接热循环讨论的是焊件上某一点的温度与时间的关系。这一关系决定了该点的加热速度、保温时间和冷却速度，对焊接接头的组织与性能都有明显影响。

（一）焊接热循环的概念

在焊接热源作用下，焊件上某点的温度随时间变化的过程称为焊接热循环。焊接热循环是针对某个具体的点而言的。当热源向该点靠近时，该点温度升高，直至达到最大值，随着热源的离开，温度又逐渐降低。热循环一般用温度-时间曲线来表示，典型的焊接热循环曲线如图 1-5 所示。

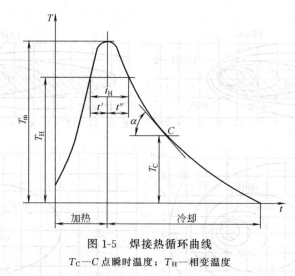

图 1-5 焊接热循环曲线

T_C—C 点瞬时温度；T_H—相变温度

(二) 焊接热循环的主要参数及特点

焊接热循环的主要参数是加热速度 (v_H)、最高加热温度 (T_m)、相变温度以上停留时间 (t_H) 及冷却速度。

1. 加热速度 (v_H)

加热速度是指热循环曲线上加热段的斜率大小。焊接时的加热速度比热处理时要大得多。随着加热速度提高，相变温度也提高，从而影响接头加热、冷却过程中的组织转变。影响加热速度的因素有焊接方法、工艺参数、焊件成分及工件尺寸等。不同焊接方法时相变温度附近的加热速度见表 1-3。

表 1-3 不同焊接方法时相变温度附近的加热速度

焊接方法	δ/mm	v_H/(℃/s)	焊接方法	δ/mm	v_H/(℃/s)
焊条电弧焊和 TIG 焊	5～1	200～1000	电渣焊	200～50	3～20
单层埋弧焊	25～10	60～200			

2. 最高加热温度 (T_m)

最高加热温度是焊接热循环中最重要的参数之一，又称为峰值温度。焊件上各部位最高加热温度不同，可发生再结晶、重结晶、晶粒长大及熔化等一系列的变化，从而影响接头冷却后组织与性能。

3. 相变温度以上停留时间 (t_H)

在相变温度以上停留时间越长越有利于奥氏体的均质化过程，但温度太高（如 1100℃ 以上），会使晶粒长大，温度越高，晶粒长大所需时间越短。所以，相变温度以上高温区 (1100℃) 停留时间越长，晶粒长大越严重，接头的组织与性能越差。

焊接时，由于近缝区必然要在相变温度以上的高温停留，热影响区中不可避免地会发生晶粒粗化的现象。在某些条件（如电渣焊或大线能量的埋弧焊）下，晶粒粗化会对焊接质量带来明显影响，需采取必要的辅助措施加以防治。

4. 冷却速度 ($t_{8/5}$)

冷却速度是指热循环曲线上冷却阶段的斜率大小。冷却速度不同，冷却后得到的组织与性能也不一样。一般常用接头从 800℃ 冷却到 500℃ 所需时间 ($t_{8/5}$) 来表示冷却速度。因为这个温度区域正好是焊接接头金属的固态相变区，其值大小对接头金属的转变、过热和淬硬倾向都有影响。$t_{8/5}$越小，表示冷却速度越大。

5. 焊接热循环的特点

焊接热循环具有如下特点。

① 焊接热循环的参数对焊接冶金过程和焊接热影响区的组织性能有强烈的影响，从而影响焊接质量。

② 焊件上各点的热循环不同主要取决于各点离焊缝中心的距离。离焊缝中心越近，其加热速度越大，峰值温度越高，冷却速度也越大，如图1-6所示。

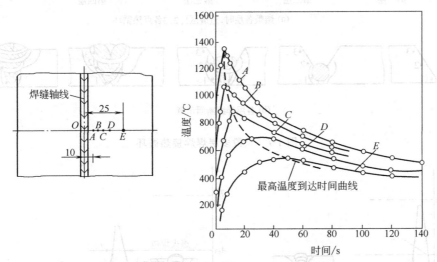

图1-6 距焊缝不同距离焊件上各点的热循环

A—至焊缝轴线10mm；B—至焊缝轴线11mm；C—至焊缝轴线14mm；
D—至焊缝轴线18mm；E—至焊缝轴线25mm

(三) 多层焊的焊接热循环

上面所述的是单层单道焊时的热循环，在实际生产中常采用多道焊或多层焊。多层焊的热循环实际是由多个单层焊热循环迭加而成，相邻焊缝之间具有预热或后热作用。

按照实际生产中的不同要求，多层焊又可分为长段多层焊与短段多层焊。

1. 长段多层焊的焊接热循环

习惯上将每道焊缝的长度在1m以上的多层焊称为长段多层焊。由于焊道较长，在焊完前一道后再焊下一层时，前层焊道已冷却到较低的温度（一般在200℃以下），其热循环如图1-7所示。可以看出，前层焊道对后层焊道可起到预热作用，而后层焊道对前层则起到了后热作用。为了防止最后一层焊缝金属因冷却速度过大而淬硬，可以多加一层退火焊道以提高焊接质量。

需要说明的是，在焊接淬硬倾向较大的材料（如某些调质钢）时，如采用长段多层焊，则有可能在焊下一层焊道前，前层焊道已因形成硬脆组织而开裂。此时，应采取必要的辅助措施（如预热、层间保温）加以配合。

2. 短段多层焊的焊接热循环

一般每层焊道长度在50~400mm时，称为短段多层焊。这样，在焊下层焊道时，前层焊道的温度可保持在M_s点以上。短段多层焊的热循环如图1-8所示。

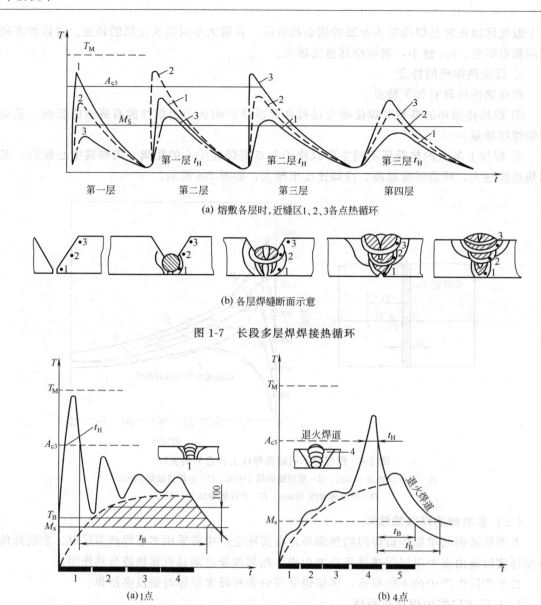

(a) 熔敷各层时,近缝区1、2、3各点热循环

(b) 各层焊缝断面示意

图1-7 长段多层焊焊接热循环

(a) 1点

(b) 4点

图1-8 短段多层焊的热循环

由图1-8可以看出,1点在整个焊接过程中在A_{c3}以上停留的时间较短,避免了奥氏体的晶粒粗化;但在A_{c3}以下的冷却速度又比较低,防止了淬硬组织的形成。4点则是在前几层施焊产生的预热作用的基础上焊接,在焊缝长度适当时,仍可保证在A_{c3}以上停留较短的时间。为了防止最后的焊道形成淬硬组织,可另加退火焊道以保证过冷奥氏体有足够的时间分解。

短段多层焊适用于焊接过热倾向大而又容易淬硬的金属。但因操作繁琐,生产率很低,只在很有必要时才应用。

(四)影响焊接热循环的因素

影响焊接热循环的因素与温度场基本相同。主要因素有焊接规范和线能量、预热和层间温度、焊件尺寸、接头形式、焊道长度等。

1. 焊接规范和线能量的影响

焊接电流、电弧电压、焊接速度等对焊接热循环均有一定的影响。焊接线能量与焊接电流、电弧电压成正比,与焊接速度成反比。线能量增大可显著增大高温停留时间(t_H)和降低冷却速度。一般通过焊接规范来调整焊接线能量。

2. 预热和层间温度的影响

对焊件预热可以降低冷却速度,预热温度越高,冷却速度越小,但预热对高温停留时间影响不大。层间温度是指多层多道焊时,在施焊后继焊道之前,其相邻焊道应保持的温度。控制层间温度可降低冷却速度,促使扩散氢的逸出。预热对焊接热循环的影响见表1-4。

表1-4 预热对焊接热循环的影响

线能量/(J/mm)	预热温度/℃	1100℃以上停留时间/s	650℃时的冷却速度/(℃/s)	线能量/(J/mm)	预热温度/℃	1100℃以上停留时间/s	650℃时的冷却速度/(℃/s)
2000	27	5	14	3840	27	16.5	4.4
2000	260	5	4.4	3840	260	17	1.4

3. 焊件尺寸的影响

当线能量不变和板厚较小时,板宽增大,$t_{8/5}$ 明显下降,但板宽增大到150mm以后,$t_{8/5}$ 变化不大。当板厚较大时,板宽的影响不明显。焊件厚度越大,冷却速度越大,高温停留时间越短。

4. 接头形式的影响

接头形式不同,导热情况不同,同样板厚的X形坡口对接接头比V形坡口对接接头的冷却速度大,角焊缝比对接焊缝的冷却速度大,见图1-9。

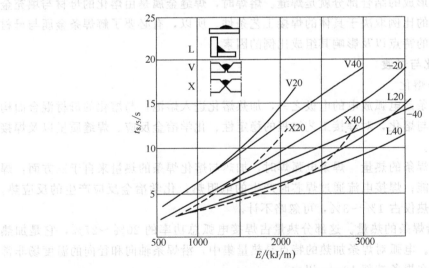

图1-9 接头形式对 $t_{8/5}$ 的影响

(图中符号后面数字表示板厚 δ)

5. 焊道长度的影响

焊道越短,其冷却速度越大。焊道短于40mm时,冷却速度急剧增大。

(五) 焊接热循环的调整方法

① 根据被焊金属的成分和性能选择合适的焊接方法。

② 合理地选用焊接工艺参数。

③ 采用预热或缓冷等措施来降低冷却速度。

④ 调整多层焊的焊道数和层间温度。单道焊时，为了保证焊缝及焊缝尺寸，线能量只能在很窄范围内调整；多道焊时，通过调整焊道数可在较大范围内调整线能量，从而调整焊接热循环。层间温度应等于或略高于预热温度，以保证降低冷却速度。

⑤ 利用短段多层焊。对于焊件上的某点而言，只有在离此点最近的一层焊缝焊接时，最高加热温度最高，其他层焊接时，最高加热温度较低，相当于起到了缓冷或预热的作用。但可缩短 A_{c3} 以上高温的停留时间。因此，短段多层焊可解决高温停留时间和冷却速度难以同时降低的矛盾，改善焊接接头的组织。

第二节 焊接的化学冶金过程

焊接化学冶金过程，主要是指熔焊时焊接区内各种物质之间在高温条件下的相互作用。其中不仅包括化学变化，而且包括物质在各个参加反应物（如气体、熔渣、液体金属）间的迁移和扩散。

焊接化学冶金过程对焊缝金属的成分、组织、力学性能、某些焊接缺陷（如气孔、结晶裂纹）以及焊接工艺性能都有很大影响。因此，了解焊接冶金过程及其特点，对控制焊缝质量具有极其重要的意义。

一、焊缝金属的组成

焊件经焊接后所形成的结合部分就是焊缝。熔焊时，焊缝金属是由熔化的母材与填充金属组合而成，其组成的比例取决于具体的焊接工艺条件。所以，有必要了解焊条金属与母材在焊接中加热和熔化的特点以及影响其组成比例的因素。

（一）焊条的熔化与过渡

1. 焊条的加热与熔化

焊条电弧焊时焊条是电弧放电的电极之一，加热熔化进入熔池，与熔化的母材混合而构成焊缝。焊条的加热与熔化，对焊接工艺过程的稳定性、化学冶金反应、焊缝质量以及焊接生产率都有直接影响。

（1）加热和熔化焊条的热量　焊条电弧焊时，加热与熔化焊条的热量来自于三方面：焊接电弧传给焊条的热能；焊接电流通过焊芯时产生的电阻热；化学冶金反应产生的反应热。一般情况下化学反应热仅占 1%～3%，可忽略不计。

① 焊接电弧传给焊条的热量。这部分热量占焊接电弧总功率的 20%～27%，它是加热熔化焊条的主要能量。电弧对焊条加热的特点是热量集中，沿焊条轴向和径向的温度场非常窄。电弧热主要集中在焊条端部 10mm 以内。

② 焊接电流通过焊芯所产生的电阻热。电阻热与焊接电流密度、焊芯的电阻及焊接时间有关。当电流密度不大、加热时间不长时，电阻热对焊条加热的影响可不考虑。当焊接电流密度很大、焊条伸出长度太长时需考虑电阻热的影响。

电阻热 Q_R 为

$$Q_R = I^2 Rt \quad (J) \tag{1-5}$$

式中　I——焊接电流，A；

R——焊芯的电阻，Ω；

t——电弧燃烧时间，s。

电阻热过大，会使焊芯和药皮升温过高引起以下不良后果：产生飞溅；药皮开裂与过早脱落，电弧燃烧不稳，焊缝成形变坏，甚至引起气孔等缺陷；药皮过早进行冶金反应，丧失冶金反应和保护能力；焊条发红变软，操作困难。为保证焊接正常进行，焊条电弧焊时，对焊接电流与焊条长度需加以限制。

由实验可得出如下结论。

① 在其他条件相同时，电流密度越大，焊芯的温升越高，因此，调节焊接电流密度是控制焊条加热温度的有效措施。

② 在电流密度相同的条件下，焊芯电阻越大，其温升越高，故电阻较大的不锈钢芯焊条应比碳钢焊条短，相同直径的焊条选用的电流也要低些。

③ 在相同的条件下，焊条的熔化速度越高，由于被加热的时间缩短，则其温升越低。

④ 随药皮厚度的增加，药皮表面与焊芯的温差增大，加大了药皮开裂的倾向。

⑤ 调整药皮成分，使焊条金属由短路过渡变为喷射过渡，可以提高焊条的熔化速度而降低焊接终了时的药皮温度。

(2) 焊条的熔化速度　焊条的熔化速度是不均匀的。电阻热对焊芯的强烈预热作用，使焊条后半段的熔化速度高于焊条的前半段。焊条金属的熔化过程是周期性的，因而其熔化速度也作周期性变化。焊条的熔化速度一般用焊条金属的平均熔化速度来衡量。在正常工艺条件下，焊条的平均熔化速度与焊接电流呈正比，即

$$v_\mathrm{m} = \frac{m}{t} = \alpha_\mathrm{p} I \tag{1-6}$$

式中　v_m——焊条的平均熔化速度，g/h；

　　　m——熔化的焊芯金属质量，g；

　　　t——电弧燃烧时间，h；

　　　α_p——焊条的熔化系数，g/(A·h)。

$$\alpha_\mathrm{p} = \frac{m}{It} \tag{1-7}$$

熔化系数 α_p 反映了熔焊过程中，单位电流、单位时间内，焊芯（或焊丝）的熔化量。但是，焊接时由于金属蒸发、氧化和飞溅，熔化的焊芯（或焊丝）金属并不是全部进入熔池形成焊缝，而是有一部分损失。单位电流、单位时间内，焊芯（或焊丝）熔敷在焊件上的金属量，称为熔敷系数（α_H）。可表示为

$$\alpha_\mathrm{H} = \frac{m_\mathrm{H}}{It} \tag{1-8}$$

式中　m_H——熔敷到焊缝中的金属质量，g；

　　　α_H——熔敷系数，g/(A·h)。

可见，熔化系数并不能确切反映对焊条金属的利用率和生产率的高低，而真正反映对焊条金属利用率及生产率的指标是熔敷系数。

2. 熔滴过渡的作用力

熔滴是指电弧焊时，在焊条（或焊丝）端部形成的向熔池过渡的液态金属滴。在熔滴的

形成和长大过程中，作用在其上的作用力主要有以下几种。

（1）重力　熔滴因自身重力而具有下垂的倾向。平焊时，重力促进熔滴过渡；立焊和仰焊时，重力阻碍熔滴过渡。

（2）表面张力　焊条金属熔化后，在表面张力的作用下形成球滴状。平焊时，表面张力阻碍熔滴过渡；在立焊、仰焊时，表面张力促进熔滴过渡。表面张力的大小与熔滴的成分、温度、环境气氛和焊条直径等有关。

（3）电磁压缩力　焊接时，把熔滴看成由许多平行载流导体组成，这样在熔滴上就受到由四周向中心的电磁力，称为电磁压缩力。电磁压缩力在任何焊接位置都促使熔滴向熔池过渡。

（4）斑点压力　电弧中的带电质点（电子和正离子）在电场作用下向两极运动，撞击在两极的斑点上而产生的机械压力，称为斑点压力。斑点压力的作用方向是阻碍熔滴过渡，并且正接时的斑点压力较反接时大。

（5）等离子流力　电磁压缩力使电弧气流的上、下形成压力差，使上部的等离子体迅速向下流动产生压力，称为等离子流力。等离子流力有利于熔滴过渡。

（6）电弧气体吹力　焊条末端形成的套管内含有大量气体，并顺着套管方向以挺直而稳定气流把熔滴送到熔池中。无论焊接位置如何，电弧气体吹力都有利于熔滴过渡。焊接时焊条末端形成的套管见图1-10。

3. 熔滴过渡的形式

熔滴通过电弧空间向熔池的转移过程称为熔滴过渡。熔滴过渡分为粗滴过渡、短路过渡和喷射过渡三种形式，如图1-11所示。

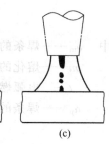

图1-10　焊接时焊条末端形成的套管　　　　图1-11　熔滴过渡形式

（1）粗滴过渡（颗粒过渡）　熔滴呈粗大颗粒状向熔池自由过渡的形式，见图1-11（a）。粗滴过渡会影响电弧的稳定性，焊缝成形不好，通常不采用。

（2）短路过渡　焊条（焊丝）端部的熔滴与熔池短路接触，由于强烈过热和磁收缩作用使其爆断，直接向熔池过渡的形式，见图1-11（b）。短路过渡时，电弧稳定，飞溅小，成形良好，广泛用于薄板和全位置焊接。

（3）喷射过渡　熔滴呈细小颗粒，并以喷射状态快速通过电弧空间向熔池过渡的形式，见图1-11（c）。产生喷射过渡除要有一定的电流密度外，还要有一定的电弧长度。其特点是熔滴细、过渡频率高、电弧稳定、焊缝成形美观及生产效率高等优点。

4. 熔滴过渡时的飞溅

熔焊过程中，熔化金属颗粒和熔渣向周围飞散的现象称为飞溅。引起飞溅的原因主要有以下两方面。

（1）气体爆炸引起的飞溅　由于冶金反应时在液体内部产生大量CO气体，气体的析出十分猛烈，造成熔滴和熔池液体金属发生粉碎性的细滴飞溅。

（2）斑点压力引起的飞溅　短路过渡的最后阶段在熔滴和熔池之间发生烧断开路，这时的电磁力使熔滴往上飞去，引起强烈飞溅。

（二）母材的熔化及熔池

熔焊时，当焊接热源作用于母材表面，母材金属瞬时被加热熔化，母材的熔化程度主要由焊接电流决定。

熔焊时在焊接热源作用下，焊件上所形成的具有一定几何形状的液态金属部分称为熔池。不加填充材料时，熔池由熔化的母材组成；加填充材料时，熔池由熔化的母材和填充材料组成。

1. 熔池的形状与尺寸

熔池的形状如图 1-12 所示，其形状接近于不太规则的半个椭球，轮廓为熔点温度的等温面。熔池的主要尺寸是熔池长度 L，最大宽度 B_{max}，最大熔深 H_{max}。熔池存在的时间与熔池长度成正比，与焊接速度成反比。

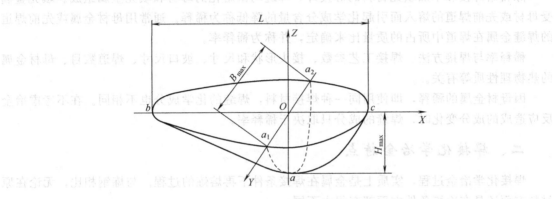

图 1-12　熔池示意

2. 熔池的温度

熔池的温度分布是不均匀的，边界温度低，中心温度高。熔池的温度分布如图 1-13 所示。

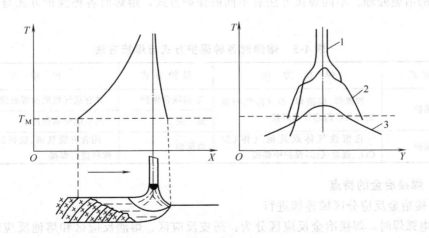

图 1-13　熔池的温度分布
1—熔池中部；2—头部；3—尾部

3. 熔池金属的流动

由于熔池金属处于不断的运动状态，其内部金属必然要流动。熔池金属运动如图 1-14 所示。引起熔池金属运动的力分为两大类：一是焊接热源产生的电磁力、电弧气体吹力、熔滴撞击力等；二是由不均匀温度分布引起的表面张力差和金属密度差产生的浮力。

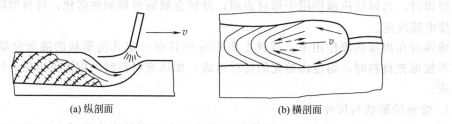

(a) 纵剖面　　　　　　　(b) 横剖面

图 1-14　熔池中液态金属的运动

(三) 母材金属的稀释

除自熔焊接和不加填充材料的焊接外，焊缝均由熔化的母材和填充金属组成。填充金属受母材或先前焊道的熔入而引起化学成分含量的降低称为稀释。通常用母材金属或先前焊道的焊缝金属在焊道中所占的质量比来确定，并称为稀释率。

稀释率与焊接方法、焊接工艺参数、接头形状和尺寸、坡口尺寸、焊道数目、母材金属的热物理性质等有关。

因母材金属的稀释，即使用同一种焊接材料，焊缝的化学成分也不相同。在不考虑冶金反应造成的成分变化时，焊缝的成分只取决于稀释率。

二、焊接化学冶金特点

焊接化学冶金过程，实质上是金属在焊接条件下再熔炼的过程。与炼钢相比，无论在原材料方面还是在冶炼条件方面都有很大不同。

(一) 焊接时焊缝金属的保护

熔焊时，由于熔化金属和周围介质的相互作用，使焊缝金属的成分和性能与母材和焊接材料有较大的不同。因此，为保证焊缝质量，焊接过程中需对熔化金属进行保护，而且还需进行必要的冶金处理。不同焊接方法有不同的保护方式，熔焊时各种保护方式与焊接方法见表 1-5。

表 1-5　熔焊时各种保护方式与焊接方法

保护方式	焊接方法	保护方式	焊接方法
熔渣保护	埋弧焊、电渣焊、不含造气物质的焊条或药芯焊丝焊接	气-渣联合保护	具有造气物质的焊条或药芯焊丝焊接
		真空	真空电子束焊接
气体保护	在惰性气体或其他气体（如 CO_2、混合气体）保护中焊接	自保护	用含有脱氧剂、脱硫剂的"自保护"焊丝进行焊接

(二) 焊接冶金的特点

1. 焊接冶金反应分区域连续进行

焊条电弧焊时，焊接冶金反应区分为：药皮反应区、熔滴反应区和熔池反应区，见图 1-15。埋弧焊和熔化极气体保护焊分为熔滴反应区和熔池反应区，钨极氩弧焊只有熔池反应区。

2. 焊接冶金反应具有超高温特征

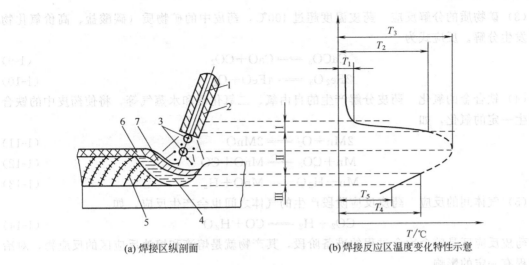

(a) 焊接区纵剖面　　　　(b) 焊接反应区温度变化特性示意

图 1-15　焊接冶金反应区（以药皮焊条为例）

Ⅰ—药皮反应区；Ⅱ—熔滴反应区；Ⅲ—熔池反应区

1—焊芯；2—药皮；3—包有渣壳的熔滴；4—熔池；5—已凝固的焊缝；6—渣壳；7—熔渣

T_1—药皮反应开始温度；T_2—焊条熔滴表面温度；T_3—弧柱间熔滴表面温度；

T_4—熔池表面温度；T_5—熔池底部温度

普通冶金反应温度在 1500～1700℃，而焊接弧柱区的温度可达 5000～8000℃。焊条熔滴的平均温度达 2100～2200℃，熔池温度高达 1600～2000℃，与熔融金属接触的熔渣温度也高达 1600℃。所以，焊接冶金反应在超高温下进行，反应过程必然快速和剧烈。

3. 冶金反应界面大

焊接冶金反应是多相反应，熔滴和熔池金属的比表面积大，能与熔渣、气相充分接触，促使冶金反应快速完成。

4. 焊接冶金过程时间短

熔焊时，焊接熔池的体积极小，焊条电弧焊熔池的质量通常只有 0.6～16g，同时，加热和冷却的速度很快，因此，熔滴和熔池的存在时间很短。熔滴在焊条端部停留时间只有 0.01～0.1s；熔池存在时间最多也不超过几十秒，因此，不利于冶金反应的充分进行。

5. 熔融金属处于不断运动状态

熔滴和熔池金属均处于不断运动状态，有利于提高冶金反应的速度，促使气体和杂质的排除，使焊缝成分均匀化。

（三）焊接冶金各反应区的特点

现以焊条电弧焊为例，说明各反应区的特点。

1. 药皮反应区

药皮反应区主要在焊条端部的套筒附近（图 1-15 中的Ⅰ区），最高加热温度不超过药皮的熔点，反应的物质是药皮的组成物，反应的结果是产生气体和熔渣。反应的主要种类如下。

(1) 脱水反应　当药皮温度超过 100℃，药皮中的水分开始蒸发，药皮温度超过 350～400℃，药皮中的结晶水和化合水开始逐步分解。蒸发和分解的水分一部分进入电弧区。

(2) 有机物的分解反应　药皮温度超过 200～280℃时，有机物就开始分解，产生气体。有机物一般是碳氢化合物，分解成 CO 和 H_2。

(3) 矿物质的分解反应　药皮温度超过 400℃，药皮中的矿物质（碳酸盐、高价氧化物等）发生分解。反应式为

$$CaCO_3 \Longrightarrow CaO + CO_2 \tag{1-9}$$

$$2Fe_2O_3 \Longrightarrow 4FeO + O_2 \tag{1-10}$$

(4) 铁合金的氧化　药皮分解产生的自由氧、二氧化碳和水蒸气等，将使药皮中的铁合金发生一定的氧化，如

$$2Mn + O_2 \Longrightarrow 2MnO \tag{1-11}$$

$$Mn + CO_2 \Longrightarrow MnO + CO \tag{1-12}$$

$$Mn + H_2O \Longrightarrow MnO + H_2 \tag{1-13}$$

(5) 气体间的反应　药皮反应阶段产生的气体之间也会产生反应，如

$$CO_2 + H_2 \Longrightarrow CO + H_2O \tag{1-14}$$

药皮反应区是整个冶金过程的准备阶段，其产物就是熔滴和熔池反应区的反应物，对冶金过程有一定的影响。

2. 熔滴反应区

熔滴反应区（图 1-15 中的 Ⅱ 区）是冶金反应最剧烈的区域，对焊缝的成分影响最大。这个区域的主要反应有以下几种。

(1) 气体的高度分解　进入和生成的气体在电弧区被加热分解。这些气体有空气、水蒸气、二氧化碳、一氧化碳、氢气、氮气等，最后两种气体发生部分分解。

(2) 氢气和氮气的溶解　分解的氢气和氮气将溶解到熔融金属中。

(3) 熔融金属的氧化反应　电弧气氛中的氧化性气体和熔滴金属产生氧化反应，熔渣中的 MnO、SiO_2 与熔滴产生置换氧化，熔渣中的 FeO 向熔滴扩散氧化。

(4) 金属的蒸发　由于熔滴的温度接近钢的沸点，一些低沸点的元素，如锰、锌等将发生蒸发，产生金属蒸气。

(5) 熔滴合金化　药皮、药芯中的合金剂使熔滴强烈的合金化。

3. 熔池反应区

熔池反应区（图 1-15 中的 Ⅲ 区）是对焊缝成分起决定性作用的反应区。虽然其温度、比表面积比熔滴反应区低，但冶金反应还是相当剧烈的。熔池中的温度分布不均匀。熔池前部处于升温阶段，有利于吸热反应；熔池尾部处于降温阶段，有利于放热反应。熔池的前部主要发生金属的熔化、气体的吸收及硅锰的还原反应；熔池的尾部主要发生气体的析出、脱氧、脱硫及脱磷反应。

三、焊接熔渣

焊接过程中，焊（钎）剂和非金属夹杂经化学变化形成覆盖于焊（钎）缝表面的非金属物质称为熔渣。

1. 熔渣的作用

(1) 机械保护作用　焊接时，液态熔渣覆盖在熔滴和熔池表面，使之与空气隔开，阻止了空气中有害气体的侵入。熔渣凝固后形成的渣壳覆盖在焊缝上，可防止焊缝高温金属被空气氧化。同时也减缓了焊缝金属的冷却速度。

(2) 改善焊接工艺性能　熔渣中的易电离物质，可使电弧易引燃和稳定燃烧。熔渣适宜的物理、化学性质可保证不同位置进行操作和良好的焊缝成形，并可减少飞溅，降低焊缝气

孔的产生。

(3) 冶金处理　焊接熔渣与液态金属之间可进行一系列的冶金反应，从而影响焊缝金属的成分和性能。通过冶金反应，熔渣可清除焊缝中的有害杂质，如氢、氧、硫、磷等，通过熔渣可向焊缝过渡合金元素，调整焊缝的成分。

2. 熔渣的种类

熔渣是一个多元化学复合体系，按成分不同可分为三大类：

(1) 盐型熔渣　主要由金属的氯盐、氟盐组成，如 CaF_2-NaF、CaF_2-$BaCl_2$-NaF 等。盐型熔渣的氧化性很弱，主要用于焊接铝、钛和其他活性金属及其合金。

(2) 盐-氧化物型熔渣　主要由氟化物和碱金属或碱土金属的氧化物组成，如 CaF_2-CaO-Al_2O_3、CaF_2-CaO-SiO_2 等。这类熔渣氧化性较弱，主要用于焊接各种合金钢。

(3) 氧化物型熔渣　主要由各种氧化物组成，如 MnO-SiO_2、FeO-MnO-SiO_2、CaO-TiO_2-SiO_2 等。这类熔渣氧化性较强，主要用于焊接低碳钢和低合金钢。

3. 熔渣的物理性质与碱度

熔渣的物理性质主要是指熔渣的黏度、熔点、相对密度、脱渣性和透气性等。这些性质对焊缝金属的成形、电弧的稳定性、焊接位置的适应性、焊接缺陷的产生等都有较大的影响。

熔渣的碱度是判断熔渣碱性强弱的指标。熔渣的碱度对焊接化学冶金反应，如元素的氧化与还原、脱硫、脱磷及液态金属气体的吸收等都有重要的影响。熔渣的碱度主要有两种表达方式。

(1) 分子理论表达式　将熔渣中的氧化物分成三大类。

① 酸性氧化物：SiO_2、TiO_2、P_2O_5 等。

② 碱性氧化物：K_2O、Na_2O、CaO、MgO、BaO、FeO 等。

③ 两性氧化物：Al_2O_3、Fe_2O_3、Cr_2O_3 等。

熔渣的碱度 B 定义为

$$B=\frac{\sum 碱性氧化物\%}{\sum 酸性氧化物\%} \tag{1-15}$$

碱度的倒数为酸度。理论上讲，$B>1$ 为碱性渣，但由于未考虑各种氧化物酸碱性的强弱及酸碱性氧化物间的复合情况，因而与实际有较大偏差，通过实验修正为

$$B_1=[0.018CaO+0.015MgO+0.006CaF_2+0.014(Na_2O+K_2O)+\\0.007(MnO+FeO)]/[0.017SiO_2+0.005(Al_2O_3+TiO_2+ZrO)] \tag{1-16}$$

式中各种成分以质量分数计算，$B_1>1$ 时为碱性渣；$B_1=1$ 时为中性渣；$B_1<1$ 时为酸性渣。

但是，有些焊条如钛铁矿型和氧化铁型焊条的熔渣的碱度大于1，而实际上呈酸性熔渣。产生这种现象的原因是上述公式中没有考虑不同氧化物碱性或酸性的强弱不同，也没有考虑在某些复合盐中，少量的酸性较强的氧化物比较多的碱性氧化物对复合盐的碱度影响更大，如 $(CaO)_2 \cdot SiO_2$，以致与实际情况有出入。所以根据经验确定 $B_1>1.3$ 时为碱性熔渣。

国际焊接学会 (IIW) 推荐采用下式计算熔渣的碱度，即

$$B_3=\frac{CaO+MgO+K_2O+Na_2O+0.4(MnO+FeO+CaF_2)}{SiO_2+0.3(TiO_2+ZrO_2+Al_2O_3)} \tag{1-17}$$

式中各种氧化物均以质量分数计算，$B_3>1.5$ 为碱性熔渣；$B_3<1$ 为酸性熔渣；$B_3=1\sim1.5$ 为中性熔渣。

（2）离子理论表达式　离子理论可以更准确地计算熔渣的碱度。离子理论把液态熔渣中自由氧离子的浓度（或氧离子活度）定义为碱度。渣中自由氧离子浓度越大，碱度越大。目前广泛采用的计算方法是日本的，即

$$B_2 = \sum_{i=1}^{n} \alpha_i M_i \tag{1-18}$$

式中　α_i——第 i 种氧化物碱度系数，见表 1-6；

M_i——第 i 种氧化物的摩尔分数。

一般，$B_2>0$ 为碱性渣；$B_2=0$ 为中性渣；$B_2<0$ 为酸性渣。根据熔渣的酸碱性，将熔渣及对应的焊条（剂）分为酸性和碱性两大类。

表 1-6　氧化物的碱度系数及相对分子质量

氧化物	CaO	MnO	MgO	FeO	Fe_2O_3	Al_2O_3	TiO_2	SiO_2
碱度系数 α_i	+6.05	+4.8	+4.0	+3.4	0	-0.2	-4.97	-6.32
相对分子质量	56	71	40.3	72	160	60	80	102
酸碱性	碱性				两性		酸性	

第三节　有害元素对焊缝金属的作用

焊接过程中，焊接区内充满大量气体。这些气体主要来自焊接材料和少量侵入的空气。主要由氢、氮、氧或其化合物（如 CO、CO_2、H_2O）等组成，其中氢、氮、氧对焊缝质量的影响最大。焊缝中的硫、磷不仅会降低焊缝金属的性能，焊接过程中还会引起热裂纹等焊接缺陷，严重影响焊缝的质量。因此，在讨论熔焊冶金时，必须讨论 H、N、O、S、P 等有害元素对焊缝金属的作用。

一、氢对焊缝金属的作用

（一）氢的来源

焊接区的氢主要来自焊条药皮或焊剂中的有机物、结晶水或吸附水、焊件和焊丝表面上的污染物、空气中的水分等。

（二）氢与焊缝金属的作用

1. 氢的溶解

氢能溶解于 Fe、Ni、Cu、Cr、Mo 等金属中。氢向金属中的溶解途径因焊接方法不同而不同。气体保护焊时，氢通过气相与液态金属的界面以原子或质子的形式溶于金属。电渣焊时，氢通过渣层溶入金属。焊条电弧焊与埋弧焊时，上述两种途径兼而有之。

氢在铁中的溶解是以原子或离子状态溶入。其溶解度与温度、晶格结构、氢的压力等有关。氢在铁中的溶解度如图 1-16 所示。

由图 1-16 可知，温度越高，氢的溶解度越大，且在相变时氢的溶解度发生突变。

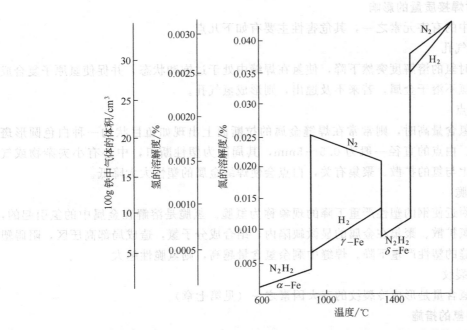

图 1-16　压力为 0.1Pa 时氮和氢在不同温度下在铁中的溶解度曲线

2. 氢与金属的作用方式

氢与金属的作用方式可分为两种。第一种是与某些金属能形成稳定的氢化物，如 ZrH_2、TiH_2、VH、TaH、NbH_2 等。在吸氢量不多时，氢与这些金属形成固溶体。当吸收氢量相当多时，则形成氢化物。第二种是与某些金属形成间隙固溶体，如 Fe、Ni、Cu、Cr、Al 等。

3. 氢在焊缝金属中的扩散

在钢焊缝中，氢大部分以氢原子或质子状态存在，与铁形成间隙固溶体。由于氢原子或氢离子的半径很小，扩散能力强，一部分可在金属晶格中自由扩散，称为扩散氢；另一部分扩散到金属的晶格缺陷、显微裂纹和非金属夹杂物边缘的空隙处，结合成氢分子，因其半径大，不能自由扩散。焊件中扩散氢充分逸出后仍残存于焊缝区中的氢称为残余氢。

焊缝中总的氢含量是扩散氢和残余氢之和。焊后随着焊件放置时间的增加，扩散氢和总氢含量将减少，残余氢增加。熔敷金属中的氢含量见表 1-7。

表 1-7　焊接低碳钢时熔敷金属中的含氢量

焊接方法		扩散氢 /[cm³/(100g)]	残余氢 /[cm³/(100g)]	总氢量 /[cm³/(100g)]	备　注
焊条电弧焊	纤维素型	35.8	6.3	42.1	
	钛型	39.1	7.1	46.2	
	钛铁矿型	30.1	6.7	36.8	
	氧化铁型	32.3	6.5	38.8	
	低氢型	4.2	2.6	6.8	
埋弧焊		4.40	1~1.5	5.9	在 40~50℃停留 48~72h 测定扩散氢；真空加热测定残余氢
CO_2 保护焊		0.04	1~1.5	1.54	
氧-乙炔气焊		5.00	1~1.5	6.5	

(三) 氢对焊接质量的影响

氢是焊缝中的有害元素之一，其危害性主要有如下几点。

1. 形成氢气孔

熔池结晶时氢的溶解度突然下降，使氢在焊缝中处于过饱和状态，并促使氢原子复合成氢分子，分子氢不溶于金属，若来不及逸出，则形成氢气孔。

2. 产生白点

钢焊缝在氢含量高时，则常常在焊缝金属的拉断面上出现如鱼目状的一种白色圆形斑点，称为白点。白点的直径一般为 0.5～5mm，其周围为塑性断口，中心有小夹杂物或气孔，白点的产生与氢的扩散、聚集有关，白点会使焊缝金属的塑性大大降低。

3. 导致氢脆

氢在室温附近使钢的塑性严重下降的现象称为氢脆。氢脆是溶解在金属中的氢引起的，焊缝中的剩余氢扩散、聚集在金属的显微缺陷内，结合成分子氢，造成局部高压区，阻碍塑性变形，使焊缝的塑性严重下降。焊缝中剩余氢含量越高，则氢脆性越大。

4. 形成冷裂纹

焊缝中的氢含量是形成冷裂纹的三大因素之一（见第七章）。

(四) 控制氢的措施

1. 焊条、焊剂使用前应进行烘干处理

一般低氢型焊条的烘干温度为 350～400℃；含有机物的焊条，烘干温度不应超出 250℃，一般为 150～200℃；熔炼焊剂使用前通常 250～300℃×2h 烘干处理；烧结焊剂一般用 300～400℃×2h 烘干处理。焊条、焊剂烘干后应立即使用，或暂存放在 100～150℃ 的烘箱或保温筒内，随用随取，以免重新吸潮。

2. 去除焊件及焊丝表面的杂质

焊件坡口和焊丝表面的铁锈、油污、吸附水以及其他含氢物质是增加焊缝氢含量的主要原因之一，故焊前应仔细清理干净。

3. 冶金处理

在药皮和焊剂中加入萤石 CaF_2 有较强的去氢作用。其反应式为

$$CaF_2 + H_2O =\!=\!= CaO + 2HF \tag{1-19}$$

$$CaF_2 + H_2 =\!=\!= Ca + 2HF \tag{1-20}$$

反应生成物 HF 不溶于液态金属而逸出，从而减少焊缝的氢含量。适当增加焊接材料的氧化性也有利于去氢，其反应式为

$$CO_2 + H =\!=\!= CO + OH \tag{1-21}$$

$$O + H =\!=\!= OH \tag{1-22}$$

$$O_2 + H_2 =\!=\!= 2OH \tag{1-23}$$

反应产物 OH 是个稳定结构，不溶于液态金属，从而降低焊接区的氢分压。

4. 控制焊接工艺参数

电源的性质与极性、焊接电流及电弧电压对焊缝氢含量有一定影响。直流反接焊接时焊缝氢含量较直流正接低。降低焊接电流和电弧电压，可减少焊缝的氢含量。但调整焊接工艺参数减少焊缝的氢含量效果不太明显。

5. 焊后脱氢处理

焊后加热焊件，促使氢扩散外逸，从而减少焊接接头中氢含量的工艺称为脱氢处理。一

般把焊件加热到350℃以上，保温1h，可将绝大部分扩散氢去除。

二、氮对焊缝金属的作用

（一）氮的来源
焊接区的氮主要来自于周围的空气。

（二）氮与焊缝金属的作用
在电弧高温的作用下，氮分子将分解为氮原子。氮可以以原子状态或以同氧化合后的NO的形式溶入熔池。氮在铁中的溶解度见图1-16，其溶解度随温度升高而增加，且与铁的晶体结构有关。氮既能溶解于金属，又能与某些金属形成氮化物，如Fe、Ti、Mn、Cr等，但Cu、Ni不与氮作用，故可用氮作为保护气体。

（三）氮对焊接质量的影响
氮是钢焊缝中的有害元素，它对焊接质量的影响如下。

1. 形成氮气孔

熔池中若溶入了较多的氮，在焊缝凝固过程中，因溶解度的突降而将有大量的氮以气泡的形式析出。如果氮气泡来不及逸出，便在焊缝中形成氮气孔。

2. 降低焊缝金属的力学性能

焊缝中的氮含量增加，其强度升高，但塑性和韧性明显下降，尤其对低温韧性的影响更为严重。

3. 时效脆化

氮是引起时效脆化的元素。熔池在凝固过程中因冷却速度大，使氮来不及逸出，从而使氮以过饱和状态存在于固溶体中，这是一种不稳定状态。随着时间的推移，过饱和的氮将以针状的Fe_4N析出，导致焊缝金属的塑性和韧性持续下降，即时效脆化。

（四）控制氮的措施

1. 加强焊接区的保护

加强对电弧气氛和液态金属的保护，防止空气侵入，这是控制焊缝氮含量的主要措施。

2. 选用合理的焊接工艺规范

电弧电压增加，使焊缝氮含量增大，故应尽量采用短弧焊。采用直流反极性接法，减少了氮离子向熔滴溶解的机会，因而减少了焊缝的氮含量。增大焊接电流，熔滴过渡频率加快，一般来说有利于减少焊缝中的氮含量。

3. 控制焊接材料的成分

增加焊丝或药皮中的含碳量可降低焊缝的氮含量。这是因为碳可降低氮在铁中的溶解度。碳氧化生成CO、CO_2可降低气相中氮的分压，碳氧化引起熔池的沸腾有利于氮的逸出。焊丝中加入一定数量与氮亲和力大的合金元素，如Ti、Zr、Al或稀土元素等，可形成稳定氮化物进入熔渣，起到脱氮作用。

三、氧对焊缝金属的作用

（一）氧的来源
焊接区的氧主要来自电弧中氧化性气体（CO_2、O_2、H_2O等），空气的侵入，药皮中的高价氧化物和焊接材料与焊件表面的铁锈、水分等分解产物。

(二) 氧与焊缝金属的作用

金属与氧的作用有两种：一种是不溶解氧，但与氧气发生剧烈的氧化反应，如 Al、Mg 等；另一种是能有限溶解氧，同时也发生氧化反应，如 Fe、Ni、Cu、Ti 等。这里主要介绍氧与铁的作用。

1. 氧的溶解

通常氧是以原子氧和氧化亚铁（FeO）两种形式溶于液态铁中。氧的溶解度随温度升高而增大。在室温下 α-Fe 几乎不溶解氧，所以，焊缝金属中的氧主要以氧化物（FeO、SiO、MnO 等）和硅酸盐夹杂物的形式存在。

2. 焊缝金属的氧化

(1) 氧化性气体对焊缝金属的氧化　电弧中的氧化性气体有 O_2、CO_2、H_2O 等，这些气体在电弧高温作用下分解为原子氧，原子氧比分子氧更活泼，能使铁和其他元素氧化。

$$[Fe]+O \longrightarrow FeO \qquad (1-24)$$

$$[Mn]+O \longrightarrow (MnO) \qquad (1-25)$$

$$[Si]+2O \longrightarrow (SiO_2) \qquad (1-26)$$

$$[C]+O \longrightarrow CO\uparrow \qquad (1-27)$$

产生的 FeO 能溶于液体金属。熔池中的 FeO 还会使其他元素进一步地氧化。

$$[FeO]+[C] \longrightarrow CO\uparrow +[Fe] \qquad (1-28)$$

$$[FeO]+[Mn] \longrightarrow (MnO)+[Fe] \qquad (1-29)$$

$$2[FeO]+[Si] \longrightarrow (SiO_2)+2[Fe] \qquad (1-30)$$

(2) 熔渣对焊缝金属的氧化　熔渣对焊缝金属的氧化有扩散氧化和置换氧化两种基本方式。

① 扩散氧化。FeO 由熔渣向焊缝金属扩散而使焊缝增氧的过程称为扩散氧化。即

$$(FeO) = [FeO] \qquad (1-31)$$

FeO 既可溶于熔渣，又可溶于铁水。在一定温度下平衡时，它在两相中的浓度符合分配定律，即

$$L=(FeO)/[FeO] \qquad (1-32)$$

常数 L 称为分配常数，它与熔渣的性质和温度有关。当熔渣中的自由 FeO 的浓度增加时，它将向焊缝金属中扩散，使焊缝氧化，图 1-17 所示为熔渣中 FeO 含量与焊缝中氧含量的关系。

试验表明，在熔渣中含 FeO 相同情况下，碱性渣焊缝中的氧含量比酸性渣大（如图 1-18 所示），这主要与渣中 FeO 的活度有关。

② 置换氧化。焊缝金属与熔渣中易分解的氧化物发生置换反应而被氧化的过程称为置换氧化。当熔渣中含有 SiO_2、MnO 等上述氧化物时，则使铁被氧化。反应为

$$2[Fe]+(SiO_2) = [Si]+2FeO \qquad (1-33)$$

$$[Fe]+(MnO) = [Mn]+FeO \qquad (1-34)$$

反应产物 FeO 按分配定律进入熔渣与熔池，从而使焊缝金属被氧化。

尽管焊缝中的氧含量增加了，但因 Si、Mn 同时增加，使焊缝的性能得到改善。因此，

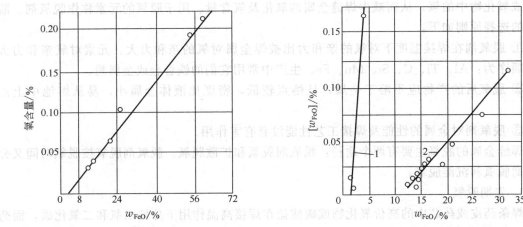

图 1-17 熔渣中 FeO 含量与焊缝中氧含量的关系　　图 1-18 熔渣的性质与氧含量的关系
1—碱性渣；2—酸性渣

高锰高硅焊剂配合低碳钢焊丝广泛用于焊接低碳钢和低合金钢。

（3）焊件表面氧化物对金属的氧化　焊件表面的铁锈和氧化皮在电弧高温作用下将发生分解，并与铁作用。

$$2Fe(OH)_3 \Longrightarrow Fe_2O_3 + 3H_2O \qquad (1-35)$$

$$3Fe_2O_3 \Longrightarrow 2Fe_3O_4 + O \qquad (1-36)$$

$$Fe_2O_3 + [Fe] \Longrightarrow 3FeO \qquad (1-37)$$

$$Fe_2O_3 + [Fe] \Longrightarrow 4FeO \qquad (1-38)$$

反应产物 FeO 按分配定律进入熔池，使焊缝金属氧化。

(三) 氧对焊接质量的影响

由于气体、熔渣及焊件表面氧化物对焊缝金属的氧化，使焊缝金属的氧含量增加，对焊接质量带来不利的影响，具体危害如下：

① 降低焊缝金属的强度、硬度、塑性，急剧降低冲击韧性；
② 引起焊缝金属的热脆、冷脆及时效硬化，并提高脆性转变温度；
③ 降低焊缝金属的物理和化学性能，如降低导电性、导磁性和抗腐蚀性等；
④ 产生气孔，熔池中的氧与碳反应，生成不溶于金属的 CO，如熔池结晶时 CO 气泡来不及逸出，则在焊缝中形成 CO 气孔；
⑤ 烧损焊接材料中的有益合金元素，使焊缝性能变坏；
⑥ 产生飞溅，影响焊接过程的稳定性。

(四) 控制氧的措施

(1) 严格限制氧的来源　采用不含氧或低氧的焊接材料，如用无氧焊条，无氧焊丝、焊剂等。采用高纯度的惰性保护气体或真空下焊接。清除焊件、焊丝表面上的铁锈、氧化皮等污物，烘干焊接材料。

(2) 控制焊接工艺规范　采用短弧焊，加强保护效果，限制空气与液体金属的接触。

(3) 脱氧处理。

(五) 焊缝金属的脱氧

脱氧处理是通过在焊接材料中加入某种对氧亲和力较大的元素，使其在焊接过程中夺取气相或氧化物中的氧，从而减少焊缝金属的氧化及氧含量。用于脱氧的元素称作脱氧剂。脱氧剂的选择原则如下。

① 脱氧剂在焊接温度下对氧的亲和力比被焊金属对氧的亲和力大。元素对氧亲和力大小的顺序为：Al、Ti、C、Si、Mn、Fe。生产中常用它们的铁合金或金属粉。

② 脱氧后的产物应不溶于金属，且熔点较低，密度比液体金属小，易从熔池中上浮入渣。

③ 脱氧剂对金属的性能及焊接工艺性能没有有害作用。

焊缝金属的脱氧主要有两个途径：脱氧剂脱氧和扩散脱氧。脱氧剂脱氧按脱氧时间又分为先期脱氧和沉淀脱氧。

1. 先期脱氧

焊条药皮或药芯中的高价氧化物或碳酸盐在焊接高温作用下分解出氧和二氧化碳，而药皮或药芯中的脱氧剂便与其氧化反应，结果使气相的氧化性减弱，这种在药皮或药芯加热阶段发生的脱氧反应，称为先期脱氧。先期脱氧的目的是尽早控制电弧气氛的氧化性，减少金属的氧化。这种脱氧主要发生在焊条端部反应区，脱氧过程与脱氧产物一般不和熔滴金属发生直接关系。

（1）酸性焊条的先期脱氧 焊条药皮中的碳酸盐受热分解出 CO_2，其反应式为

$$CaCO_3 = CaO + CO_2 \quad (1-39)$$

$$MgCO_3 = MgO + CO_2 \quad (1-40)$$

药皮中主要加入锰铁作先期脱氧剂进行脱氧，脱氧反应式为

$$CO_2 + Mn = MnO + CO \quad (1-41)$$

因酸性焊条渣中含有较多的 SiO_2 和 TiO_2，它们可与 MnO 复合生成稳定的（$MnO \cdot SiO_2$）和（$MnO \cdot TiO_2$）而进入渣中，减少了 MnO 浓度，使式（1-41）易向右进行，脱氧效果好。

（2）碱性焊条的先期脱氧 焊条药皮中含有大量的大理石，在加热时放出 CO_2 气体。

$$CaCO_3 = CaO + CO_2 \quad (1-42)$$

药皮中主要依靠硅铁和钛铁作先期脱氧剂，脱氧反应式为

$$2CO_2 + Si = SiO_2 + 2CO \quad (1-43)$$

$$2CO_2 + Ti = TiO_2 + 2CO \quad (1-44)$$

脱氧产物 SiO_2 和 TiO_2 可与碱性渣中的 CaO 等碱性氧化物反应化合成稳定化合物（$CaO \cdot SiO_2$）和（$CaO \cdot TiO_2$），减少了 SiO_2 和 TiO_2 的浓度，有利于式（1-43）、式（1-44）向右进行，脱氧效果较好。

由于药皮加热阶段温度低，反应时间短，故先期脱氧是不完全的，需进一步脱氧。

2. 沉淀脱氧

沉淀脱氧是利用溶解在熔滴和熔池中的脱氧剂与 [FeO] 和 [O] 直接反应，把铁还原，脱氧产物转入熔渣而被清除。沉淀脱氧是置换氧化的逆反应。沉淀脱氧的对象主要是液态金属中的 [FeO]。

(1) 酸性焊条的沉淀脱氧 酸性焊条采用锰铁作脱氧剂，脱氧效果较好。其脱氧反应式为

$$[FeO]+[Mn]=\!=\![Fe]+(MnO) \tag{1-45}$$

脱氧产物 MnO 易与渣中酸性氧化物（SiO_2、TiO_2）复合，使式（1-45）向右进行，脱氧效果较好。

(2) 碱性焊条的沉淀脱氧 碱性焊条主要利用硅铁、钛铁对熔池中的 [FeO] 进行脱氧，其脱氧反应式为

$$[Si]+2[FeO]=\!=\!2[Fe]+(SiO_2) \tag{1-46}$$

$$[Ti]+2[FeO]=\!=\!2[Fe]+(TiO_2) \tag{1-47}$$

脱氧产物与渣中 CaO 等碱性氧化物反应复合，使 SiO_2 和 TiO_2 活度减小，有利于脱氧反应的进行。

对于钢来说，当采用锰、硅或钛单独脱氧时，其脱氧产物的熔点都比铁高，容易夹渣。而采用硅锰联合脱氧，其脱氧产物能结合成熔点较低、密度较小的复合物进入熔渣，对消除夹渣很有利。因此，焊接低碳钢时常采用硅锰联合脱氧。硅锰联合脱氧的效果与 [Mn/Si] 比值有很大关系，该比值过大或过小，均可能造成锰、硅单独脱氧的条件，使脱氧效果下降。为使反应生成物均能形成熔点较低的复合物，并考虑到锰对氧的亲和力低于硅，因而锰占的比例应比硅大。实践证明，当 [Mn/Si]＝3～7 时，脱氧产物为颗粒大，熔点低的 $MnO \cdot SiO_2$，脱氧效果较好。

碳虽然与氧的亲和力很大，但一般不用作脱氧剂，因为其脱氧产物 CO 受热膨胀会发生爆炸，飞溅大，同时易产生 CO 气孔。

铝虽然与氧会发生强烈的氧化反应，脱氧能力很强，但产生的 Al_2O_3 熔点高，不易上浮，易形成夹渣，同时还会产生飞溅、气孔等缺陷，故一般不宜单独用作脱氧剂。

3. 扩散脱氧

利用 FeO 既溶于熔池又溶于熔渣的特点，使熔池中的 FeO 扩散到熔渣，从而降低焊缝含氧量的过程称为扩散脱氧。它是扩散氧化的逆过程。即

$$[FeO]=\!=\!(FeO) \tag{1-48}$$

扩散脱氧的效果与温度和熔渣中 FeO 的活度有关。温度下降时，FeO 分配有利于向熔渣方向进行，熔池中的氧含量减少。熔渣中 FeO 的活度越低，扩散脱氧效果越好。酸性焊条熔渣中含有大量的 SiO_2 和 TiO_2 等酸性氧化物，它们易与渣中 FeO 形成复合物（$FeO \cdot SiO_2$）和（$FeO \cdot TiO_2$），降低渣中 FeO 的活度，使熔池中的 FeO 向熔渣扩散，扩散脱氧效果较好。碱性焊条熔渣中含有大量的碱性氧化物，而 FeO 也是碱性氧化物，故渣中 FeO 活度较大，不利于扩散脱氧，可以说扩散脱氧在碱性焊条中基本上不存在。

扩散脱氧是在熔渣与熔池的界面上进行的，所以熔池的搅拌作用有利于扩散脱氧。由于焊接过程的冶金时间短，而扩散脱氧过程需要时间长，故扩散脱氧效果是有限的。

以上三种脱氧形式一般来说是共存的，只是不同条件下各自的程度不同而已。

脱氧类型、反应原理、主要反应、决定脱氧因素见表 1-8。

表 1-8 脱氧反应的类型

脱氧类型	反 应 原 理	发生的主要反应	决定脱氧效果的因素
先期脱氧	药皮中脱氧剂与药皮中高价氧化物或碳酸盐分解出的 O_2 或 CO_2 反应,使电弧气氛氧化性下降	$Fe_2O_3+Mn\Longrightarrow MnO+2FeO$ $FeO+Mn\Longrightarrow MnO+Fe$ $2CaCO_3+Si\Longrightarrow 2CaO+SiO_2+2CO\uparrow$ $CaCO_3+Mn\Longrightarrow MnO+CaO+CO\uparrow$	脱氧剂对氧的亲和力、粒度、氧化剂与脱氧剂比例、电流密度等
沉淀脱氧	脱氧剂与 FeO 直接反应,脱氧产物浮出金属表面	$[Mn]+[FeO]\longrightarrow[Fe]+(MnO)$ $[C]+[FeO]\longrightarrow[Fe]+CO\uparrow$ $[Si]+[FeO]\longrightarrow[Fe]+(SiO_2)$	脱氧剂含量、种类和熔渣的酸碱性
扩散脱氧	分配定律 $L=(FeO)/[FeO]$	$[FeO]\Longrightarrow(FeO)$	熔渣中 FeO 的活度、温度、熔渣的碱度

四、焊缝中硫、磷的危害及脱除

(一)焊缝中硫、磷的来源

焊缝中硫、磷主要来自于母材、焊丝、焊条、药皮或焊剂的原材料。硫在钢中主要以 FeS 的形式存在。磷在钢中主要以多价磷化物(Fe_3P、Fe_2P、FeP)的形式存在。

(二)焊缝中硫、磷的危害

硫、磷是焊缝中的有害杂质。FeS 可无限溶解于液态铁中,而固态铁中的溶解度只有 0.015%~0.02%,熔池凝固时即析出,并与 α-Fe、FeO 等形成低熔点共晶,这些低熔共晶在晶界聚集,导致产生结晶裂纹(见第七章),同时降低了焊缝冲击韧性和抗腐蚀性。

磷与铁、镍可形成低熔点共晶,产生热裂纹。焊缝中含磷较多时,会降低焊缝金属的冲击韧性和低温韧性,并使脆性转变温度升高。

(三)焊缝中硫、磷的控制

1. 限制硫、磷的来源

焊缝中硫、磷主要来自于母材和焊接材料。母材、焊丝中的硫、磷含量一般较低。药皮、焊剂的原材料,如锰矿、赤铁矿、钛铁矿等含有一定量的硫、磷,对焊缝的含硫、磷量影响较大。因此,限制母材、焊丝,尤其是药皮、焊剂中的硫、磷含量是防止硫、磷危害的主要措施。

2. 冶金方法脱硫、脱磷措施

冶金脱硫、脱磷是利用对硫、磷亲和力比铁大的成分将铁还原,而自身与硫、磷生成不溶于液态金属的硫化物、磷化物进入熔渣而去除硫和磷。

脱硫的方法主要有元素脱硫和熔渣脱硫两种。

(1) 元素脱硫 常用的脱硫剂是 Mn,其脱硫反应式为

$$[FeS]+[Mn]\Longrightarrow(MnS)+[Fe]+Q \tag{1-49}$$

反应产物 MnS 不溶于钢液,大部分进入熔渣。锰的脱硫反应为放热反应,降低温度有利于脱硫的进行。

(2) 熔渣脱硫 熔渣中的碱性氧化物,如 MnO、CaO、MgO 等也能脱硫,其脱硫反应式为

$$[FeS]+(MnO)\Longrightarrow(MnS)+[FeO] \tag{1-50}$$

$$[FeS]+(CaO)\Longrightarrow(CaS)+[FeO] \tag{1-51}$$

$$[FeS]+(MgO)=\!=\!=(MgS)+[FeO] \tag{1-52}$$

产物 CaS、MgS 不溶于钢液而进入熔渣。增加渣中 MnO、CaO、MgO 的含量，减少 FeO 的含量有利于脱硫。碱性焊条熔渣的碱性较强，熔渣脱硫能力比酸性焊条强。所以，酸性焊条以元素脱硫为主，碱性焊条同时采用熔渣脱硫和元素脱硫。

由于焊接冶金时间短，无论是元素脱硫，还是熔渣脱硫，反应都不能充分进行，且熔渣的碱度都不很高，所以，脱硫的能力是有限的。

(3) 冶金脱磷　冶金脱磷分两步进行：第一步将磷氧化成 P_2O_5；第二步将 P_2O_5 与渣中碱性氧化物复合成稳定的磷酸盐而进入熔渣。其反应式为

$$2[Fe_3P]+5(FeO)=\!=\!=P_2O_5+11[Fe] \tag{1-53}$$
$$2[Fe_2P]+5(FeO)=\!=\!=P_2O_5+9[Fe] \tag{1-54}$$
$$P_2O_5+3(CaO)=\!=\!=\{(CaO)_3 \cdot P_2O_5\} \tag{1-55}$$
$$P_2O_5+4(CaO)=\!=\!=\{(CaO)_4 \cdot P_2O_5\} \tag{1-56}$$

由上述反应可知：增加渣中 CaO 和 FeO 的含量，可提高脱磷效果。碱性焊条熔渣中含有较多的 CaO，有利于脱磷，但碱性渣中 FeO 含量较低，因而脱磷效果并不理想。酸性焊条熔渣中虽含一定的 FeO，但 CaO 的含量极少，故酸性焊条的脱磷效果比碱性焊条更差。

总之，焊接过程中的脱硫、脱磷都较困难，而脱磷比脱硫更困难，要控制焊缝中的硫、磷含量，更主要的是要严格控制焊接原材料中的硫、磷含量。

第四节　焊缝金属的合金化

焊缝金属的合金化是指通过焊接材料向焊缝金属过渡一定合金元素的过程，又称合金过渡。

一、焊缝金属合金化的目的

① 补偿焊接过程中由于蒸发、氧化等原因造成的合金元素的损失。

② 消除焊接工艺缺陷，改善焊缝的组织与性能。例如在焊接低碳钢时，为消除因硫引起的结晶裂纹，需向焊缝中加入锰。在焊接某些结构钢时，向焊缝中过渡 Ti、Al、B、Mo 等元素，以细化晶粒，提高焊缝金属的塑、韧性。

③ 获得具有特殊性能的堆焊金属。为使工件表面获得耐磨、耐热、红硬、耐蚀等特殊要求的性能，生产中常用堆焊的方法过渡 Cr、Mo、W、Mn 等合金元素。

二、合金化的方式

1. 应用合金焊丝

把所需要合金元素加入焊丝，配合碱性药皮或低氧、无氧焊剂进行焊接，使合金元素随熔滴过渡到焊缝金属中。这种方法优点是合金元素的过渡效果好，焊缝成分均匀、稳定，但制造工艺复杂、成本高。

2. 应用合金药皮或陶质焊剂

将所需合金元素以纯金属或铁合金的方式加入到药皮焊剂中，配合普通焊丝使用。此法

的优点是制造容易、简单方便、成本低，但合金元素氧化损失大、合金利用率低。

3. 应用药芯焊丝或药芯焊条

药芯焊丝的结构各式各样。药芯中合金成分的配比可以任意调整，可以得到任意成分的堆焊熔敷金属，合金元素损失少，但不易制造，成本较高。

4. 应用合金粉末

将需要过渡的合金元素按比例制成一定粒度的粉末，将合金粉末输到焊接区或撒在焊件表面，在热源作用下与母材熔合成合金化的焊缝金属。此法的优点是合金成分比例调配方便、合金损失少，但焊缝成分的均匀性差。

5. 应用置换反应

在药皮或焊剂中加入金属氧化物，如氧化锰、二氧化硅等。焊接时通过熔渣与液态金属的还原反应，使硅锰合金元素被还原，从而提高焊缝中的硅锰含量。此法合金化效果有限，且易增加焊缝的氧含量。

三、合金元素过渡系数及影响因素

焊接过程中，合金元素不能全部过渡到熔敷金属中去。为说明合金元素利用率高低，常用合金过渡系数来表达。合金过渡系数是指焊接材料中的合金元素过渡到焊缝金属中的数量与其原始含量的百分比。

$$\eta = \frac{C_d}{C_e} \times 100\% \tag{1-57}$$

式中 η——合金元素过渡系数；
C_d——某元素在熔敷金属中的浓度；
C_e——某元素的原始浓度。

合金过渡系数大，表示该合金元素的利用率高。影响合金过渡系数的因素有很多，主要有合金元素与氧的亲和力、合金元素的物理性质，焊接区的氧化性及合金元素的粒度等。合金元素与氧的亲和力越大，越易烧损，其过渡系数越小；合金元素的沸点越低，饱和蒸气压越高，越易蒸发，其过渡系数也越小。介质氧化性越大，合金元素氧化越多，过渡系数越小，故高合金钢要求在弱氧化性介质或惰性气体中进行焊接。增加合金元素的粒度，其表面积减少，氧化损失量减小，过渡系数提高。

这里要说明的是在焊条药皮中的合金剂和脱氧剂两者常无明显的区分。同一种合金元素，有时既起脱氧剂的作用，又起合金剂的作用。如 E4303 焊条药皮中的锰铁，虽然主要作用是作为脱氧剂，但也有部分作为合金剂渗入焊缝，改善焊缝性能。

第五节 焊接接头的组织与性能

焊接接头由焊缝、熔合区和热影响区三部分组成。熔池金属在经历了一系列化学冶金反应后，随着热源远离温度迅速下降，凝固后成为牢固的焊缝，并在继续冷却中发生固态相变。熔合区和热影响区在焊接热源的作用下，也将发生不同的组织变化。很多焊接缺陷，如气孔、夹杂物、裂纹等都是在上述这些过程中产生，因此，了解接头组织与性能变化的规律，对于控制焊接质量、防止焊接缺陷有重要的意义。

一、熔池的凝固与焊缝金属的固态相变

随着温度下降,熔池金属开始了从液态到固态转变的凝固过程(见图1-19),并在继续冷却中发生固态相变。熔池的凝固与焊缝的固态相变决定了焊缝金属的结晶结构、组织与性能。在焊接热源的特殊作用下,大的冷却速度还会使焊缝的化学成分与组织出现不均匀的现象,并有可能产生焊接缺陷。

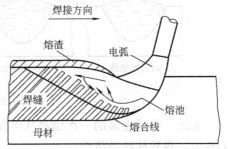

图1-19 熔池的凝固过程

(一) 熔池的凝固(一次结晶)

焊缝金属由液态转变为固态的凝固过程,即焊缝金属晶体结构的形成过程,称为焊缝金属的一次结晶。焊接熔池的凝固过程服从于金属结晶的基本规律。宏观上,金属结晶的实际温度总是低于理论结晶温度,即液态金属具有一定的过冷度是凝固的必要条件。微观上,金属的凝固过程是由晶核不断形成和长大这两个基本过程共同构成。此外,这个过程还受到焊接热循环特殊条件的制约。因此,研究焊接熔池的凝固过程,必须结合焊接热循环的特点与具体施焊条件。

1. 熔池凝固(一次结晶)的特点

① 熔池体积小,冷却速度大。单丝埋弧焊时熔池的最大体积约为$30cm^3$,液态金属质量不超过100g。由于熔池体积小,周围又被冷金属包围,故熔池的冷却速度很大,平均冷却速度约为4~100℃/s,比铸锭大几百到上万倍。

② 熔池中液态金属处于过热状态,合金元素烧损严重,使熔池中作为晶核的质点大为减少,促使焊缝得到柱状晶。

③ 熔池是在运动状态下结晶。熔池随热源的移动,使熔化和结晶过程同时进行,即熔池的前半部是熔化过程,后半部是结晶过程。同时随着焊条的连续给进,熔池中不断有新的金属补充和搅拌进来。另外,由于熔池内部气体的外逸,焊条摆动,气体的吹力等产生搅拌作用使熔池处于运动状态下结晶。熔池的运动,有利于气体、夹杂物的排除,有利于得到致密而性能良好的焊缝。

2. 熔池凝固的过程

焊接熔池的结晶由晶核的产生和晶核的长大两个过程组成。熔池中生成的晶核有两种,即自发晶核和非自发晶核。熔池的结晶主要以非自发晶核为主。熔池开始结晶时的非自发晶核有两种:一种是合金元素或杂质的悬浮质点,这种晶核一般情况下所起的作用不大;另一种是熔合区附近加热到半熔化状态的基本金属的晶粒表面形成晶核。后者是主要的,结晶就从这里开始,以柱状晶的形态向熔池中心生长,形成焊缝金属同母材金属长合在一起的"联生结晶",如图1-20所示。

熔池中的晶体总是朝着与散热方向相反的方向长大。当晶体的长大方向与散热最快的反方向一致时,则此方向的晶体长大最快。由于熔池最快的散热方向是垂直于熔合线的方向指向金属内部,所以晶体的成长方向总是垂直于熔合线而指向熔池中心,因而形成

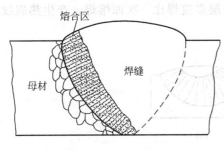

图1-20 联生结晶

了柱状结晶。当柱状结晶不断地长大至互相接触时，熔池的一次结晶宣告结束。焊接熔池的结晶过程如图 1-21 所示。

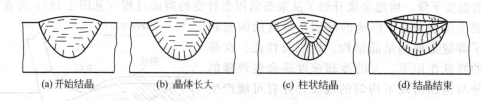

(a) 开始结晶　　　(b) 晶体长大　　　(c) 柱状结晶　　　(d) 结晶结束

图 1-21　焊接熔池的结晶过程

总之，焊缝金属的一次结晶从熔合线附近开始形核，以联生结晶的形式呈柱状向熔池中心长大，得到柱状晶组织。

（二）焊缝金属的化学不均匀性

在熔池结晶过程中，由于冷却速度很快，已凝固的焊缝金属中化学成分来不及扩散，因此，合金元素的分布是不均匀的，这种现象称为偏析。偏析对焊缝质量影响很大，这不仅因化学成分不均匀而导致性能改变，同时也是产生裂纹、气孔、夹杂物等焊接缺陷的主要原因之一。

根据焊接过程特点，焊缝中的偏析主要有显微偏析、区域偏析和层状偏析三种。

1. 显微偏析

在一个晶粒内部和晶粒之间的化学成分不均匀现象，称为显微偏析。熔池结晶时，最先结晶的结晶中心的金属最纯，而后结晶部分含合金元素和杂质略高，最后结晶的部分，即晶粒的外缘和前端含合金元素和杂质最高。

影响显微偏析的主要因素是金属的化学成分，金属的化学成分不同，其结晶区间大小就不同。一般情况下，合金元素的含量越高，结晶区间越大，就越容易产生显微偏析。对低碳钢而言，其结晶区间不大，显微偏析并不严重，而高碳钢、合金钢焊接时，因其结晶区间大，显微偏析很严重，常会引起热裂纹等缺陷。所以，高碳钢、合金钢等焊后常进行扩散及细化晶粒的热处理来消除显微偏析。

2. 区域偏析

熔池结晶时，由于柱状晶体的不断长大和推移把杂质推向熔池中心，使熔池中心的杂质比其他部位多，这种现象称为区域偏析。

影响区域偏析的主要因素是焊缝的断面形状。对于窄而深的焊缝，各柱状晶的交界在焊缝中心，如图 1-22（a）所示，这时极易形成热裂纹。对于宽而浅的焊缝，杂质聚集在焊缝的上部，如图 1-22（b）所示，这种焊缝具有较强的抗热裂纹能力。因此，可利用这一特点来降低焊缝产生热裂纹的可能。如同样厚度钢板，用多层多道焊比一次深熔焊，产生热裂纹的倾向小得多。

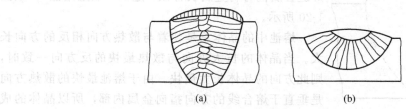

(a)　　　　　　(b)

图 1-22　焊缝断面形状对区域偏析的影响

另外，焊缝末端的弧坑处，因熔池杂质的聚集加之断弧点的搅拌不够强烈等综合作用的结果，使火口处有较多的杂质，出现严重的火口偏析现象，这也是一种区域偏析。火口偏析易在火口处引起裂纹，称为火口裂纹（见第七章）。

3. 层状偏析

焊接熔池始终处于气流和熔滴金属的脉动作用下，所以无论是金属的流动或热量的供应和传递，都具有脉动性。同时，结晶潜热的释出，造成结晶过程周期性停顿。这些都使晶体的成长速度出现周期性增加和减少，晶体长大速度的变化可引起结晶前沿液体金属中杂质浓度的变化，从而形成周期性的偏析现象，即层状偏析。层状偏析不仅造成焊缝性能不均匀，而且由于一些有害元素的聚集，易于产生裂纹和层状分布的气孔。图 1-23 所示为层状偏析所造成的气孔。

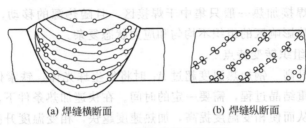

(a) 焊缝横断面　　　　(b) 焊缝纵断面

图 1-23　层状偏析分布气孔

(三) 焊缝金属的固态相变

熔池凝固以后，焊缝金属从高温冷却到室温还会发生固态相变。焊缝金属的固态相变过程称为焊缝金属的二次结晶。二次结晶的组织主要取决于焊缝金属的化学成分和冷却速度。对于低碳钢来说，焊缝金属的常温组织为铁素体和珠光体。由于焊缝冷却速度大，所得珠光体含量比平衡组织中的含量大。冷却速度越大，珠光体含量越多，焊缝的强度和硬度也随之增加，而塑性和韧性则随之降低。

二、熔合区的组织和性能

熔合区是焊接接头中焊缝与母材交界的过渡区。即熔合线处微观显示的母材半熔化区。该区范围很窄，甚至在显微镜下有时也很难分辨。

熔合区最高加热温度在固、液相线之间。焊接时部分金属被熔化，通过扩散方式使液态金属与母材金属结合在一起。因此，该处化学成分一般不同于焊缝，也不同于母材金属。当焊接材料和母材都为成分相近的低碳钢时，该区化学成分无明显变化，但该区靠近母材的一侧为过热组织，晶粒粗大，塑性和韧性较低。当焊缝金属与母材的化学成分、线膨胀系数和组织状态相差较大时，会导致碳及合金元素的再分配，同时产生较大的热应力和严重的淬硬组织。所以熔合区是产生裂纹、发生局部脆性破坏的危险区，是焊接接头中的薄弱环节。

三、焊接热影响区的组织和性能

熔焊时，不仅焊缝在热源的作用下要发生从熔化到固态相变等一系列的变化，而且焊缝两侧未熔化的母材也要经历一定的热循环而发生组织的转变。焊接过程中，母材因受热的影响（但未熔化）而发生金相组织和力学性能变化的区域，称为焊接热影响区。一般认为，焊接接头由焊缝、熔合区和热影响区三部分组成。实践表明，焊接质量不仅决定于焊缝，同时还决定于熔合区和焊接热影响区。

(一) 热影响区加热时组织的转变

对一定的材料来说，焊接热影响区在加热时的组织转变，主要取决于热影响区各点所经历的焊接热循环。

1. 焊接热影响区的加热特点（与热处理相比）

(1) 加热温度高　热处理的加热温度一般略高于A_{c3}，而焊接热影响区靠近熔合线附近的最高加热温度接近金属的熔点，二者相差很大。

(2) 加热速度快　由于焊接热源强烈集中，加热速度比热处理要大几十倍到几百倍。

(3) 高温停留时间短　根据焊接热循环的特点，热影响区在A_{c1}以上的停留时间很短。如焊条电弧焊约为4～20s，埋弧焊约30～100s。而热处理可按需要任意控制保温时间。

(4) 自然条件下连续冷却　焊接过程中，热影响区一般都在自然条件下连续冷却。

(5) 局部加热　焊接加热一般只集中于焊接区，且随热源的移动，被加热区也随之移动。因此，造成焊接热影响区的组织不均匀和应力状态复杂。

2. 焊接加热时的组织转变特点

(1) 使相变温度升高　钢加热温度超过A_1时将发生珠光体、铁素体向奥氏体转变，其转变过程是一个扩散重结晶过程，需要一定的时间。在快速加热条件下，相变过程来不及在理论相变温度完成，从而使相变温度提高，加热速度越快，相变温度升高得越多。当钢中含有碳化物形成元素时，随加热速度的提高，相变温度升高更明显。

(2) 影响奥氏体均质化程度　奥氏体均质化过程属于扩散过程。加热速度快、相变温度以上停留时间短都不利于扩散，使奥氏体均质化程度下降。

(二) 焊接热影响区冷却过程的组织转变

焊接热影响区在焊接条件下的热过程与热处理条件下有显著不同，其冷却过程的组织转变也有很大差异。现以45钢和40Cr钢为例，说明两种不同冷却过程的组织转变特点。图1-24为焊接和热处理时加热及冷却过程的示意图。

图1-24中两种情况的冷却曲线1、2、3彼此具有各自相同的冷却速度。在同样冷却速度条件下，其组织不同，见表1-9。由表1-9可知，45钢在相同冷却速度下，焊接热影响区淬硬倾向比热处理条件下大。这是因为一方面45钢不含碳化物合金元素，不存在碳化物的溶解过程，另一方面热影响区组织的粗化，增加了奥氏体的稳定性。相反，40Cr钢在同样

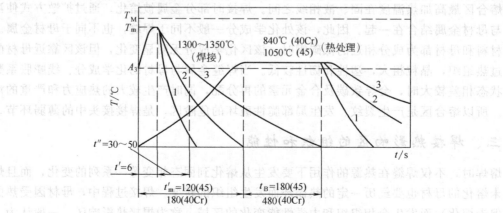

图1-24　焊接和热处理时加热及冷却过程示意

T_M—金属熔点；T_m—峰值温度；t'—热处理加热温度；t_B—热处理保温时间

冷却速度下，焊接热影响区淬硬倾向比热处理时小。这是因为焊接加热速度快，高温停留时间短，碳化物合金元素铬不能充分溶解于奥氏体中，削弱了奥氏体在冷却过程中的稳定性，易先析出珠光体和中间组织，从而降低了淬硬倾向。

表1-9 焊接及热处理条件下的组织百分比

钢种	冷却速度/(℃/s)	组织/%			钢种	冷却速度/(℃/s)	组织/%		
		铁素体	马氏体	珠光体及中间组织			铁素体	马氏体	珠光体及中间组织
45钢	4	5(10)	0(0)	95(90)	40Cr	4	1(0)	75(95)	24(5)
	18	1(3)	90(27)	9(70)		14	0(0)	90(98)	10(2)
	30	1(1)	92(69)	7(30)		22	0(0)	95(100)	5(0)
	60	0(0)	98(98)	2(2)		36	0(0)	100(100)	0(0)

注：1. 有括号者为热处理的百分比。
2. 中间组织包括贝氏体、索氏体和托氏体。

（三）焊接热影响区的组织与性能

母材的成分不同，热影响区各点经受的热循环不同，焊后热影响区发生的组织和性能的变化也不相同。

1. 不易淬火钢热影响区的组织和性能

不易淬火钢有低碳钢和低合金高强钢（如 Q345、Q390）等，其热影响区可分过热区、正火区、部分相变区和再结晶区四个区域。如图1-25所示，现以低碳钢为例说明。

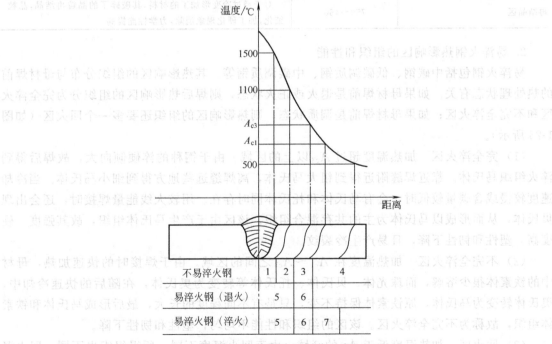

图1-25 热影响区划分示意
1—过热区；2—正火区；3—部分相变区；4—再结晶区；5—淬火区；6—不完全淬火区；7—回火区

（1）过热区　加热温度范围为1100～1490℃。在这样的高温下，奥氏体晶粒严重长大，冷却后呈现为晶粒粗大的过热组织。该区塑性很低，尤其是冲击韧性比母材金属低20%～30%，是热影响区中的薄弱环节。

(2) 正火区 加热温度范围为 900～1100℃。加热时该区的铁素体和珠光体全部转变为奥氏体。由于温度不高，晶粒长大较慢，空冷后得到均匀细小的铁素体和珠光体，相当于热处理中的正火组织。该区也称相变重结晶区或细晶区，其性能既具有较高的强度，又有较好的塑性和韧性。力学性能略高于母材，是热影响区中综合力学性能最好的区域。

(3) 部分相变区 加热温度在 A_{c1}～A_{c3} 之间，对低碳钢为 750～900℃。该区母材中的珠光体和部分铁素体转变为晶粒比较细小的奥氏体，但仍留部分铁素体。冷却时，奥氏体转变为细小的铁素体和珠光体，而未溶入奥氏体的铁素体不发生转变，晶粒长大粗化，变成粗大铁素体，最后得到晶粒大小极不均匀的组织，其力学性能也不均匀。该区又称不完全重结晶区。

(4) 再结晶区 加热温度在 450～750℃。当母材事先经过冷加工变形，在此温度区内就发生再结晶，晶粒细化，加工硬化现象消除，塑性有所提高；当母材焊前未经塑性变形，则本区不出现。

低碳钢热影响区各部分的组织特征可归纳为表 1-10。

表 1-10 低碳钢热影响区各部分的组织特征

热影响区部位	加热的温度范围/℃	组织特征及性能
过热区	1490～1100	晶粒粗大，形成脆性组织，力学性能下降
相变重结晶区（正火区）	1100～900	晶粒变细，力学性能良好
不完全重结晶区（不完全正火区）	900～750	粗大铁素体和细小珠光体、铁素体，力学性能不均匀
再结晶区	750～450	对于经过冷变形加工的材料，其破碎了的晶粒再结晶，晶粒细化，加工硬化现象消除，力学性能提高

2. 易淬火钢热影响区的组织和性能

易淬火钢包括中碳钢、低碳调质钢、中碳调质钢等。其热影响区的组织分布与母材焊前的热处理状态有关。如果母材焊前是退火或正火状态，则焊后热影响区的组织分为完全淬火区和不完全淬火区；如果母材焊前是调质状态，则热影响区的组织还要多一个回火区（如图 1-25 所示）。

(1) 完全淬火区 加热温度超过 A_{c3} 以上的区域。由于钢种的淬硬倾向大，故焊后得到淬火组织马氏体。靠近焊缝附近得到粗大马氏体，离焊缝远些地方得到细小马氏体。当冷却速度较慢或含碳量较低时，会有马氏体和托氏体同时存在。用较大线能量焊接时，还会出现贝氏体，从而形成以马氏体为主的共存混合组织。该区由于产生马氏体组织，故其强度、硬度高，塑性和韧性下降，且易产生冷裂纹。

(2) 不完全淬火区 加热温度在 A_{c1}～A_{c3} 之间的区域。由于焊接时的快速加热，母材中的铁素体很少溶解，而珠光体、贝氏体、托氏体等转变为奥氏体，在随后的快速冷却中，奥氏体转变为马氏体，原铁素体保持不变，只是有不同程度的长大，最后形成马氏体和铁素体组织，故称为不完全淬火区。该区的组织和性能不均匀，塑性和韧性下降。

(3) 回火区 加热温度低于 A_{c1} 的区域。由于回火温度不同，所得组织也不同。回火温度越低，则淬火金属的回火程度降低，相应获得回火托氏体、回火马氏体等组织，其强度也逐渐下降。

焊接热影响区除了组织变化而引起的性能变化外，热影响区的宽度对焊接接头中产生的应力和变形也有较大影响。一般来说，热影响区越窄，则焊接接头中内应力越大，越容易出现裂纹；热影响区越宽，则变形越大。因此，在焊接生产工艺过程中，应在接头中的应力不足以产生裂纹的前提下，尽量减少热影响区的宽度。热影响区的宽度大小与焊接方法、焊接工艺参数、焊件大小与厚度、金属材料热物理性质和接头形式等有关。焊接方法对热影响区宽度的影响见表 1-11。

表 1-11　各种焊接方法对热影响区尺寸的影响

焊接方法	各区平均尺寸/mm			总宽度/mm
	过热区	正火区	不完全重结晶区	
焊条电弧焊	2.2	1.6	2.2	6.0
埋弧自动焊	0.8~1.7	0.8~1.7	0.7	2.5
电渣焊	18.0	5.0	2.0	25.0
气焊	21.0	4.0	2.0	27.0

四、焊接接头组织和性能的调整与改善

(一) 焊接接头的特点

焊接接头是母材金属或母材金属和填充金属在高温热源的作用下，经过加热和冷却过程而形成不同组织和性能的不均匀体。焊接接头是焊缝、熔合区及热影响区的总称。

因为焊接接头各部位距离焊接热源中心的距离不同，其温度分布也不相同，所以焊接接头各部位在组织和性能上存在着很大差异。焊缝金属基本上是一种铸造组织，化学成分与母材金属不同。近缝区金属受焊接热循环的影响，其组织与性能都发生了不同程度的变化，特别是熔合区更为明显。这说明了焊接接头具有金属组织和力学性能极不均匀的特点。焊接接头还会产生各种焊接缺陷，存在残余应力和应力集中，这些因素对焊接接头的组织与性能也有很大影响。

(二) 影响焊接接头组织和性能的因素

影响焊接接头组织和性能的主要因素有：焊接材料、焊接方法、焊接规范与线能量、焊接工艺、操作方法及焊后热处理等。

1. 焊接材料

焊接材料对焊缝的化学成分和力学性能起着决定性的作用。因此，焊接材料的选择应以母材金属的化学成分和力学性能要求为前提，结合结构和接头的刚性、母材金属材料的焊接性等来进行。

2. 焊接方法

不同焊接方法有其不同特点，因而对焊接接头的组织与性能的影响也不同。常用的焊接方法有：气焊、焊条电弧焊、埋弧焊、CO_2 气体保护焊和钨极氩弧焊等。

(1) 气焊　气焊的热源温度较低，加热速度慢，对熔池的保护差，故合金元素烧损较大；焊缝金属易产生过热组织，热影响区较宽，因此，焊接接头性能较差。

(2) 焊条电弧焊　焊条电弧焊采用气渣联合保护，焊接线能量不大，故合金元素烧损较少，热影响区较窄，焊接接头性能较好。

(3) 埋弧自动焊　埋弧自动焊也采用气渣联合保护，焊接线能量较焊条电弧焊大，故合金元素烧损较多，焊缝金属也较粗大，焊接接头性能较好。

(4) CO_2 气体保护焊　CO_2 气体保护焊采用氧化性气体 CO_2 进行保护，对合金元素烧损较多，故需采用含硅、锰较多的焊丝。CO_2 气体对热影响区有冷却作用，故热影响区窄，焊接接头性能好，尤其是接头的抗裂性能好。

(5) 手工钨极氩弧焊　采用氩气保护，合金元素基本无烧损，焊缝结晶组织较细，热影响区窄，接头性能好，尤其是单面焊双面成形好。

在选择焊接方法时，应根据对焊接接头组织和性能的影响及其他要求综合考虑。

3. 焊接规范与线能量

焊接线能量综合体现了焊接规范对接头性能的影响。

当采用小电流、快速焊时，可减少热影响区的宽度，减小晶粒长大倾向，消除过热组织的危害，提高焊缝的塑性和韧性。

当采用大电流、慢速焊时，则熔池大而深，焊缝金属得到粗大柱状晶，区域偏析严重，接头过热区宽，晶粒长大严重，接头的塑性和韧性差。但对某些焊接接头，线能量大些有利于焊缝中氢的逸出，减少裂纹倾向。所以，对每种焊接方法都存在一个最佳的焊接规范或线能量。

4. 操作方法

操作方法上区分有单道焊和多层多道焊。

(1) 单道大功率慢速焊　此法焊接线能量大，操作时在坡口两侧的高温停留时间长，热影响区加宽，接头晶粒粗化，塑性和韧性降低。同时易在焊缝中心产生偏析，导致热裂纹。此法在焊接性好的材料焊接时可采用，以提高生产率。

(2) 多层多道、小电流、快速小摆动焊法　此法线能量小，后焊焊道对前一焊道焊缝及热影响区起热处理作用。因此，焊接热影响区窄、晶粒较细、综合力学性能好。此法普遍用在焊接性较差的材料焊接上。

(三) 焊接接头组织和性能的调整与改善

调整和改善焊接接头组织与性能的主要方法如下。

1. 变质处理

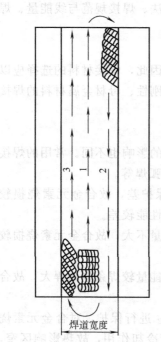

图1-26　锤击焊缝的方向及顺序

变质处理是指通过焊接材料，向焊缝金属中添加不同的合金元素来改善焊缝的组织与性能。如向熔池中加入细化晶粒的合金元素钛、钒、铌、钼及稀土元素等，可以改变结晶形态，使焊缝金属晶粒细化，提高焊缝的强度和韧性，同时又可改善抗裂性。

2. 振动结晶

振动结晶是指通过不同的途径使熔池产生强烈振动，破坏正在成长的晶粒，从而获得细小的焊缝组织，消除夹杂、气孔和改善焊缝金属的性能。振动结晶的方式有低频机械振动、高频超声波振动和电磁振动等。

3. 多层焊

多层焊一方面由于每层焊缝变小而改善了凝固结晶条件；另一方面更主要的是后一层焊缝的热量对前一层焊缝具有附加热处理（相当于正火或回火）作用，前一层焊缝对后一层焊缝有预热作用，从而改善焊缝的组织与性能。

4. 预热和焊后热处理

预热可降低焊接接头区域的温差，减小焊接热影响区的淬硬倾向。预热也有利于焊缝中氢的逸出，降低焊缝中的氢含量,防止冷裂纹的产生。

焊后热处理是指焊后为改善焊接接头的组织与性能或消除残余应力而进行的热处理。按热处理工艺不同,焊后热处理可分别起到改善组织、性能、消除残余应力或消除扩散氢的作用。焊后热处理的方法主要有高温回火、消除应力退火、正火和调质处理。

5. 锤击焊道表面

锤击焊道表面可使前一层焊缝表面的晶粒破碎,使后层焊缝凝固时晶粒细化,改善焊缝的组织与性能。此外,逐层锤击焊缝表面可减少或消除接头的残余应力。锤击焊缝的方向及顺序见图 1-26。

复习思考题

1. 焊接热过程有何特点?焊条电弧焊焊接过程中,电弧热源的能量以什么方式传递给焊件?
2. 什么叫焊接温度场?温度场如何表示?影响温度场的主要因素有哪些?
3. 焊接热循环的主要参数有哪些?有何特点?有哪些影响因素?
4. 焊接冶金有何特点?焊条电弧焊有几个焊接化学冶金反应区?
5. 焊条电弧焊各冶金反应区的冶金反应有何不同?
6. 焊条加热与熔化的热量来自于哪些方面?电阻热过大对焊接质量有何影响?
7. 熔滴过渡的作用力有哪些?其对熔滴过渡的影响如何?
8. 氢对焊接质量有何影响?控制焊接接头氢含量的措施有哪些?
9. 氮以什么方式溶解于焊缝金属?它对焊缝质量有哪些影响?防止措施有哪些?
10. 焊接区的氧来自何处?焊缝金属中氧的存在对焊接质量有何影响?
11. 焊缝金属的脱氧方式有哪些?比较酸、碱性焊条的脱氧有何不同?
12. 什么叫沉淀脱氧?沉淀脱氧的主要对象是什么?焊接低碳钢时为什么常采用硅锰联合脱氧?
13. 焊缝中硫、磷的存在对焊接质量有何危害?脱硫、脱磷的方法有哪些?酸、碱性焊条各采用什么方法?
14. 合金元素在焊缝金属合金化过程中有哪些损失?合金化的方式有哪几种?影响合金元素过渡的主要因素有哪些?
15. 焊缝金属一次结晶有何特点?在焊接条件下熔池中的晶核主要以什么方式产生和长大?
16. 低碳钢焊缝具有什么样的一次组织和二次组织?
17. 焊缝中的偏析有哪几种?焊缝形状对偏析有什么样的影响?
18. 为什么说熔合区是焊接接头的薄弱环节?
19. 为什么相同冷速条件下,40Cr 钢焊接热影响区淬硬倾向比热处理时小?
20. 低碳钢焊接热影响区分哪几个区?各区冷却后得到什么组织?其性能如何?
21. 焊接接头有何特点?影响焊接接头组织与性能的因素有哪些?
22. 改善焊接接头组织与性能的主要措施有哪些?

第二章 焊接应力与变形

金属结构在焊接过程中产生的焊接应力和各种焊接变形,往往使焊接产品的质量下降或使下一道工序无法顺利进行。更重要的是焊接应力或焊接残余应力往往是造成裂纹的直接原因,即使不造成裂纹,也会降低焊接结构的承载能力和使用寿命。焊接变形不仅造成焊件尺寸、形状的变化,而且在焊后要进行大量复杂的矫正工作,严重的会使焊件报废。但是,如果从中找出它们的规律,那么就可以大大减少焊接应力与变形的危害。

第一节 焊接应力和变形的基本概念

一、焊接应力和变形

钢结构在焊接时总是要产生应力和变形的。把焊接过程中焊件中产生的随时间变化的变形和内应力分别称为焊接瞬时变形和焊接瞬时应力;把焊后焊件冷却至室温时仍留存在焊件中的变形和应力分别称为焊接残余变形和焊接残余应力。

二、焊接应力和变形的形成

焊接是一个加热和冷却的热循环过程,焊接时金属受热和冷却的整个热循环的温度范围通常在1500℃以上。随着温度的变化,金属的物理性能和力学性能也随之发生剧烈变动。

图 2-1 所示为低碳钢(20 钢)主要力学性能与温度的关系。从图中可以看出,低碳钢的塑性参数,随温度(>300℃时)的提高,塑性也明显提高,而它的强度参数却随温度的提高而下降。图 2-2 所示为屈服强度与温度的关系。屈服强度在加热初期缓慢下降,随着加热温度的升高,曲线下降变快。当温度达到 600~650℃时,屈服强度接近于零。图 2-2 中的实线为假定的 σ_s 随温度变化的情况,当温度在 0~500℃时,σ_s 可看为一个常数,而在 500~600℃时,σ_s 按直线规律减小到零。依据这种假定,低碳钢在 600℃及 600℃以上时,就变为塑性材料。这对焊接应力与变形有着重大影响。

焊接时的应力和变形的形成主要取决于焊接热过程,以及焊件在焊接过程中受拘束的条件。

(一)均匀加热时引起应力与变形的原因

为了便于了解焊接时应力与变形产生的原因,首先对均匀加热时产生的应力与变形进行讨论。

1. 自由状态的杆件

假设有一根钢杆,搁在两端无约束的支点上(自身重力不计),如图 2-3(a)所示。对钢杆均匀加热后,钢杆便出现了线膨胀和体膨胀(图中虚线),随后均匀冷却,钢杆将恢复到原来的形状和尺寸。因为在整个热胀和冷缩的过程中,钢杆始终处在自由无约束的状态

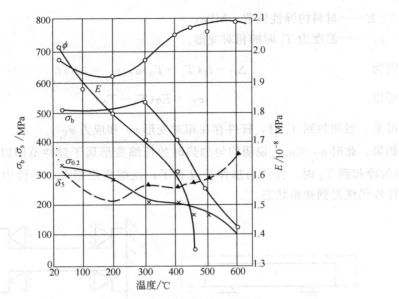

图 2-1 低碳钢主要力学性能与温度的关系
(δ_5、ϕ 的单位为 /%)

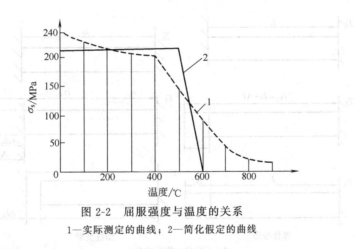

图 2-2 屈服强度与温度的关系
1—实际测定的曲线；2—简化假定的曲线

下，所以最终不会出现应力和变形。

2. 不能自由膨胀的杆件

假设钢杆两端被阻于两壁之间，限制了它在加热时的伸长，而允许在冷却时自由缩短。如图 2-3（b）所示。同时假定：杆件在受到纵向压力时不产生弯曲；加热时杆件与两壁之间没有热传导；两壁为绝对刚性，不产生任何变形；整个杆件为均匀加热、均匀冷却。

加热杆件，当温度升高到 T_1 时，杆件伸长量应为 Δl_1，且 $\Delta l_1 = l_0(T_1 - T_0)\alpha$。但由于杆件两端受阻，实际上没有伸长，相当于将杆件在自由状态下加热到 T_1 后，伸长了 Δl_1，然后加压使杆件缩短了 Δl_1。按照虎克定律，在弹性限度以内，杆件在力的作用下伸长或缩短的距离与所加的力成正比。那么，此时在杆件内部产生的应力也是按虎克定律变化的，即

$$\sigma_{T_1} = E\varepsilon_{T_1} \tag{2-1}$$

式中 σ_{T_1}——温度为 T_1 时杆件受阻产生的应力，MPa；

E——材料的弹性模数，MPa；

ε_{T_1}——温度为 T_1 时的相对变形。

因为 $\Delta l_1 = l_0(T_1 - T_0)\alpha$，$\varepsilon_{T_1} = \Delta l_1 / l_0$

所以
$$\sigma_{T_1} = E\alpha(T_1 - T_0) \tag{2-2}$$

可见，当加热到 T_1 时，杆件存在相对变形 ε_{T_1} 和应力 σ_{T_1}。

如果，此时 $\sigma_{T_1} < \sigma_s$，说明均匀加热时的压缩变形属于弹性范围以内。那么，当杆件从 T_1 均匀冷却到 T_0 时，杆件的热伸长没有了，压缩变形消失，杆件中也不再存在压缩内应力，杆件仍恢复到初始状态。

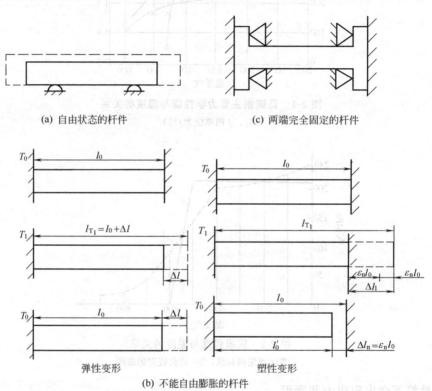

图 2-3　杆件在不同状态下均匀加热和冷却时的应力与变形

但是，如果相对变形 ε_{T_1} 大于 T_1 时杆件屈服强度 σ_s 所对应的相对变形 ε_s 时，即 T_1 时的相对变形超出了弹性限度，此时即产生塑性变形。

因为 $\sigma_{T_1} > \sigma_s$

则
$$\varepsilon_{T_1} = \varepsilon_s + \varepsilon_n \tag{2-3}$$

式中　ε_n——相对塑性变形。

那么，当温度自 T_1 下降到 T_0 时，杆件的长度将小于原有的长度，也就是杆件具有残余的（压缩塑性）变形。此时的残余变形值为

$$\Delta l_n = \varepsilon_n l_0 = (\varepsilon_{T_1} - \varepsilon_s) l_0 \tag{2-4}$$

3. 两端完全固定的杆件

假设钢杆两端完全固定，加热时既不能自由膨胀，冷却也不能自由收缩，如图2-3（c）所示。

如果 $\sigma_{T_1} > \sigma_s$，那么在冷却后，杆件按理将出现残余相对（收缩）变形 ε_n。但是，由于杆件两端固定而使其无法收缩，这就使杆件相当于受到拉伸，其拉伸的相对变形值即为 ε_n。这样，在杆件内就会出现拉伸应力，即所谓拉伸残余应力，其数值 $\sigma_n = E\varepsilon_n$。若此时 $\varepsilon_n \geq \varepsilon_s$，即 $\sigma_n \geq \sigma_s$ 时，那么杆件便出现残余拉伸塑性变形。如果残余应力大于杆件所固有的强度极限时，杆件还将出现断裂现象。这就是金属材料在经过加热、冷却和由于特定的外界条件而出现内应力的实质。

经过计算，低碳钢杆件如果处于绝对刚性条件下，只要升高温度100℃，杆件中的压缩应力就达到屈服点，也即升高温度100℃，杆件中就产生压缩塑性变形了。

（二）不均匀加热及焊接过程引起应力与变形的原因

假设有一块钢板，如图2-4所示，它是由许多可以自由伸缩的小板条组成。若在钢板的一侧加热，由于是不均匀加热，距加热边越远的小板条受热温度越低。因为，金属在加热时的伸长量与温度成正比，因此，它们的伸长将相似于温度分布曲线的形状（图中的虚线）。这是理论伸长曲线，因为事实上所假设的无数小板条是互相结合、互相牵制的。因此，温度高、伸长量大的板条要受到温度低、伸长量小的板条压缩；而温度低、伸长小的板条要受到温度高、伸长量大的板条的拉伸。故实际上钢板加热时伸长的情况为图中实线所示。这种不均匀加热温度超过100℃时，实际的变形中就有塑性变形。

钢板在冷却时，互相牵制的小板条都在收缩，由于原来温度高的部分被"压缩"的伸长量大，因此，在冷却时的收缩也较大，其余部分逐次减小；结果出现如图2-4所示的实际变形情况。由于收缩在受拘束的状况下进行，所以钢板在冷却后，原来温度高的部分产生拉应力，温度低的部分产生压应力。事实上，上述单边加热的钢板，除了加热边的纵向缩短外，还会有弯曲变形的存在。

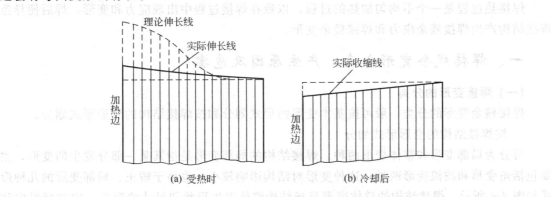

图2-4 钢板不均匀加热时的变形情况

图2-5所示为钢板中间堆焊或对接时的应力与变形情况。假设钢板也是由许多能自由伸缩的小板条组成。在焊接过程中，由于钢板经受了不均匀加热，其加热温度为中间高两边低，那么小板条的理论伸长情况应如图2-5（a）中虚线所示，而实际上由于假想小板条是互为一体并相互牵制的，因此实际伸长情况就如图2-5（a）中实线所示。从图中可以看出，钢板的边缘被拉伸了 Δl，这样，在边缘上就出现了拉伸应力。钢板中间被"压缩"了，在实际变形线外的虚线围绕部分，除去画平行实线部分的压缩弹性变形外，虚线所围绕的空白部

分是已产生了塑性变形的部分。可见钢板中间焊缝区，不仅产生了压应力，而且还产生了压缩塑性变形。

冷却时，由于钢板中间在加热时产生压缩变形，所以最后的钢板长度要比原来短。从理论上来说，钢板中间缩短的长度应如图 2-5（b）中虚线的形状。但事实上由于中间部分的收缩受到两边的牵制，所以实际的收缩变形应如图中实线所示。这样，冷却后钢板总长缩短了 $\Delta l'$，在钢板的边缘出现压应力，在钢板中间，因没能完全收缩，则出现拉伸应力。这就是焊接过程引起应力与变形的实际情况。

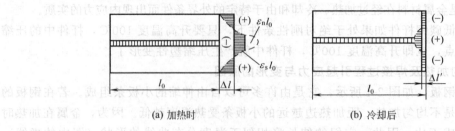

(a) 加热时　　　　　　　　(b) 冷却后

图 2-5　平板中间堆焊或对接时的应力与变形

（+）表示拉应力；（-）表示压应力

通过上述分析可以看出，焊接时焊接接头局部区域不均匀加热和冷却，以及局部区域内的各部分金属处于从液态→塑性状态→弹性状态的不同状态，并随热源变化而变化，是造成焊接应力和变形的根本原因。

第二节　焊接残余变形

焊接热过程是一个不均匀加热的过程，以致在焊接过程中出现应力和变形，焊后便导致焊接结构产生焊接残余应力和焊接残余变形。

一、焊接残余变形分类、产生原因及危害

(一) 焊接变形的分类

焊接残余变形的分类一般可按基本变形的形式划分和按焊接结构的变形形式划分。

1. 按焊接结构的变形形式划分

可分为局部变形和整体变形两种。焊接结构的局部变形是指其某一部分发生的变形，主要包括角变形和波浪变形两种。这种变形对结构影响较小，也易于矫正。局部变形的几种形式如图 2-6 所示。焊接结构的整体变形是指结构整体发生形状和尺寸的变化，它包括纵向和横向变形、弯曲变形、扭曲变形等，如图 2-7 所示。

2. 按基本变形形式划分

有纵向变形、横向变形、弯出变形、角变形、波浪变形和扭曲变形等几种。

焊接变形可能是多种多样的，但最常见的变形是上述基本变形形式或其组合。下面就以焊接残余变形的六种基本形式来分析产生残余变形的原因。

(二) 焊接变形产生的原因

1. 纵向收缩变形和横向收缩变形

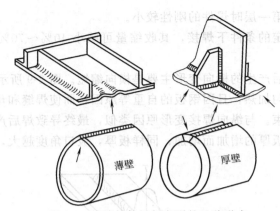

图 2-6 焊接结构局部变形的几种形式

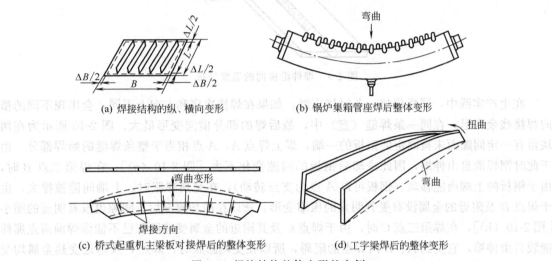

图 2-7 焊接结构整体变形的实例

焊缝及其附近加热区域的纵向收缩和横向收缩所产生的平行于焊缝长度方向和垂直于焊缝长度方向上的变形,如图 2-8 所示。

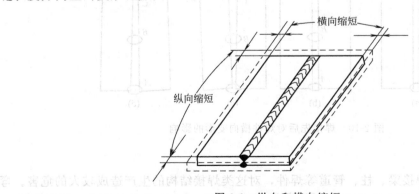

图 2-8 纵向和横向缩短

(1) 纵向变形 造成这类变形的原因已在前节介绍。焊后产生的纵向变形主要是纵向缩短。焊缝的纵向收缩量一般是随焊缝长度的增加而增加。另外,母材线膨胀系数大,其焊后焊缝纵向收缩量也大,如不锈钢和铝的焊后收缩量就比碳钢大;多层焊时,第一层引起的收缩量最大，这是因为焊第一层时焊件的刚性较小。

如果焊件在夹具固定的条件下焊接，其收缩量可减小 40%～70%，但焊后将引起较大的焊接应力。

(2) 横向变形　焊后产生的横向变形主要是横向缩短。图 2-9 所示为焊件上温度横向的分布曲线，由于是不均匀加热，且因钢板的自重等原因，而使焊缝和母材的受热部分在膨胀和冷却收缩时都受到拘束。与纵向焊接变形原因类似，最终导致焊后产生横向缩短。一般对接焊的横向收缩，随着板厚的增加而增加；同样板厚，坡口角度越大，横向收缩量也越大。

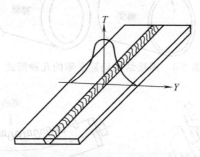

图 2-9　焊件沿横向的温度分布

在生产实践中，同样焊接一条对接直缝，如果在焊接次序和方向上不同，会出现不同的横向焊接残余变形。在同一条焊缝（直）中，最后焊的部分横向变形最大。图 2-10 所示为在两块留有一定间隙而未被固定的钢板的一端，焊上焊点 A，A 点相当于整条焊缝的始焊部分。由于此时钢板能自由伸缩，因此冷却后钢板的间隙变化不大［图 2-10（a）］；在焊第二点 B 时，由于钢板的上端尚能移动（钢板可以 A 点为支点转动），在受热膨胀时，上端间隙被撑大，由于焊点 B 及附近的金属没有受到明显的压缩变形，所以在冷却收缩后，间隙也没有明显的缩小［图 2-10（b）］，在焊第三点 C 时，由于焊点 C 及其附近的金属受热膨胀已不能像焊前两点那样能较自由伸缩，它受到 A、B 两焊点的阻碍，所以在受热膨胀时，焊点 C 及附近受热金属均受到了压缩［图 2-10（c）］。这样在冷却后，C 点及附近金属就出现了较大的横向收缩变形［图 2-10（d）］。这就是由于焊接次序的不同而引起不同横向残余变形的原因。

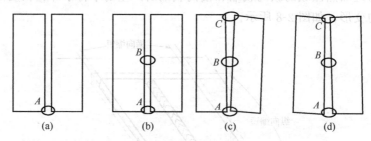

图 2-10　焊接先后对焊件横向变形的影响

2. 弯曲变形

弯曲变形常见于焊接梁、柱、管道等焊件，对这类焊接结构的生产造成较大的危害。弯曲变形的大小以挠度 f 的数值来度量，f 是焊后焊件的中心轴偏离焊件原中心轴的最大距离，如图 2-11 所示。显然，挠度越大，弯曲变形越大。

(1) 由纵向收缩变形造成的弯曲变形　图 2-12（a）所示为钢板单边施焊后产生的弯曲变形，这是由直缝纵向收缩引起总体弯曲变形的一个实例。图 2-12（b）用来说明这类弯曲

图 2-11　弯曲变形的量度

变形产生的机理。图中一块不太大的焊件，在一边开一条长腰圆形孔，使边缘留下一条较窄的金属条，焊件的加热就集中在这样一个边缘内（图中斜线区域）。假设加热很均匀，而且无热传导，这种情况就如同钢杆在两端固定的状态下加热。在加热时，金属条膨胀受阻，产生压缩塑性变形，冷却后，由于加热区金属力求收缩到比原来的长度短，结果造成了如图中所示的弯曲，这是一种理想情况下的弯曲变形。实际上，在整块钢板边缘施焊时，焊接加热的热量有相当一部分被传递到邻近金属中去，但是它的基本原理是相似的，焊后产生向焊缝一边的弯曲变形。

（2）由横向收缩变形造成的弯曲变形　图 2-13 所示为一工字梁，其下部焊有肋板，由于肋板角焊缝的横向收缩，就使焊件产生向下弯曲的弯曲变形。

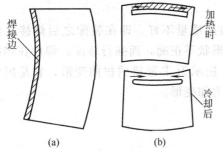

图 2-12　由纵向收缩变形造成的弯曲变形

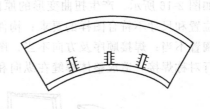

图 2-13　焊缝横向收缩造成的弯曲变形

3. 角变形

图 2-14 所示为几种焊接接头的角变形。就在钢板上堆焊或对接而言，如果钢板很薄，可以认为在钢板厚度方向上的温度分布是均匀的，此时不会产生角变形。但在焊接（单面）较厚钢板时，由于在钢板厚度方向上的温度分布不均匀。温度高的一面受热膨胀较大，另一面膨胀小甚至不膨胀。导致焊接面膨胀受阻，出现较大的横向压缩塑性变形。这样，在冷却时就产生了在钢板厚度方向上收缩不均匀的现象，施焊的一面收缩大，另一面收缩小。这种在焊后由于焊缝的横向收缩使得两连接件间相对角度发生变化的变形称为角变形。角变形造成了构件平面的偏转。在堆焊、对接、搭接和 T 形接头的焊接时往往会产生角变形。

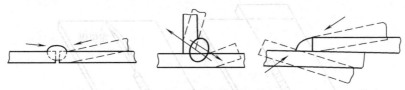

图 2-14　几种焊接接头的角变形

4. 波浪变形

波浪变形如图 2-15 所示，容易在薄板焊接结构中产生。造成波浪变形的原因有两种：一种是由于薄板结构焊接时的纵向和横向的压应力使薄板失去稳定而造成波浪形的变形，如

图 2-15（a）所示；另一种原因是由角焊缝的横向收缩引起的角变形造成。图 2-15（b）所示为船体隔仓板结构焊后产生的波浪变形。

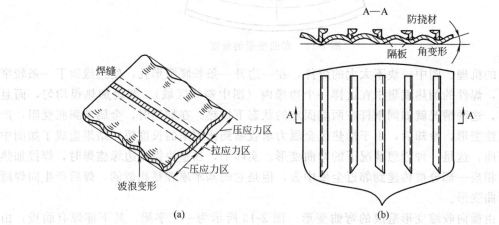

图 2-15 薄板焊接的波浪变形

5. 扭曲变形

如图 2-16 所示。产生扭曲变形的原因很多：装配质量不好，即在装配之后焊接之前的焊件位置和尺寸不符合图样的要求；构件的零部件形状不正确，而强行装配；焊件在焊接时位置搁置不当；焊接顺序及方向不当，图 2-16（c）所示为 T 形梁的扭曲变形，它是因为没有进行对称焊接，造成整体焊缝在纵向和横向的应力和变形。

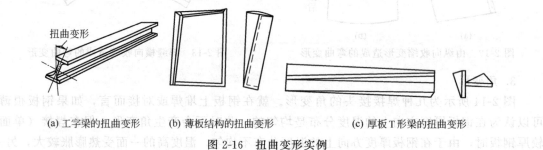

(a) 工字梁的扭曲变形　　(b) 薄板结构的扭曲变形　　(c) 厚板T形梁的扭曲变形

图 2-16 扭曲变形实例

6. 错边变形

错边变形通常有长度方向与厚度方向的错边，如图 2-17 所示。引起错边变形的主要原因有：装配不良；组成焊件的两零件在装夹时夹紧程度不一致；组成焊件的两零件的刚度不

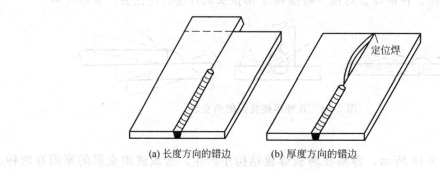

(a) 长度方向的错边　　(b) 厚度方向的错边

图 2-17 焊接错边变形

同或它们的热物理性质不同；以及电弧偏离坡口中心等。

通过对上述几种基本变形形式的分析可知，焊后焊缝的纵向和横向应力是造成焊接残余变形的根本原因。

（三）焊接变形的危害

为了提高焊接设备和结构的制造质量和使用的安全可靠程度，必须对焊接变形加以控制。以化工设备为例，焊接变形对设备制造和使用的不利影响主要有以下几方面。

1. 降低装配质量

部件的焊接变形使组装件的装配质量下降，并造成焊接错边。

① 筒体纵缝横向收缩变形，使筒径变小，与封头装配产生焊接错边。而存在较大错边量的焊件在外载作用下将产生应力集中和附加应力，使结构安全系数下降（图2-18）。

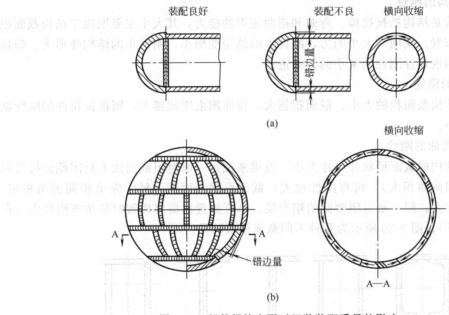

图 2-18　部件焊接变形对组装装配质量的影响

② 球形容器环缝组装时，每个环带的所有纵缝横向收缩的总和，使环带直径变小。环带直径大小超出公差范围，组装时将产生较大焊接错边，造成与上例相同的不利影响。

2. 增加制造成本，降低接头性能

部件的焊接变形使组装变得困难，需经矫形后方可装配，从而使生产率下降，制造成本增加，并使矫形部位的性能下降，会消耗掉一部分材料的塑性。

3. 降低结构的承载能力

焊接变形不仅影响结构尺寸精度和外观质量，而且在外载作用下会引起应力集中和附加应力，使结构的承载能力下降。尤其应当引起重视的是，容器中过大的焊接角变形，能引起局部较大的附加应力，甚至可能导致脆断事故的发生。

二、影响焊接残余变形的因素

（一）焊缝在结构中的位置

焊缝在焊接结构上的位置不对称，往往是造成结构整体弯曲变形的主要因素。图2-7

(b) 和图 2-19 所示为当焊缝处在焊件中性轴的一侧时，焊件在焊后将向焊缝一侧弯曲，且焊缝距中性轴越远，焊件就越易产生弯曲变形；在整个焊接结构中，如中性轴两侧焊缝的数目各不相同，且焊缝距中性轴的距离也各不相同，也易引起结构的弯曲变形。

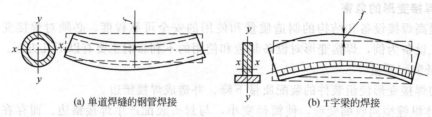

(a) 单道焊缝的钢管焊接　　　　　　(b) T字梁的焊接

图 2-19　焊缝在结构位置上的不对称造成的弯曲变形

（二）焊接结构的刚性

结构的刚性就是结构抵抗拉伸、弯曲和扭曲变形的能力，其大小主要取决于结构截面积的形状、尺寸和布置。受同样大小的力，刚性大的结构变形小，刚性小的结构变形大。焊接变形总是沿着结构或焊件刚性约束小的方向进行。

1. 抵抗拉伸的刚性

主要决定于结构截面积的大小。截面积越大，拉伸拘束度就越大，则抵抗拉伸的刚性就越大，变形就越小。

2. 结构抵抗弯曲的刚性

主要决定于结构的截面形状和尺寸大小。就梁来说，一般封闭截面比不封闭截面抗弯刚性大；板厚大（即截面积大），抗弯刚性也大；截面形状、面积、尺寸完全相同的两根梁，长度小，抗弯刚性大；同一根封闭截面的箱形梁，垂直放置比横向放置时的抗弯刚性大（在受相同力的情况下）。图 2-20 所示为几种不同截面形状的梁。

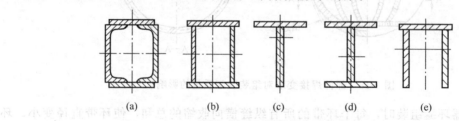

(a)　　　(b)　　　(c)　　　(d)　　　(e)

图 2-20　几种梁的截面形状

3. 结构抵抗扭曲的刚性

除决定于结构的尺寸大小外，最主要的是结构截面形状。封闭形式的截面抗扭曲刚性比不封闭截面的大。在图 2-20 中图 (a)、(b) 形状截面的抗扭能力比图 (c)、(d)、(e) 所示的大。

此外，结构的抗弯和抗扭能力还与结构的长度有关，一般短而粗的焊接结构抗弯刚性大，细而长的结构抗弯刚性小。对于焊接结构由于刚性的影响而产生的变形，必须要综合考虑上述的几个方面，才能得出比较符合实际的估计。

（三）焊接结构的装配及焊接顺序

焊接结构的刚性是在装配、焊接过程中逐渐增大的，结构整体的刚性总比它的零部件刚性大。所以，尽可能先装配成整体，然后再焊接，这样可减少焊接结构的变形。以工字梁 [见图 2-21 (a)] 的装焊为例，按图 2-21 (c) 所示，先整体装配再焊接，其焊后的上拱弯曲变形，要比按图2-21（b）所示边装边焊顺序所产生的弯曲变形小得多。但是，并不是所有焊接结构都可以采用先总装后焊接的方法。

有了合理的装配方法，如果没有合理的焊接顺序，结构还是达不到变形最小的要求。即使焊缝布置对称的焊接结构，如焊接顺序不合理，结果仍然会引起变形。图2-21（c）中，若按 1′、2′、3′、4′ 的顺序焊接，焊后同样还会产生上拱的弯曲变形。而如果按 1′、4′、3′、2′ 的顺序焊接，焊后的弯曲变形将会减小。图 2-22 所示为对称的 X 形坡口对接接头不同焊接顺序的比较。

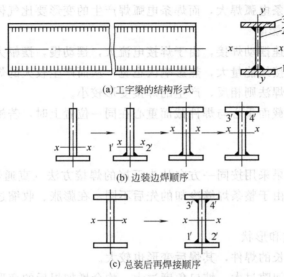

图 2-21　工字梁的装配顺序与焊接顺序
1—下盖板；2—腹板；3—上盖板

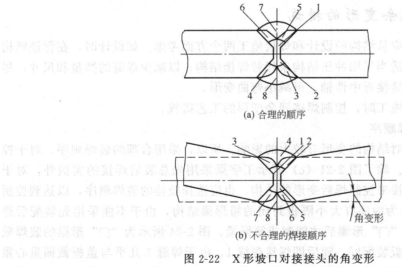

图 2-22　X 形坡口对接接头的角变形

（四）其他因素

1. 焊接材料的线膨胀系数 α

线膨胀系数大的金属，其焊后变形也大。常用材料中铝、奥氏体不锈钢的线膨胀系数都比低碳钢大，焊后残余变形量也就大。

2. 焊接规范和方法

焊接电流、焊接速度对焊接变形有一定的影响。一般来说，焊接电流增加则变形增大，因焊接线能量增大后能引起较宽的塑性变形区，焊接线能量与压缩塑性变形成正比关系。如果焊接速度加大，能使受热面变窄，则可以减小变形。

由于各种焊接方法的热源不同，加热集中的程度也各不相同，使其产生的变形也不同。在焊件形式、尺寸及刚性约束相同的条件下，气焊的焊后变形比电弧焊的焊后变形大，埋弧自动焊产生的变形比焊条电弧焊大，而焊条电弧焊产生的变形要比气体保护焊大。

3. 焊接操作方法的影响

单道焊或大电流慢速摆动焊接，由于焊接电流大，摆动慢，摆幅大，坡口两侧停留时间长，焊接速度慢，故焊接线能量大，热影响区也宽，从而产生较大的焊接变形；而多层多道焊，小电流快速不摆动焊法则相反，产生的焊接变形较小。

对多道焊，当焊缝截面重心与焊件截面重心在同一位置上时，若施焊顺序不合理，同样会产生角变形。

4. 焊接方向

对一条长直缝，如果采用按同一方向从头至尾的焊接方法（直通焊），其焊缝越长，焊后变形也越大。主要是由于整条焊缝冷却的先后不同，在膨胀、收缩过程中所受到的拘束程度不同而引起的。

5. 焊接结构的自重和形状

自重较大或形状较长的焊件，其焊后变形也较大。

另外，如焊缝装配间隙过大，坡口角度过大，均会增加焊后的变形量。

总之，各种影响焊接变形的因素并不是孤立起作用的。这就要求在分析焊接结构的应力和变形时，要考虑各种影响因素，以便能定出较合理的防止或减少焊接变形的措施。

三、控制焊接残余变形的措施

控制焊接残余变形，应从结构的设计和焊接施工两个方面考虑。如设计时，在保证结构有足够强度的前提下，可适当采用冲压结构来代替焊接结构，以减少焊缝的数量和尺寸；尽量使焊缝对称布置或使焊缝接近中性轴，可减小弯曲变形。

下面主要介绍在焊接施工时，控制焊接残余变形的工艺措施。

（一）选择合理的装焊顺序

焊接结构的装焊顺序对结构的变形有较大的影响。所以，采用合理的装焊顺序，对于控制焊接残余变形尤为重要。除了图 2-21（c）所示工字梁采用先总装后焊接的实例外，对于那些不能采用先总装后焊接来控制焊后变形的结构，也应选择较佳的装焊顺序，以达到控制变形的目的。图 2-23 所示为内部有大小隔板封闭的箱形梁结构，由于不能采用先装配后焊接的方法，故必须先制成"冂"形梁后才能制成箱形梁。图 2-24 所示为"冂"形梁的装焊顺序。先将大小隔板与上盖板装配好，随后即焊接焊缝 1，由于焊缝 1 几乎与盖板截面重心重合，故无太大变形；接着按图示顺序装焊，不仅结构刚性加大，而且 2、3 焊缝对称，所以焊后整个封闭箱形梁的弯曲变形很小。

（二）采用不同的焊接方向和顺序

1. 对称的焊缝对称焊接

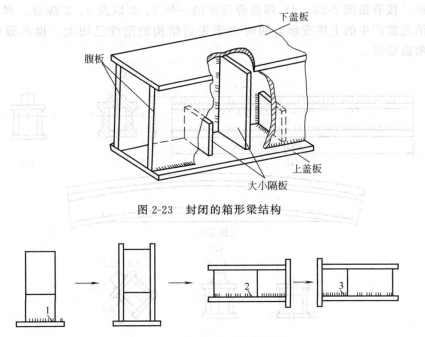

图 2-23 封闭的箱形梁结构

图 2-24 "冂"形梁的装焊顺序

由于焊接总有先后,且随着焊接过程的进行,结构的刚性也在不断提高。所以,一般先焊的焊缝容易使结构产生变形。这样,即使焊缝对称的结构,焊后也还会出现变形的现象。对称焊接的目的,是用来克服或减少由于先焊焊缝在焊件刚性较小时造成的变形。对实际上无法完全做到对称、同时地进行焊接的结构,可允许焊缝焊接有先后,但在顺序上应尽量做到对称,以能最大限度地减小结构变形。图 2-25 所示的圆筒体对接焊缝,是由两名焊工对称地按图中顺序同时施焊的对称焊接。

图 2-25 圆筒体对接焊接顺序

2. 不对称的焊缝先焊焊缝少的一侧

对于不对称焊缝的结构,采用先焊焊缝少的一侧,后焊焊缝多的一侧,使后焊造成的变形足以抵消先焊一侧的变形,以使总体变形减小。图 2-26 所示为压力机的压型上模结构,由于其焊缝不对称,将出现总体下挠弯曲变形(即向焊缝多的一侧弯曲)。如按图 2-26(b)所示,先焊焊缝 1 和 1′,即先焊焊缝少的一侧,焊后会出现如图 2-26(c)所示

55

的上拱变形。接着按图2-26（d）焊接焊缝多的一侧2、2′以及3、3′焊缝，焊后它们的收缩足以抵消先前产生的上拱变形，同时由于先前结构的刚性已增大，也不致使整体结构产生下挠弯曲变形。

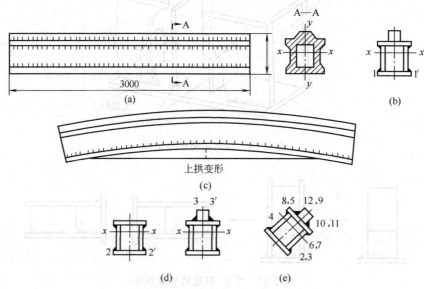

图2-26 压型上模及其焊接顺序

当只有一个焊工操作时，可按图2-26（e）所示的顺序，进行船形位置的焊接，这样可使焊后变形最小。

3．采用不同的焊接顺序

对于结构中的长焊缝，如果采用连续的直通焊，将会造成较大的变形，这除了焊接方向因素之外，焊缝受到长时间加热也是一个主要原因。在可能的情况下，可将连续焊改成分段焊，并适当地改变焊接方向，以使局部焊缝造成的变形适当减小或相互抵消，以达到减少总体变形的目的。图2-27所示为对接焊缝采用不同焊接顺序的示意图，其中分段退焊法、分中分段退焊法、跳焊法和交替焊法常用于长度为1m以上的焊缝；长度为0.5～1m的焊缝可用分中对称焊法。交替焊法在实际上较少使用。退焊法和跳焊法的每段焊缝长度一般以100～350mm较为适宜。

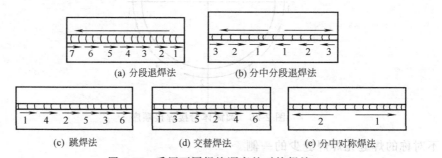

图2-27 采用不同焊接顺序的对接焊缝

在采用分段焊后，由于接头增多，应注意焊缝接头的质量。

（三）反变形法

根据生产中已经发生变形的规律，预先把焊件人为地制成一个变形，使这个变形与焊后发生的变形方向相反而变形量相等，以达到防止产生残余变形的方法称为反变形法。这种方法在实际生产中使用较广泛，图 2-28 所示为锅炉汽包的反变形焊接装置及其焊接顺序。由两名焊工在同一汽包上各焊一排管座，按图 2-28（c）的跳焊顺序焊接，当焊完一只汽包的两排管座后，再用同样方法焊接另一只汽包的管座，如此交替焊接直至焊完，焊后能明显地防止变形。

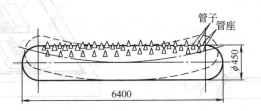

(a) 未用反变形的汽包焊后变形

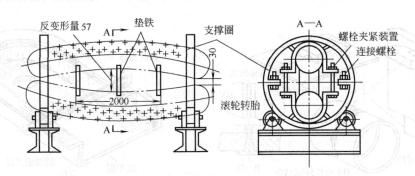

(b) 汽包反变形焊接翻转轮

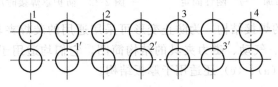

(c) 管座的跳焊顺序

图 2-28 锅炉汽包的反变形焊接

由于采用了在力的作用下的预弯反变形，故也称弹性反变形。

图 2-29 所示为工字梁的反变形焊接法。如图 2-29（a）所示，焊后工字梁上下盖板会出现角变形。为减少焊后校正的工作量，可在焊前先将盖板预制成反变形（压制而成），如图 2-29（b）所示，其反变形量应与其焊后变形量相等。然后按图 2-29（c）所示的装配角度和焊接顺序进行埋弧自动焊，这样便能较大程度地防止焊后变形。由于盖板的反变形采用了压制成形，已产生了塑性变形，所以这种反变形法也称为塑性反变形法。在实践中，各种尺寸的工字梁盖板的反变形量都有不同的经验数据，而且随着焊接方法的不同而不同。

（四）刚性固定法

刚性固定法的实质是在焊接时，将焊件固定在具有足够刚性的基础上，使焊件在焊接时不能移动，在焊接完全冷却以后再将焊件放开，这时焊件的变形要比在自由状态下焊接时所发生的变形小。

图 2-30~图 2-32 所示为几种不同焊接结构采用刚性固定法的实例。

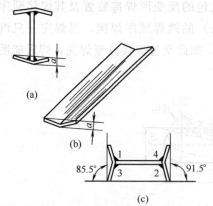

图 2-29 焊接工字梁的反变形法

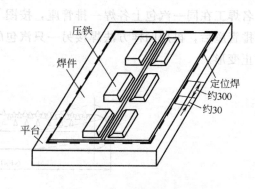

图 2-30 薄板焊接的刚性固定法

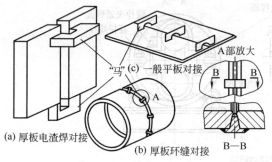

图 2-31 钢板焊接时的加"马"刚性固定

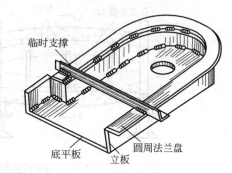

图 2-32 防护罩焊接时用零时支撑的刚性固定

对于一般比较简单的焊接结构，为防止变形可采用通用的装焊夹具来加强结构的刚性。图 2-33 所示为几种手动、气动、磁力夹具的结构简图，它们均适用于薄、中、厚板的焊接刚性固定，其中图 2-33（a）、(e) 还适用于厚板结构。

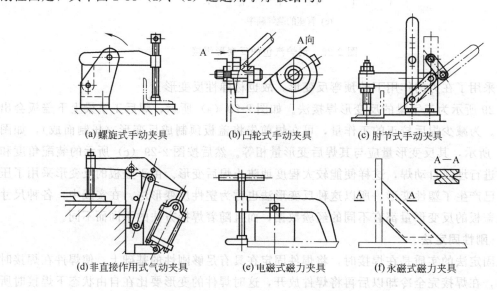

图 2-33 通用装焊夹具举例

在生产实践中，对于大批量生产并具有固定形状的焊接结构，可采用专用装焊夹具。它是按焊件形状设计的，不仅能在焊件焊接时产生刚性固定作用，控制焊后变形，同时能符合快速装卸要求，以适应批量生产。图 2-34～图 2-36 所示分别为箱形梁、汽车横梁、平板对接的专用装焊夹具。

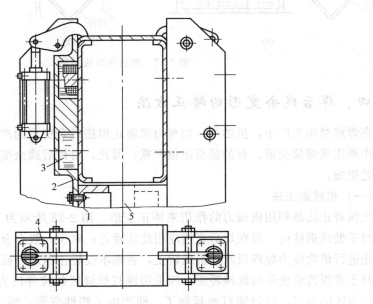

图 2-34　箱形梁专用装焊夹具
1—胎架底座；2—胎架侧柱；3—电磁式夹具；
4—液压夹具；5—顶出焊件的油缸

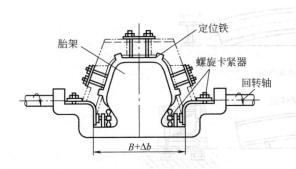

图 2-35　汽车横梁专用装焊夹具

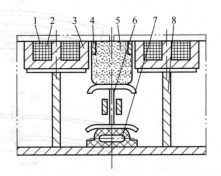

图 2-36　平板对接专用装焊夹具
1—铝盖板；2—线圈；3—铁心；4—铝板条；
5—焊条；6—焊剂；7—气带；8—钢结构

（五）散热法

散热法又称强迫冷却法，是把焊接处的热量迅速散走，使焊缝附近金属受热区域大大减小，以达到减少焊接变形的目的，如图 2-37 所示。注意此法不适用于具有淬火倾向的钢板，否则，焊接时易产生裂纹。

此外，选择合理的焊接方法和规范对减小焊接变形也具有积极的意义。如选用能量比较集中的焊接方法，如 CO_2 保护焊、等离子弧焊代替气焊和焊条电弧焊进行薄板焊接可减小焊后变形量。

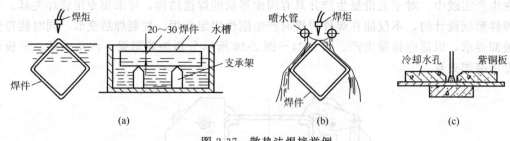

图 2-37 散热法焊接举例

四、焊后残余变形的矫正方法

在焊接结构生产中，虽然尽一切努力来防止焊接残余变形的产生，但是总免不了在一些结构中要出现焊接变形，有的甚至还很严重。因此，对焊后残余变形的矫正是必不可少的一种工艺措施。

（一）机械矫正法

机械矫正法是利用机械力的作用来矫正变形，图 2-38 所示为工字梁焊后变形的机械矫正。对于低碳钢结构，可在焊后直接应用此法矫正；对于一般合金结构钢的焊接结构，焊后必须先进行消除应力处理后才能机械矫正，否则不仅矫正困难，而且易产生断裂。

对于薄板波浪变形的机械矫正，应采用锤打焊缝区的拉伸应力段［图 2-15（a）］。因为拉伸应力区的金属，经过锤打被延伸了，即产生了塑性变形，减小了对薄板边缘的压缩应力，从而矫正了波浪变形。此法比较简单，但劳动强度大，且表面质量不好，锤打时，应垫上平锤，以免出现明显的锤痕。

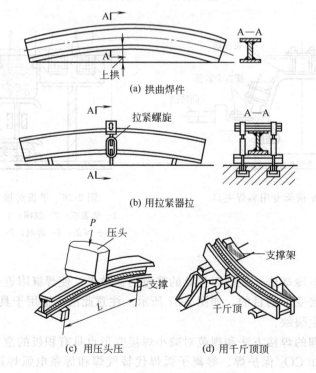

图 2-38 工字梁焊后变形的机械矫正

(二) 火焰矫正法

火焰矫正法是用氧-乙炔火焰或其他气体火焰（一般采用中性焰），以不均匀加热的方式引起结构变形来矫正原有的残余变形。具体方法是将变形构件的局部（变形处伸长的部分），加热到 600～800℃ 的温度，此时钢板呈褐红色至樱红色之间，然后让其自然冷却或强制冷却，使这些局部在冷却后产生收缩变形来抵消原有的变形。

火焰矫正法的关键是掌握火焰局部加热时引起变形的规律，以便定出正确的加热位置，否则会得到相反的效果。火焰矫正法在使用时，应控制温度和重复加热的次数。这种方法不仅适用于低碳钢结构，而且还适用于部分普通低合金钢结构的矫正，塑性较好的材料可以用水强制冷却（易淬钢除外）。

1. 点状加热矫正

图 2-39 所示为点状加热矫正钢板和钢管的实例。图 2-39（a）所示为钢板（厚度在 8mm 以下）波浪变形的点状加热矫正，其加热点直径 d 一般不小于 15mm，点间距离 l 应随变形量的大小而变，残余变形越大，l 越小，一般在 80～100mm 之间变动。为提高矫正速度和避免冷却后在加热处出现小泡突起，往往在加热完一个点后，立即用木槌捶打加热点及其周围，然后浇水冷却。

图 2-39（b）所示为钢管弯曲的点状加热矫正。加热温度为 800℃，加热速度要快，加热一点后迅速移到另一点加热。经过同样方法加热、自然冷却一到两次，即能矫直。

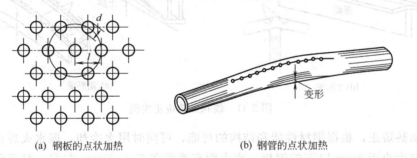

(a) 钢板的点状加热　　(b) 钢管的点状加热

图 2-39　点状加热矫正

2. 线状加热矫正

火焰沿着直线方向或者同时在宽度方向进行横向摆动的移动，形成带状加热，均称线状加热。图 2-40 所示为线状加热的几种形式。在线状加热矫正时，加热线横向收缩大于纵向收缩，加热线的宽度越大，横向收缩也越大。所以，在线状加热矫正时要尽可能发挥加热线

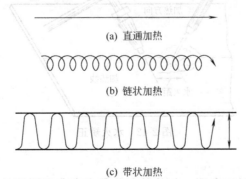

(a) 直通加热

(b) 链状加热

(c) 带状加热

图 2-40　线状加热的方式

横向收缩的作用。加热线宽度一般取钢板厚度的 0.5~2 倍左右。这种矫正方法多用于变形较大或刚性较大的结构，也可矫正钢板。图 2-41 所示为线状加热矫正的实例。

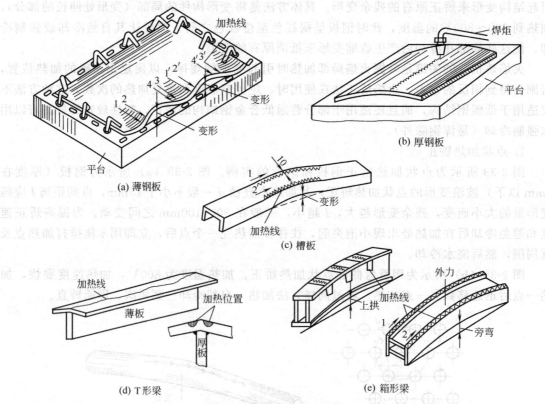

图 2-41 线状加热矫正实例

线状加热矫正，根据钢材性能和结构的可能，可同时用水冷却，即水火矫正。这种方法一般用于厚度小于 8mm 以下的钢板，水火距离通常在 25~30mm 左右。对于允许采用水火矫正的普通低合金钢，在矫正时应根据不同钢种，把水火距离拉得远些。水火矫正如图2-42所示。

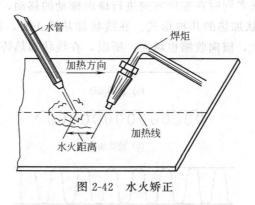

图 2-42 水火矫正

3. 三角形加热矫正

三角形加热即加热区呈三角形。加热的部位是在弯曲变形构件的凸缘，三角形的底边在被矫正构件的边缘，顶点朝内，如图 2-43 所示，由于加热面积较大，所以收缩量也较大，尤其在三角形底部。可用多个焊炬同时加热，并根据结构和材料的具体情况，可再加外力或用水急冷。这种方法常用于矫正厚度较大、刚性较强构件的弯曲变形。

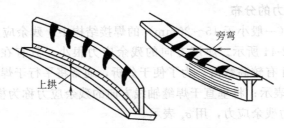

图 2-43　T 字梁的三角形加热矫正

第三节　焊接残余应力

焊接残余应力是影响焊接结构或焊接部件疲劳强度、弯曲强度、脆性断裂和抗腐蚀性等性能的重要因素。同时，残余应力还会严重影响结构的机械加工质量和尺寸的稳定性。因此，了解焊接后残存在焊接结构中的应力分布情况，以及降低和消除焊接应力的措施是非常必要的。

一、应力的分类

焊接结构制造过程中，存在于结构中的应力，按其对结构制造质量和使用性能的影响分类，有以下几种。

（一）热应力

这是在焊接过程中主要由于不均匀加热和冷却而引起的应力，它是一种瞬时应力，其大小在焊接过程中是变化的。

（二）拘束应力

这是焊接过程中主要由于结构本身或外加约束作用而引起的应力。

（三）相变应力

这是焊接过程中主要由于焊接接头区产生不均匀的组织转变而引起的应力，往往在焊接碳当量较高或工艺不当时产生。如当金属由奥氏体转化为马氏体组织时，由于比体积增加，体积膨胀，就会产生较大的相变应力。

（四）氢致集中应力

这是焊接过程中由于扩散氢聚集在显微缺陷处而引起的集中应力，往往在氢来源较多、扩散氢含量高且不易扩散的条件下产生。

（五）焊接残余应力

这是焊接过程结束后，整个结构温度降低到环境温度后留存于焊接结构内的应力，也是在结构内任一截面上能自平衡的内应力。

各种焊接应力的大小和分布与焊接材料和钢材的特性，材料的强度和线膨胀系数，焊接工艺方法，焊接线能量及工艺规范参数，装配焊接程序和焊接操作方法，结构本身或外加刚性拘束度，焊接环境条件等因素有关。

二、焊接残余应力的分布及其对结构的影响

(一) 焊接残余应力的分布

在焊件厚度不大（一般小于 15～20mm）的焊接结构中，残余应力基本上是双轴的，即纵、横双向的，如图 2-44 所示。厚度方向的残余应力很小，只有在大厚度的焊接结构中，厚度方向的残余应力才有较高数值。为了便于分析，通常将平行于焊缝轴线方向的应力称为纵向残余应力，用 σ_x 表示；将垂直于焊缝轴线方向的残余应力称为横向残余应力，用 σ_y 表示。将厚度方向的应力残余应力，用 σ_z 表示。

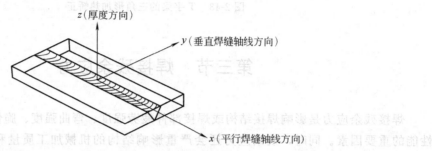

图 2-44 板材的空间坐标位置

1. 残余应力 σ_x 的分布

在低碳钢和普通低合金钢焊接结构中，焊缝及其附近的压缩塑性变形区内的纵向应力 σ_x 为拉应力，其数值一般达到材料的屈服点（焊件尺寸过小时除外），稍离开焊缝区，拉伸应力陡降，继而出现残余压应力。图 2-45 所示为低碳钢长板对接后在不同横截面上的纵向应力 σ_x 的分布情况。从图中可以看出，焊缝及其附近为拉应力，并达到材料的屈服极限，而远离焊缝区为压应力。在长条板中部 Ⅲ—Ⅲ 截面所在的区域，纵向残余应力的大小基本保持不变，一般称该区域为稳定区。在焊缝两端 0—0 截面，因为边界条件与中部有所不同，拘束度和热循环特性也不尽相同，使纵向残余应力由恒定值逐渐降至零而出现过渡区。另外，纵向应力在过渡区分布不同于中段，且 σ_x 小于材料的屈服限 σ_s。

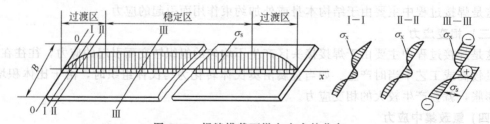

图 2-45 焊缝横截面纵向应力的分布

随着焊缝长度的缩短，稳定区逐渐减小，直至消失。图 2-46 所示为不同长度焊缝中纵向应力的分布及长度与 σ_x 的关系。由图可以发现，当焊板较短时，不存在稳定区，并且焊板越短，焊缝中的纵向应力就越小。由此可见，在实际焊接结构中，如果将长焊缝适当分段进行焊接，将会减小焊件中的残余应力。

圆筒环焊缝所引起的纵向（对圆筒体就是环向应力）残余应力的分布规律如图 2-47 所示。在焊缝及其附近区域为拉伸应力，远离焊缝则为压缩应力。它与平板直缝有所不同，其数值取决于圆筒直径、厚度以及焊接压缩塑性变形区的宽度。环缝上的 σ_x 随圆筒直径的增

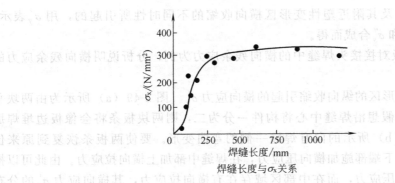

图 2-46 不同长度焊缝中纵向应力的分布及长度与 σ_x 的关系

大而增加,随塑性变形区的扩大而降低。直径增大,σ_x 的分布逐渐与焊接平板接近。

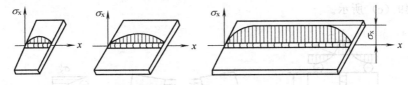

图 2-47 圆筒环缝的纵向应力

T形焊接接头纵向应力的分布,如图 2-48 所示。显然,其应力分布与焊件的尺寸有关。图 2-48(a)所示为水平板厚度 δ 与立板高度 h 之比较小时的分布情况;图 2-48(b)所示为水平板厚度 δ 与立板高度 h 之比较大时的分布情况。T形接头平板厚度 δ 与立板高度 h 之比越大时,其残余应力的分布越和前面介绍的中心堆焊的长条板的情况相似。

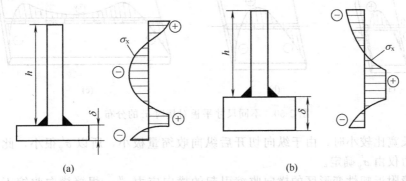

图 2-48 T形接头的纵向应力分布

2. 横向残余应力 σ_y 的分布

横向残余应力的产生及其影响比较复杂,一般认为,沿焊缝中心线的横向残余应力主要由两个方面所引起:一是由于焊缝及其附近塑性变形区的纵向收缩引起的横向残余应力,用

σ'_y 表示；另一个是由焊缝及其附近塑性变形区横向收缩的不同时性所引起的，用 σ''_y 表示。横向残余应力 σ_y 是由 σ'_y 和 σ''_y 合成而得。

现以图 2-49 所示平板对接接头焊缝中的横向残余应力为例，分析说明横向残余应力的产生和分布规律。

(1) 焊缝附近塑性变形区的纵向收缩引起的横向应力 σ'_y　图 2-49（a）所示为由两块平板对接而成的构件，如果假想沿焊缝中心将构件一分为二，则两块板条将会像板边堆焊那样，分别出现如图 2-49（b）所示的向有焊缝一侧的弯曲变形。要使两板条恢复到原来位置，只有在每块钢板的上下端部施加横向压应力，在焊缝中部加上横向拉应力。由此可以推断，在上下端部存在横向压应力，而在中部区域存在有横向拉应力，其横向应力 σ'_y 的分布规律如图 2-49（c）所示。

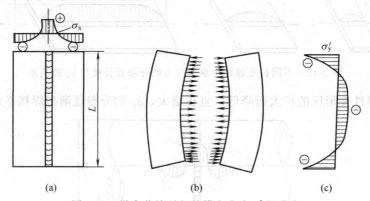

图 2-49　纵向收缩引起的横向应力 σ'_y 的分布

从应力分布图可以看出，其两端压应力的最大值比中间拉应力的最大值大得多，各种长度的平板条对接焊，其 σ'_y 的分布规律基本相同。但 σ'_y 的分布还受到焊缝长度的影响，如图 2-50 所示。由图可见，当焊件长宽比增加时，σ'_y 有可能随之增大。当焊缝长度足够长时，σ'_y 的分布规律稍有变化，中间部分的拉应力将有所降低，有趋近零的倾向[图 2-50（c）]。

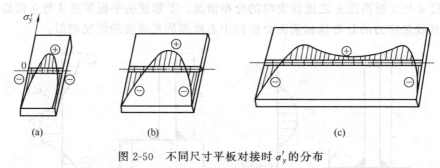

图 2-50　不同尺寸平板对接时 σ'_y 的分布

当焊件长宽比较小时，由于纵向切开后纵向收缩量极小，所以 σ'_y 很小，此时焊接中的横向残余应力仅由 σ''_y 确定。

(2) 焊缝附近塑性变形区的横向收缩引起的横向应力 σ''_y　焊缝横向收缩不同时将引起横向残余应力。由于结构上的焊缝不是同时完成的，金属各部分在焊接时总有先焊和后焊之分，先焊的部分先冷却，后焊的部分后冷却。先冷却的部分又限制后冷的部分的横向收缩，这种限制与反限制即构成了 σ''_y。由此可见，σ''_y 的分布与焊接方向、分段方法及焊接顺序等有关。图 2-51 所示为一对接焊缝。如果把焊缝分成两段焊接，当从中间向两端焊时，中间部分先焊先收缩，两端部分后焊后收缩，则两端部分的横向收缩受到中间部分的限制。因此，σ''_y 的分布是中间部分为压应力，两端部分为拉应力，如图 2-51（a）所示。相反，如果从两端向中间部分焊接时，中间部分为拉应力，两端部分为压应力，如图 2-51（b）所示。

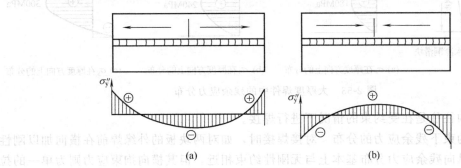

图 2-51 不同焊接方法时 σ''_y 的分布

尽管焊接方法对 σ''_y 有影响，但图 2-51 所示的两种焊接方向的共同规律则是在焊接末段部位产生横向拉伸应力。

最终的横向应力 σ_y 是由 σ'_y 和 σ''_y 合成而得。从减小总横向应力 σ_y 来看，应尽量采用由中间向两端施焊的方法进行焊接。

3. 厚板中残余应力 σ_z 的分布

厚板结构中除了存在纵向残余应力 σ_x 和横向残余应力 σ_y 外，还存在着较大厚度方向的残余应力 σ_z。研究表明，这三个方向的残余应力在焊件厚度方向的分布极不均匀。其分布规律对于不同的焊接工艺方法有较大的差别。

图 2-52 所示为厚度 80mm 的低碳钢钢板采用 V 形坡口对接多层多道焊时沿厚度方向残余应力的分布情况。从图 2-52 中可以看出，在焊缝根部 σ_y 的数值极高，大大超过了材料的屈服点 σ_s。出现这种情况的原因是：多层焊时，每焊一层都使焊接接头产生一次角变形，在根部引起一次拉伸塑性变形，多次塑性变形的积累，使根部焊缝金属发生硬化，应力不断上升。在较严重的情况下，甚至能达到金属的抗拉强度，导致接头根部开裂。

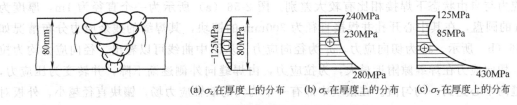

(a) σ_z 在厚度上的分布　(b) σ_x 在厚度上的分布　(c) σ_y 在厚度上的分布

图 2-52 厚板多层焊中残余应力分布

多层焊时，焊缝表面上的 σ_x 和 σ_y 都比中心部位大，σ_z 的数值较小，可能为压应力，也可能为拉应力。

图 2-53 所示为 240mm 厚的低碳钢电渣焊接头中的残余应力分布。σ_z 沿厚度方向始终为残余拉应力，并在厚度的中心部位达到最大，其值达为 180MPa，向两表面方向逐渐减小到零，如图 2-53（a）所示；σ_x 和 σ_y 也以中心部位为最大，σ_y 在两表面附近为压应力，如图 2-53（b）和（c）所示。

4. 拘束状态下残余应力的分布

以上所讨论的焊接接头中的残余应力，都是焊件在自由状态下焊接时产生的。在生产实

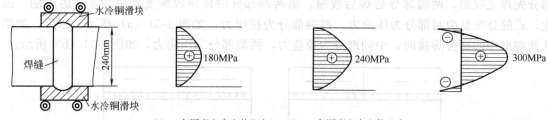

(a) σ_z 在厚度方向上的分布   (b) σ_x 在厚度方向上的分布   (c) σ_y 在厚度方向上的分布

图 2-53 大厚度焊件中的残余应力分布

际中，焊接结构往往是在受约束的情况下进行焊接。

(1) 刚性约束下残余应力的分布 对接焊接时，如对两块板的外缘焊前在横向加以刚性约束，则焊后纵向残余应力分布基本上与无刚性约束相近，但其横向拘束应力则为单一的拉伸应力，如图 2-54 所示。板宽越窄，拘束应力越大；板宽越大，则拘束应力相应减小。焊缝较长时，先焊的焊缝中产生的横向拉应力较后焊的焊缝中产生的拉应力小，见图 2-54 (b)，当外加约束撤除后，部分拘束应力将消除，残余应力将重新分布。

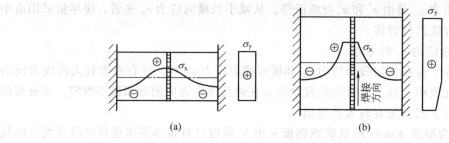

图 2-54 刚性约束对焊接应力的影响

(2) 封闭焊缝所引起的残余应力的分布 在石油化工设备中，经常会遇到接管、人孔、镶块等封闭焊缝的焊接，如图 2-55 所示。这些环绕着接管、镶块等的焊缝构成一个封闭回路，称为封闭焊缝，如图 2-56 (a) 所示。这类焊缝是在较大的约束情况下焊接的，因此其焊接应力与自由状态下焊接相比有较大差别。图 2-56 (a) 所示为一个直径为 1m，厚度为 12mm 的圆盘，在其中心开孔并焊接直径为 300mm 的镶块，其焊缝的残余应力分布情况如图 2-56 (b) 所示。σ_θ 为切向应力，σ_r 为径向应力。从图中曲线可以看出，径向应力均为拉应力。切向应力在焊缝隙附近最大，为拉应力，由焊缝向外侧逐渐下降，并转变为压应力，由焊缝向中心达到一均匀值。在镶块中部有一个均匀的双轴应力场，镶块直径越小，外板对

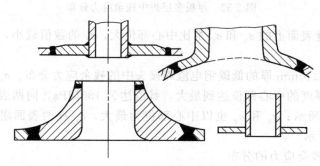

图 2-55 容器接管焊缝

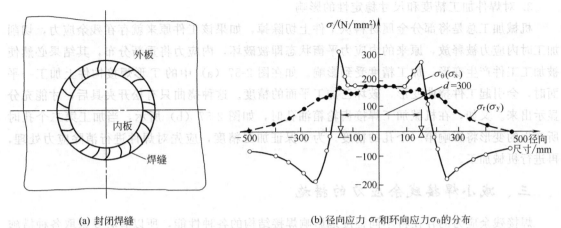

(a) 封闭焊缝 (b) 径向应力 σ_r 和环向应力 σ_θ 的分布

图 2-56 圆形镶块封闭焊缝的残余应力

它的约束越大,这个均匀双轴应力值就越高。

(二) 焊接残余应力对焊件性能的影响

焊接残余应力在构件中并非都是有害的,在分析其对结构失效或使用性能可能带来的影响时,应根据不同材料、不同结构设计、不同承载条件和不同运行环境进行具体分析。

1. 对结构刚度的影响

当外载产生的应力 σ 与结构中某区域的内应力叠加之和达到屈服点 σ_s 时,这一区域的材料就会产生局部塑性变形,丧失了进一步承受外载的能力,造成结构的有效截面积减小,结构的刚度也随之降低。

焊接结构中,焊缝及其附近区域里的纵向拉伸残余应力一般都可以达到 σ_s,如果外载产生的应力与它的方向一致,则其变形将比没有内应力时或内应力较低时大。当卸载时,其回弹量小于加载时变形量,构件不能回复到原始尺寸。焊接结构中的拉伸应力区域越大,对刚度的影响也越大,同时卸载后残余变形量也越大。

2. 对静载强度的影响

没有严重应力集中的焊接结构,只要材料具有一定的塑性变形能力,内应力并不影响结构的静载强度。反之,如材料处于脆性状态,则拉伸内应力和外载应力叠加,有可能使局部区域的应力首先达到断裂强度,导致结构早期破坏。

在实际结构中,工艺或设计原因可能造成严重的应力集中,同时存在较高的拉伸内应力。许多低碳钢和低合金焊接结构的低应力脆断事故以及大量试验研究说明:在工作温度低于脆性临界温度(在此温度下光滑试件仍具有良好延性)条件下,拉伸内应力和严重应力集中的共同作用,将降低结构的静载强度,使之在低于屈服点的外载应力作用下发生脆性断裂。

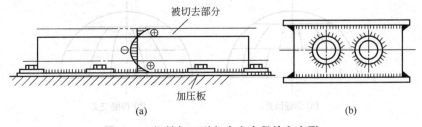

图 2-57 机械加工引起内应力释放和变形

3. 对焊件加工精度和尺寸稳定性的影响

机械加工总是将部分金属材料从工件上切除掉，如果该工件原来就存在残余应力，切削加工时内应力被释放，原来的内应力平衡状态即被破坏，内应力将重新分布，其结果必然使被加工工件产生变形，加工精度受到影响。如在图 2-57（a）中的 T 形焊接构件上加工一平面时，会引起工件挠曲变形，破坏已加工平面的精度。这种挠曲只有松开夹具后，才能充分显示出来。又如，在机械加工焊接齿轮箱油孔时，如图 2-57（b）所示，当加工第二个孔时所产生的变形将影响第一个孔的精度。为了保证加工精度，应先对焊件进行消除应力处理，再进行机械加工。

三、减小焊接残余应力的措施

焊接残余应力的存在将不同程度地影响焊接结构的各种性能，所以有必要采取各种措施来减小和消除焊接残余应力。

减小焊接残余应力，通常可以从结构设计和焊接工艺两个方面着手。

（一）减小焊接应力的设计措施

设计上减小焊接应力的核心是正确布置焊缝，从而避免应力叠加，降低应力峰值。可以从以下几方面着手。

① 在保证焊件强度的前提下，尽量减少焊缝数量和减小焊缝尺寸。

② 避免焊缝过分集中，焊缝间应保持足够的间距，如图 2-58 所示。要尽可能避免焊缝交叉，以免出现三向复杂应力，图 2-59 所示为对称球形容器的两种焊缝拼接方法，应尽可能避免设计交叉焊缝。如图 2-60 所示的焊接管孔，应尽量避免开在焊缝上，且避免管孔焊缝与相邻焊缝的热影响区重合。焊缝间距应大于三倍钢板厚度，且不得小于 100mm。

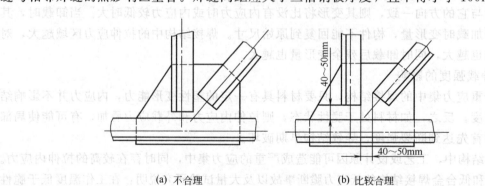

(a) 不合理　　　　　　(b) 比较合理

图 2-58　焊接节点布置

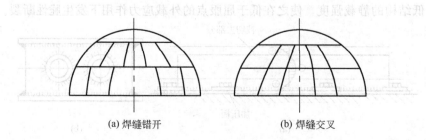

(a) 焊缝错开　　　　　　(b) 焊缝交叉

图 2-59　球形容器两种拼接方法

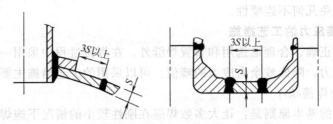

图 2-60　焊接容器中焊缝之间的最小距离

③ 焊缝不要布置在高应力区及断面突变的地方,以避免应力集中。如图 2-61 (a) 所示,焊缝处于断面突变处,图 2-61 (b) 的焊缝位置就比较好。又如图 2-62 所示,在焊接承受拉力的连接板时,连接板以直角连接 [图 2-62 (a)],A 点有较大的应力集中;若连接板改成圆弧过渡 [图 2-61 (b)],则可减小应力集中。

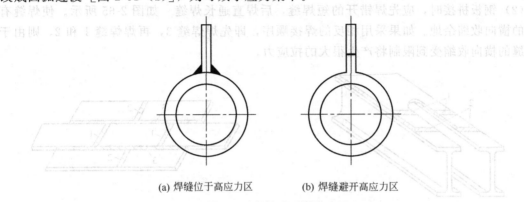

(a) 焊缝位于高应力区　　　(b) 焊缝避开高应力区

图 2-61　焊缝避开高应力区

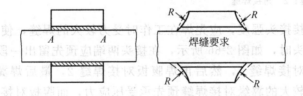

(a) A 点有较大的应力集中　　(b) 圆弧过渡使应力集中减小

图 2-62　连接板的接头形式

④ 采用刚性较小的接头形式对管接头,可降低焊缝的约束度,减小焊接应力,如用翻边连接代替插入管连接,如图 2-63 所示。

⑤ 在残余应力为拉应力的区域内,几何的不连续性会造成应力集中,使内应力在该处

(a) 不合理接头　　　　(b) 通过中间件的接头　　　　(c) 翻边接头

图 2-63　承受变载荷的管接头

71

进一步增高,应避免几何不连续性。

(二) 减小焊接应力的工艺措施

除了在结构上正确、合理地选用和布置焊缝外,在焊接过程中采用一些简单的工艺措施往往可以调节内应力,降低残余内应力的峰值。可以采用的工艺措施主要有如下几种。

1. 采用合理的焊接顺序

安排焊接顺序的基本原则是:让大多数焊缝在刚性较小的情况下施焊,以便都能自由收缩而降低焊接应力。

(1) 在焊接位置和焊接顺序的安排上,应先焊收缩量较大的焊缝。对大多数的结构件来讲,横向焊缝的条数较多,且收缩量也较大,所以,一般先焊横向焊缝。如图2-64所示为一个加盖板的双工字钢焊接梁,应先焊盖板的对接焊缝1,后焊盖板和工字钢之间的角焊缝2,以此使对接焊缝1能自由收缩,从而减小内应力。

(2) 钢板拼接时,应先焊错开的短焊缝,后焊直通长焊缝。如图2-65所示。使焊缝有较大的横向收缩余地。如果采用相反的焊接顺序,即先焊焊缝3,再焊焊缝1和2,则由于短焊缝的横向收缩受到限制将产生很大的拉应力。

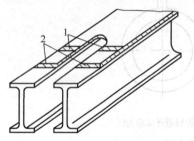

图2-64 按收缩大小确定焊接顺序
1—对接焊缝;2—角接焊缝

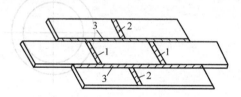

图2-65 拼板时按焊缝布置确定焊接顺序

(3) 为了提高焊接接头强度,应先焊在工作时受力较大的焊缝,使内应力合理分布。如在现场焊接工字梁接头时,如图2-66所示,在接头两端应预先留出一段翼缘角焊缝3不焊,先焊受力最大的翼缘对接焊缝1,然后再焊腹板对接焊缝2,最后焊翼缘预留的角焊缝3。这样,可使焊后受力较大的翼缘对接焊缝预先承受压应力,而腹板对接焊缝有一定的收缩余地。同时,也有利于焊接翼缘对接焊缝时,采取反变形措施防止产生角变形。有试验表明用这种焊接顺序焊成的梁,疲劳强度比先焊腹板的梁高30%。

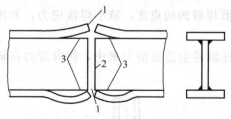

图2-66 按受力大小确定焊接顺序
1、2—对接焊缝;3—角接焊缝

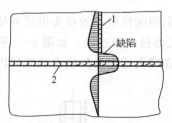

图2-67 交叉焊缝的应力分布
1—纵向焊缝;2—横向焊缝

(4) 在焊接平面交叉焊缝(丁字交叉或十字交叉)时,应该特别注意交叉处的焊缝质量。如图2-67所示,如果在接近纵向焊缝1的横向焊缝2处有缺陷,则这些缺陷正好位于纵向焊缝的拉伸应力场中,将造成复杂的三轴应力状态。为了保证交叉点部位不产生焊接缺陷及刚性约束较小，应采用图 2-68（a）、(b)、(c) 中的焊接顺序进行焊接，而图 6-68（d）则为不合理的焊接方案。

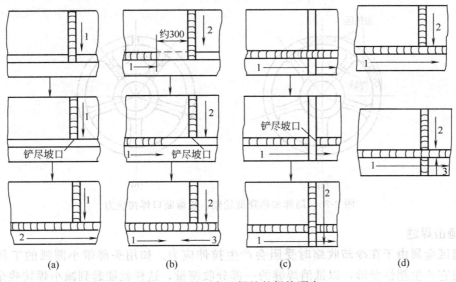

图 2-68 平面交叉焊缝的焊接顺序

2. 降低接头局部的拘束度

焊接封闭焊缝时，由于周围板的拘束度较大，拘束应力与残余应力叠加，会使局部区域形成高应力区，从而产生裂纹。如图 2-69 所示的封闭焊缝，焊接前采用反变形的措施，减小接头局部区域的拘束度，可使焊缝冷却时较自由收缩，达到减小残余应力的目的。

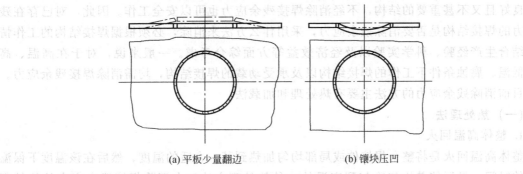

图 2-69 降低局部刚度减小内应力

3. 预热的方法

预热法是指在焊前对焊件的全部（或局部）进行加热的工艺措施。一般预热的温度在 150～350℃ 之间。其目的是减小焊接区和结构整体的温差，均匀冷却，从而减小内应力。此法常用于易裂材料的焊接。预热温度视材料、结构刚性等具体情况不同而定。

4. 局部加热造成反变形

在焊接结构的适当部位加热使之伸长，加热区的伸长带动焊接部位，使它产生一个与焊缝收缩方向相反的变形。在加热区冷却收缩时，焊缝就可能比较自由地收缩，从而降低内应力。例如，图 2-70（a）所示的大皮带轮或齿轮的某一轮辐需要焊接修理，为了减小内应力，则在需焊修的轮辐两侧轮缘上加热，使轮辐向外产生变形，如图 2-70（b）所示，带轮焊缝

73

在轮缘上，此时则应在焊缝两侧的轮辐上进行加热，使轮缘产生反变形，然后进行焊接维修，这样对降低焊接应力起到良好的效果。此法又称为"加热'减应区'法"。

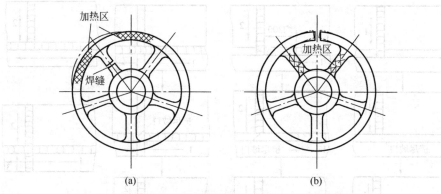

图 2-70 局部加热降低轮辐、轮缘断口焊接应力

5. 锤击焊缝

焊缝区金属由于在冷却收缩时受阻会产生拉伸应力。如用头部带小圆弧的工具锤击焊缝，促使它产生塑性变形，以抵消焊缝的一部分收缩量，这样就能起到减小焊接残余应力的作用。敲击时，必须在焊缝塑性较好的热态时进行，且锤击保持均匀、适度，以防止因敲击而产生裂纹。另外，为保持焊缝表面的美观，表层焊缝一般不要锤击。

四、消除焊接残余应力的措施

焊接残余应力对结构使用性能的不利影响，只有在某些情况下才能表现出来。对于材料塑性良好且又不甚重要的结构，不经消除焊接残余应力也可以安全工作。因此，对已存在残余应力的焊接结构是否要消除残余应力，采用什么方法来消除，必须根据焊接结构的工作情况，结合生产经验、科学实验以及经济效益等方面综合考虑。一般来说，对于在高温、高压、低温、腐蚀条件下工作的焊接结构以及承受动载的焊接结构，均需消除焊接残余应力。

目前消除残余应力的方法主要有热处理和加载法。

（一）热处理法

1. 整体高温回火

整体高温回火是将整个焊接件或局部均匀加热到某一合适的温度，然后在该温度下保温预定的时间，最后使其均匀冷却到室温的一种热处理方法。在消除焊接残余应力的热处理中，影响热处理效果的主要因素有回火温度、保温时间、加热和冷却速度、加热方法和加热范围的大小。对于同一种材料，回火温度越高，时间越长，应力也就消除得越彻底。

常用材料回火温度见表 2-1。

表 2-1 常用材料的回火温度

材料种类	碳钢及低中合金钢	奥氏体钢	铝合金	镁合金	钛合金	铌合金	铸铁
回火温度/℃	580～680	850～1050	250～300	250～300	550～600	1100～1200	600～650

内应力消除效率随时间增加而迅速降低。因此，过长的处理时间是不必要的。保温时间按钢材厚度每 1mm 用 1～2min 计算，但一般不宜低于 30min，不得高于 3h。对具有热裂倾

向钢材的厚大结构,应注意控制加热速度和加热时间。对于一些重要结构,如锅炉和化工压力容器,消除内应力的热处理方法及要求,应按有关规程进行。

热处理一般在炉内进行,遇到大型结构(如大型容器),无法在炉内处理时,可采用在容器外壁覆盖保温层,在容器内用火焰或电阻加热的方法来处理。

2. 局部高温回火

本法只对焊缝及其附近的局部区域进行加热。由于这种方法带有局部加热的性质,因此消除应力的效果不如整体处理。它只能降低应力峰值,而不能完全消除。但通过局部处理可以改善焊接接头的力学性能。局部高温回火,多用于比较简单、拘束度较小的焊接接头,如长的圆筒容器、管道接头、长构件的对接接头等。为了取得较好降低应力的效果,应保证有足够的加热宽度。圆筒接头加热区宽度一般取 $5\sqrt{R\delta}$,长板的对接接头,取 $B=h$,如图 2-71 所示。

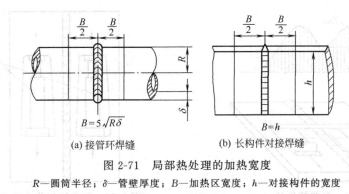

(a) 接管环焊缝　　　　(b) 长构件对接焊缝

图 2-71　局部热处理的加热宽度

R—圆筒半径;δ—管壁厚度;B—加热区宽度;h—对接构件的宽度

局部热处理可采用气体、红外线、间接电阻或工频感应等方法加热。

(二) 机械加载法

1. 过载法

在构件上施加一定的拉伸应力,使其与焊缝区的拉伸残余应力相叠加,以达到消除残余应力的目的。如图 2-72 (a) 所示为焊后残余应力的分布情况。加载后,构件中的应力在图 2-72 (a) 曲线上叠加,原来已达到屈服点的峰值应力不再增加,如图 2-72 (b) 所示。材料发生拉伸塑性变形,正好与焊接时,产生的压缩塑性变形相反,消除或部分消除了导致产生残余应力的塑性变形,卸载后应力峰值大为降低,如图 2-72 (c) 所示。拉伸的塑性变形越大,消除残余应力越多。这是因为焊接时,发生的压缩塑性变形被抵消得越多。当加载使截面完全屈服时,则内应力完全消除。

2. 温差拉伸法(低温消除应力法)

本法基本与机械拉伸法相同,是利用拉伸来抵消焊接时所产生的压缩塑性变形。不同之处在于机械法拉伸时借助外力进行拉伸,而温差拉伸法则是利用局部加热所产生的温度差来拉伸。通常的做法是:在焊缝两侧各用一个适当宽度的氧-乙炔焰炬加热,在焰炬后面一定距离处喷水冷却。焰炬和喷水管以相同速度向前移动,如图 2-73 所示。这样可造成一个两侧高(峰值约为 200℃),焊缝区低(约为 100℃)的温度场。两侧金属因受热膨胀,对温度较低的焊缝区进行拉伸,起了相当于图 2-74 所示用千斤顶的作用,使之产生拉伸塑性变形以抵消原来的压缩塑性变形,从而消除内应力。如参量选用适当,则可取得较好的效果。本法对于焊缝比较规则、厚度不大(<40mm)的板、壳结构具有一定实用价值。

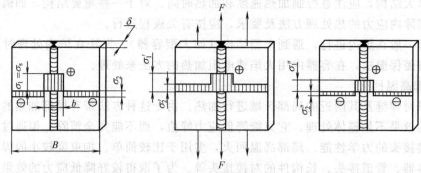

(a) 加载前的焊接残余应力分布　　(b) 加载后的焊接残余应力分布　　(c) 卸载后残余应力分布

图 2-72　过载法消除焊接残余应力示意

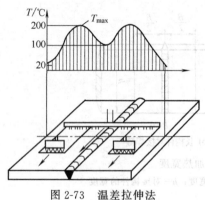

图 2-73　温差拉伸法

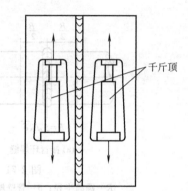

图 2-74　温差法消除内应力的原理图

复习思考题

1. 焊接应力和变形是如何形成的？在分析焊接应力与变形时有何假设？

2. 焊接残余变形的基本形式有哪几种？它们各自产生的原因是什么？

3. 影响焊接结构变形的因素是什么？减小和防止焊接应力的措施有哪些？

4. 控制焊接残余变形的措施有哪些？试说明其理由。

5. 如果焊缝位于焊件截面的中性轴，焊后将产生什么变形？如果焊缝不在焊件截面的中性轴上，又会使焊件发生什么变形？

6. 以板边堆焊为例，其中板宽为 300mm，板厚为 12mm，板长为 560mm，用焊条电弧焊堆焊板边，焊接电流为 180A，电弧电压为 28V，焊接速度为 0.5m/s。试用图示分析说明焊接应力与变形的产生过程，以及焊件横截面残余应力分布和变形趋势。

7. 矫正焊接结构残余变形有哪两类方法？火焰矫正法的原理是什么？它有哪几种形式？试举例说明。

8. 控制焊接残余应力的措施有哪些？试说明其理由。

9. 消除应力热处理的过程和原理是什么？整体和局部消除应力热处理，在效果上有什么不同？

10. 焊条电弧焊角焊缝的横向收缩量比对接焊缝横向收缩量大还是小？为什么？

11. 一焊接件，截面两端固定，如图 2-75 所示，试分析绘出 A—A 截面上的应力分

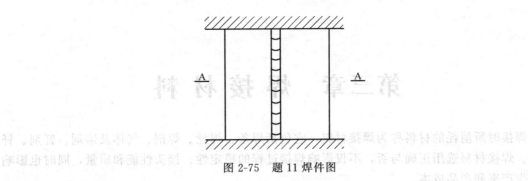

图 2-75 题 11 焊件图

布图。

12. 板材对接焊,坡口越大,则变形如何变化?对于同样板厚和坡口形式的焊接角变形随焊接层数如何变化?

13. 带盖板的双槽钢焊接梁结构,如图 2-76 所示,由底板、槽钢和隔板组成。其中有 A、B、C 三种焊缝,为减小焊接变形,试根据焊接结构选择说明正确的装配焊接顺序。

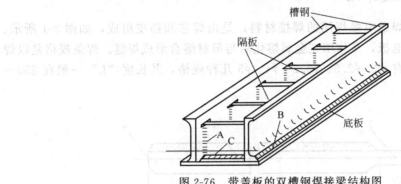

图 2-76 带盖板的双槽钢焊接梁结构图

14. 奥氏体不锈钢、马氏体钢、低合金钢、Q235A 钢中,哪些不适宜用水冷法减小焊接变形?为什么?

第三章 焊接材料

焊接时所消耗的材料称为焊接材料，它包括焊条、焊丝、焊剂、气体及熔剂、钎剂、钎料等。焊接材料选用正确与否，不仅影响焊接过程的稳定性、接头性能和质量，同时也影响焊接生产率和产品成本。

第一节 焊 条

一、焊条的组成及作用

焊条是涂有药皮的供焊条电弧焊用的焊接材料，是由焊芯和药皮组成，如图 3-1 所示。焊条电弧焊时，焊条既作电极，又作填充金属熔化后与母材熔合形成焊缝。焊条规格是以焊芯直径来表示的，常用的有 φ2、φ2.5、φ3.2、φ4、φ5 几种规格，其长度"L"一般在 250～450mm 之间。

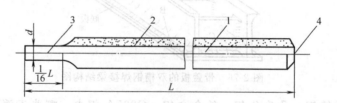

图 3-1 焊条组成示意
1—焊芯；2—药皮；3—夹持端；4—引弧端

（一）焊芯

焊条中被药皮包覆的金属芯称为焊芯。焊接时，焊芯有两个作用：一是传导焊接电流产生电弧，把电能转换成热能；二是焊芯本身熔化作填充金属与熔化母材金属熔合形成焊缝。

焊条电弧焊时，焊芯金属约占整个焊缝金属的 50%～70%。所以焊芯的化学成分，直接影响焊缝的质量。因此，作焊芯用的钢丝都是经特殊冶炼的，且单独规定了它的牌号和成分，这种焊接钢丝称为焊丝。焊丝还是埋弧焊、气体保护电弧焊、电渣焊、气焊等的填充材料。

（二）药皮

压涂在焊芯表面上的涂料层称为药皮。药皮是由各种矿物类、铁合金和金属类、有机物类及化工产品等原料组成。焊条药皮组成物的成分相当复杂，一般一种焊条药皮配方的原料都达八九种以上。

1. 焊条药皮的作用

（1）机械保护作用 利用焊条药皮熔化后产生大量的气体和形成的熔渣，起隔离空气作用，防止空气中的氧、氮侵入，保护熔滴和熔池金属。

（2）冶金处理渗合金作用 通过熔渣与熔化金属冶金反应，除去有害杂质（如氧、氢、硫、磷）和添加有益元素，使焊缝获得合乎要求的力学性能。

（3）改善焊接工艺性能 焊接时使电弧稳定燃烧、飞溅少、焊缝成形好、易脱渣，熔敷效率高，适用全位置焊接等。

2. 焊条药皮的类型

焊条药皮类型较多，主要有钛铁矿型、钛钙型、高纤维素钾型、高纤维素钠型、高钛钠型、铁粉钛型、低氢钠型、低氢钾型、铁粉低氢型、氧化铁型等。现介绍生产中常用的几种类型的药皮。

（1）钛钙型 药皮中含 30% 以上的氧化钛和 20% 以下的钙或镁的碳酸盐矿。熔渣流动性良好，脱渣容易、电弧稳定，熔深适中，飞溅少，焊波整齐。这类焊条适用于全位置焊接，焊接电流为交流或直流正、反接。主要用于焊接较重要的碳钢结构。常用焊条为 E4303、E5003。

（2）高纤维素钾型 药皮中纤维素含量较高，并加入少量的钙与钾的化合物。该药皮类型焊条电弧稳定，焊接电流为交流或直流反接，适用于全位置焊接。主要焊接一般低碳钢结构，如管道等，也可打底焊。常用焊条为 E4311、E5011。

（3）低氢钠型 药皮主要组成物是碳酸盐矿和萤石，碱度较高。焊接工艺性能一般，焊波较粗，熔深中等，脱渣性较好，可全位置焊接，焊接电流为直流反接。熔敷金属具有良好的抗裂性能和力学性能。主要用于焊接重要的碳钢结构，也可焊接相适用的低合金钢结构。常用焊条为 E4315、E5015。

（4）低氢钾型 药皮在低氢钠型焊条药皮的基础上添加了稳弧剂，故可用交流电施焊。这类药皮焊条工艺性能、力学性能、抗裂性能与低氢钠型焊条相似，主要用于焊接重要的碳钢结构，也可焊接相适用的低合金钢结构。常用焊条为 E4316、E5016。

二、焊条的分类及型号

（一）焊条的分类

1. 按焊条的用途分类

根据有关国家标准，焊条可分为：碳钢焊条（GB/T 5117—1995）、低合金钢焊条（GB/T 5118—1995）、不锈钢焊条（GB/T 983—1995）、堆焊焊条（GB/T 984—85）、铸铁焊条（GB/T 10044—88）、铜及铜合金焊条（GB/T 3670—1995）、铝及铝合金（GB/T 3669—83）、镍及镍合金焊条（GB/T 13814—1992）。

2. 按焊条药皮熔化后的熔渣特性分类

按焊条药皮熔化后的熔渣特性，焊条可分为酸性焊条和碱性焊条两大类。

（1）酸性焊条 其熔渣以酸性氧化物为主。焊条的优点是工艺性好，容易引弧，电弧稳定，飞溅小，脱渣性好，焊缝成形美观，对工件的锈、油等污物不敏感，焊接时产生的有害气体少，可交、直流两用，适用于全位置焊接。

酸性焊条的缺点是焊缝金属的力学性能和抗裂纹性能差，所以仅适用于一般低碳钢和强度等级较低的普通低合金钢结构的焊接。钛铁矿型、钛钙型、高纤维素钾型、高钛钠型、铁粉钛型、氧化铁型药皮类型的焊条为酸性焊条。

(2) 碱性焊条　其熔渣以碱性氧化物和氟化钙为主。焊条的优点是脱氧、脱硫、脱磷、脱氢的能力比酸性焊条强，故焊缝金属的力学性能和抗裂性能比酸性焊条好。由于焊缝中含氢量低，所以也称低氢型焊条。这类焊条适用于合金钢和重要碳钢结构焊接。

碱性焊条的主要缺点是工艺性差，对油、锈及水分等较敏感，焊接时工艺不当，容易产生气孔。碱性焊条电弧稳定性差，不加稳弧剂时只能采用直流电源焊接。在深坡口焊接中，脱渣性不好。焊接时产生的烟尘量较多。低氢钠型、低氢钾型药皮焊条为碱性焊条。

(二) 焊条型号

1. 碳钢焊条和低合金钢焊条型号

按国家标准 GB/T 5117—1995《碳钢焊条》和 GB/T 5118—1995《低合金钢焊条》规定，碳钢焊条和低合金钢焊条型号是根据熔敷金属的力学性能、药皮类型、焊接位置和电流种类来划分的。

① 字母"E"表示焊条；前两位数字表示熔敷金属抗拉强度的最小值，单位为10MPa；第三位数字表示焊条的焊接位置，"0"及"1"表示焊条适用于全位置焊接，"2"表示焊条只适用于平焊及平角焊，"4"表示焊条适用于向下立焊；第三位数字和第四位数字组合时，表示焊接电流种类及药皮类型，见表3-1。

表 3-1　碳钢和低合金钢焊条型号的第三、第四位数字组合的含义

焊条型号	药皮类型	焊接位置	电流种类
E××00	特殊型	平、立、横、仰	交流或直流正、反接
E××01	钛铁矿型		
E××03	钛钙型		
E××10	高纤维素钠型		直流反接
E××11	高纤维素钾型		交流或直流反接
E××12	高钛钠型		交流或直流正接
E××13	高钛钾型		交流或直流正、反接
E××14	铁粉钛型		
E××15	低氢钠型		直流反接
E××16	低氢钾型		交流或直流反接
E××18	铁粉低氢型		
E××20	氧化铁型		交流或直流正接
E××22			
E××23	铁粉钛钙型	平、平角	交流或直流正、反接
E××24	铁粉钛型		
E××27	铁粉氧化铁型		交流或直流正接
E××28	铁粉低氢型		
E××48	铁粉低氢型	平、横、仰、立向	交流或直流反接

② 低合金钢焊条还附有后缀字母，为熔敷金属的化学成分分类代号，见表3-2，并以短线"-"与前面数字分开；若还有附加化学成分时，附加化学成分直接用元素符号表示，并

以短线"-"与前面后缀字母分开。焊条型号举例如下：

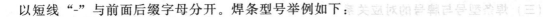

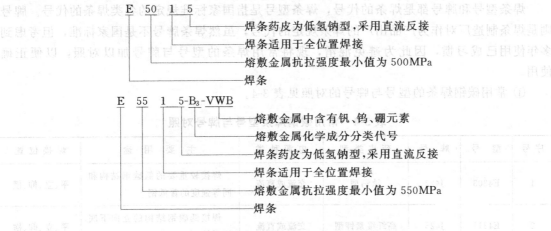

表 3-2 低合金钢焊条熔敷金属化学成分分类

化学成分分类	代　号	化学成分分类	代　号
碳钼钢焊条	E××××-A_1	镍钼钢焊条	E××××-NM
铬钼钢焊条	E××××-B_1～B_5	锰钼钢焊条	E××××-D_1～D_3
镍钢焊条	E××××-C_1～C_3	其他低合金钢焊条	E××××-G,M,M_1,W

2. 不锈钢焊条型号

按国家标准 GB/T 983—1995《不锈钢焊条》规定，不锈钢钢焊条型号是根据熔敷金属的化学成分、药皮类型、焊接位置和电流种类来划分的。

字母"E"表示焊条；"E"后面的数字表示熔敷金属化学成分分类代号，如有特殊要求的化学成分，该化学成分用元素符号表示，放在数字后面；数字后的字母"L"表示碳含量较低，"H"表示碳含量较高，"R"表示硫、磷、硅含量较低；短线"-"后面的两位数字表示焊条药皮类型、焊接位置及焊接电流种类，见表 3-3。

表 3-3 焊接电流、焊接位置及药皮类型

焊条型号	焊接电流	焊接位置	药皮类型
E×××(×)-15	直流反接	全位置	碱性药皮
E×××(×)-25	直流反接	平、横	碱性药皮
E×××(×)-16	交流或直流反接	全位置	碱性药皮或钛型、钛钙型
E×××(×)-17	交流或直流反接	全位置	碱性药皮或钛型、钛钙型
E×××(×)-26	交流或直流反接	平、横	碱性药皮或钛型、钛钙型

焊条型号举例如下：

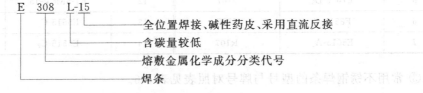

(三) 焊条型号与牌号的对应关系

焊条型号和牌号都是焊条的代号，焊条型号是指国家标准规定的各类焊条的代号。牌号则是焊条制造厂对作为产品出厂的焊条规定的代号，虽然焊条牌号不是国家标准，但考虑到多年使用已成习惯，因此为避免混淆，现将常用焊条的型号与牌号加以对照，以便正确使用。

① 常用碳钢焊条的型号与牌号的对照见表3-4。

表3-4 常用碳钢焊条型号与牌号对照

序号	型号	牌号	药皮类型	电源种类	主要用途	焊接位置
1	E4303	J422	钛钙型	交流或直流	焊接较重要的低碳钢结构和同等强度的普低钢	平、立、仰、横
2	E4311	J425	高纤维素钾型	交流或直流	焊接低碳钢结构的立向下底层焊接	平、立、仰、横
3	E4316	J426	低氢钾型	交流或直流反接	焊接重要的低碳钢及某些低合金钢结构	平、立、仰、横
4	E4315	J427	低氢钠型	直流反接	焊接重要的低碳钢及某些低合金钢结构	平、立、仰、横
5	E5003	J502	钛钙型	交流或直流	焊接相同强度等级低合金钢一般结构	平、立、仰、横
6	E5016	J506	低氢钾型	交流或直流反接	焊接中碳钢及重要低合金结构钢，如Q345等	平、立、仰、横
7	E5015	J507	低氢钠型	直流反接	焊接中碳钢及重要低合金钢结构，如Q345等	平、立、仰、横

② 常用低合金钢焊条的型号与牌号对照见表3-5。

表3-5 常用低合金钢焊条型号与牌号对照

序号	型号	牌号	序号	型号	牌号
1	E5015-G	J507MoNb J507NiCu	8	E5503-B_1 E5515-B_1	R202 R207
2	E5515-G	J557 J557Mo J557MoV	9	E5503-B_2 E5515-B_2	R302 R307
3	E6015-G	J607Ni	10	E5515-B_3-VWB	R347
4	E6015-D_1	J607	11	E6015-B_3	R407
5	E7015-D_2	J707	12	E1-5MoV-15	R507
6	E8515-G	J857	13	E5515-C_1	W707Ni
7	E5015-A_1	R107	14	E5515-C_2	W907Ni

③ 常用不锈钢焊条的型号与牌号对照表见表3-6。

表 3-6 常用不锈钢焊条型号与牌号对照

序号	型号（新）	型号（旧）	牌号	序号	型号（新）	型号（旧）	牌号
1	E410-16	E1-13-16	G202	8	E309-15	E1-23-13-15	A307
2	E410-15	E1-13-15	G207	9	E310-16	E2-26-21-16	A402
3	E410-15	E1-13-15	G217	10	E310-15	E2-26-21-15	A407
4	E308L-16	E00-19-10-1	A002	11	E347-16	E0-19-10Nb-16	A132
5	E308-16	E0-19-10-16	A102	12	E347-15	E0-19-10Nb-15	A137
6	E308-15	E0-19-10-15	A107	13	E316-16	E0-18-12Mo2-16	A202
7	E309-16	E1-23-13-16	A302	14	E316-15	E0-18-12Mo2-15	A207

三、焊条的选用及管理

（一）焊条的选用原则

1. 按焊件的力学性能、化学成分选用

① 低碳钢、中碳钢和低合金钢一般按焊件的抗拉强度来选用相应强度的焊条，只有在焊接结构刚性大，受力情况复杂时，才选用比钢材强度低一级的焊条。

② 对于不锈钢、耐热钢、堆焊等焊件选用焊条时，应从保证焊接接头的特殊性能出发，要求焊缝金属化学成分与母材相同或相近。

2. 酸性焊条和碱性焊条的选用

① 当接头坡口表面难以清理干净时，应采用氧化性强，对铁锈、油污等不敏感的酸性焊条。

② 在容器内部或通风条件较差的条件下，应选用焊接时析出有害气体少的酸性焊条。

③ 在母材中碳、硫、磷等元素含量较高时，且焊件形状复杂、结构刚性大和厚度大时，应选用抗裂性好的碱性低氢型焊条。

④ 当焊件承受振动载荷或冲击载荷时，除保证抗拉强度外，应选用塑性和韧性较好的碱性焊条。

⑤ 在酸性焊条和碱性焊条均能满足性能要求的前提下，应尽量选用工艺性能较好的酸性焊条。

3. 按简化工艺、生产率和经济性来选用

① 薄板焊接或定位焊宜采用 E4313 焊条，焊件不易烧穿且易引弧。

② 在满足焊件使用性能和焊条操作性能的前提下，应选用规格大、效率高的焊条。

③ 在使用性能基本相同时，应尽量选用价格较低的焊条，降低焊接生产的成本。

（二）焊条的管理及使用

1. 焊条的烘干

焊条在存放时会从空气中吸收水分而受潮，会影响工艺性能和焊缝质量，因此焊条（特别是碱性焊条）在使用前必须烘干。一般酸性焊条烘干温度为 75～150℃，保温 1～2h；碱性焊条为 350～400℃，保温 1～2h。焊条累计烘干次数一般不宜超过 3 次。

2. 焊条的储存保管

① 焊条必须分类、分型号、分规格存放，避免混淆。

② 焊条必须存放在通风良好、干燥的库房内。重要焊接结构使用的焊条，特别是低氢型焊条，最好储存在专用的库房内。库房内应设置温度计、湿度计，室内温度在5℃以上，相对湿度不超过60%。

③ 焊条必须放在离地面和墙壁的距离均在0.3m以上的木架上，以防受潮变质。

第二节 焊　丝

焊接时作为填充金属或同时用来导电的金属丝，称为焊丝。按焊丝结构不同可分为实芯焊丝和药芯焊丝。按焊接方法不同可分为埋弧焊焊丝、气保焊焊丝、电渣焊焊丝、气焊焊丝等。按被焊材料不同可分为碳钢焊丝、低合金钢焊丝、不锈钢焊丝、铸铁焊丝和有色金属焊丝等。

一、实芯焊丝

大多数熔焊方法，如埋弧焊、电渣焊、气保焊、气焊等普遍使用实芯焊丝。实芯焊丝主要起填充金属和合金化的作用。为了防止生锈，碳钢焊丝、低合金钢焊丝表面都进行了镀铜处理。

（一）钢焊丝

钢焊丝适用于埋弧焊、电渣焊、氩弧焊、CO_2气保焊及气焊，用于低碳钢、低合金钢、不锈钢等的焊接。对于低碳钢、低合金高强钢主要按等强度的原则，选择满足力学性能的焊丝；对于不锈钢、耐热钢等主要按焊缝金属与母材化学成分相同或相近的原则选择焊丝。常用焊接用钢丝的牌号见表3-7。

表3-7　常用焊接用钢丝的牌号

序号	钢种	牌号	序号	钢种	牌号
1	碳素结构钢	H08A	12	合金结构钢	H10Mn2MoVA
2	碳素结构钢	H08E	13	合金结构钢	H08CrMoA
3	碳素结构钢	H08Mn	14	合金结构钢	H08CrMoVA
4	碳素结构钢	H08MnA	15	合金结构钢	H30CrMnSi
5	合金结构钢	H10Mn2	16	不锈钢	H0Cr14
6	合金结构钢	H08MnSi2A	17	不锈钢	H1Cr13
7	合金结构钢	H10MnSi	18	不锈钢	H00Cr21Ni10
8	合金结构钢	H10MnSiMo	19	不锈钢	H0Cr21Ni10Ti
9	合金结构钢	H10MnSiMoTiA	20	不锈钢	H1Cr19Ni9
10	合金结构钢	H08MnMoA	21	不锈钢	H1Cr24Ni13
11	合金结构钢	H08Mn2MoA	22	不锈钢	H1Cr26Ni921

埋弧焊、电渣焊、氩弧焊、气焊焊丝应符合GB/T 14957—1994《熔化焊用钢丝》、YB/T 5092—1996《焊接用不锈钢丝》规定。实芯焊丝的牌号表示方法为：字母"H"表示焊丝；"H"后的一位或两位数字表示含碳量；化学元素符号及其后的数字表示该元素的近似

含量,当某合金元素的含量低于1%时,可省略数字,只记元素符号;尾部标有"A"或"E"时,分别表示为"优质品"或"高级优质品",表明S、P等杂质含量更低。

例如:

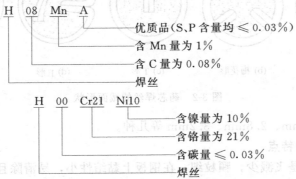

CO_2气保焊焊丝根据其冶金特点应采用含有较多的Mn和Si等脱氧元素的焊丝并限制含碳量。碳钢、低合金钢CO_2气保焊焊丝应符合GB/T 8110—1995《气体保护焊用碳钢、低合金钢焊丝》规定。焊丝型号由三部分组成,ER表示焊丝,ER后面的两位数字表示熔敷金属的最低抗拉强度,短线"-"后面的字母或数字表示焊丝化学成分分类代号。如还附加其他化学成分时,直接用元素符号表示,并以短线"-"与前面数字分开。

例如:

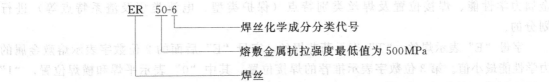

目前常用的CO_2气保焊焊丝有ER49-1和ER50-6等。ER49-1对应的牌号为H08Mn2SiA;ER50-6对应的牌号为H11Mn2SiA。对于低碳钢及低合金高强钢常用ER50-6焊丝。

(二) 有色金属焊丝

铜及铜合金焊丝,根据GB 9460—88《铜及铜合金焊丝》规定,其焊丝牌号是以"HS"为标记,后面的元素符号表示焊丝主要合金元素,元素符号后面的数字表示顺序号。如HSCu为常用的氩弧焊及气焊紫铜焊丝。

铝及铝合金焊丝,根据GB 10858—89《铝及铝合金焊丝》规定,其焊丝型号是以"S"为标记,后面的元素符号表示焊丝主要合金组成,元素符号后面的数字表示同类焊丝的不同品种。如SAlSi-1为常用的氩弧焊及气焊铝硅合金焊丝。

二、药芯焊丝

药芯焊丝是继电焊条、实芯焊丝之后广泛应用的又一类焊接材料,药芯焊丝是由金属外皮(如08A)和芯部药粉组成,芯部药粉的成分与焊条的药皮类似。

药芯焊丝按其截面形状不同,有E形、O形和梅花形、中间填丝形、T形等,如图3-2所示,其中O形(即管状焊丝)应用最广。药芯焊丝按是否使用外加保护气体,有自保护(无外加保护气)和气保护(有外加保护气)两种,气保护药芯焊丝应用最多,且多采用CO_2作保护气体。目前国产的CO_2气体保护焊药芯焊丝多为钛型、钛钙型药粉焊丝,规格

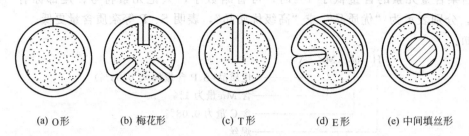

(a) O形　　(b) 梅花形　　(c) T形　　(d) E形　　(e) 中间填丝形

图 3-2　药芯焊丝的截面形状

有直径 2.0mm、2.4mm、2.8mm、3.2mm 等几种。

(一) 药芯焊丝的特点

药芯焊丝的优点是飞溅少，颗粒细，在钢板上黏结性小，易清除且焊缝成形美观；焊丝熔敷速度快，熔敷速度高于焊条和实芯焊丝，可采用大电流进行全位焊；通过调整药粉的成分与比例，可焊接和堆焊不同成分的钢材，适应性强；焊接烟尘量低。

药芯焊丝也有不足之处，焊丝制造过程复杂，焊丝外表易锈蚀、药粉易吸潮，故使用前应对焊丝进行清理和 250～300℃ 的烘烤。

(二) 碳钢药芯焊丝的型号

根据 GB/T 10045—2002《碳钢药芯焊丝》标准规定，碳钢药芯焊型号是根据熔敷金属力学性能、焊接位置及焊丝类别特点（保护类型、电流类型及渣系特点等）进行划分的。

字母 "E" 表示焊丝、"T" 表示药芯焊丝，字母 "E" 后面的 2 位数字表示熔敷金属的力学性能最小值。第 3 位数字表示推荐的焊接位置，其中 "0" 表示平焊和横焊位置，"1" 表示全位置。短线后面的数字表示焊丝的类别特点。字母 "M" 表示保护气体为 75%～80%Ar+CO_2，当无字母 "M" 时，表示保护气体为 CO_2 或自保护类型。字母 "L" 表示焊丝熔敷金属的冲击性能在 −40℃ 时，其 V 形缺口冲击功不小于 27J，无 "L" 时，表示焊丝熔敷金属的冲击性能符合一般要求。

碳钢药芯焊丝型号举例：

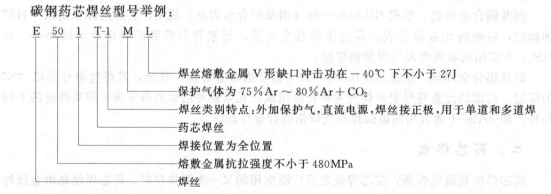

(三) 药芯焊丝的牌号

焊丝牌号以字母 "Y" 表示药芯焊丝，其后字母表示用途或钢种类别，如 "J" 表示结构钢用，"R" 表示低合金耐热钢。字母后的第一、第二位数字表示熔敷金属抗拉强度保证值，单位 MPa。第三位数字表示药芯类型及电流种类（与电焊条相同），第四位数字代表保护形式，如 "1" 表示气保护，"2" 表示自保护，"3" 表示气保护、自保护两用。

焊丝牌号举例:

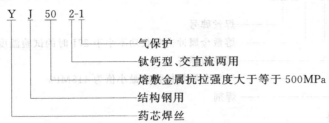

第三节 焊　　剂

焊接时,能够熔化形成熔渣和气体,对熔化金属起保护并进行冶金处理作用的颗粒状物质称为焊剂。焊剂是埋弧焊、电渣焊等使用的焊接材料,它的作用相当于焊条药皮。

一、焊剂的分类

1. 按制造方法分类

焊剂按制造方法分类有熔炼焊剂、烧结焊剂和黏结焊剂。

熔炼焊剂是由各种矿物原料混合后,在电炉中经过熔炼,再倒入水中粒化而成。熔炼焊剂呈玻璃状,颗粒强度高,化学成分均匀,但需经过高温熔炼,因此不能依靠焊剂向焊缝金属大量渗入合金元素。目前,熔炼焊剂应用最多。

烧结焊剂是通过向一定比例的各种配料中加入适量的黏结剂,混合搅拌后在高温(400~1000℃)下烧结而成的一种焊剂。

黏结焊剂是通过向一定比例的各种配料中加入适量的黏结剂,混合搅拌后粒化并在低温(400℃以下)烘干而制成的一种焊剂。以前也称为陶质焊剂。

后两种焊剂都属于非熔炼焊剂。由于没有熔炼过程,所以化学成分不均匀。但可以在焊剂中添加铁合金,利用合金元素来更好地改善焊剂性能,增大焊缝金属的合金化。

2. 按化学成分分类

焊剂按化学成分分类有高锰焊剂、中锰焊剂、低锰焊剂和无锰焊剂等,并以焊剂中氧化锰、二氧化硅和氟化钙的含量高低,分成不同的焊剂类型。

二、焊剂的型号和牌号

(一) 焊剂型号

碳钢埋弧焊用焊剂依据 GB/T 5293—1999《埋弧焊用碳钢焊丝和焊剂》的规定,碳钢焊剂型号分类根据焊丝-焊剂组合的熔敷金属力学性能、热处理状态进行划分。

字母"F"表示焊剂;"F"后第一位数字表示焊丝-焊剂组合的熔敷金属抗拉强度的最小值,"4"表示抗拉强度为 415~550MPa,"5"抗拉强度为 480~650MPa;第二位字母表示试件的热处理状态,"A"表示焊态,"P"表示焊后热处理状态;第三位数字表示熔敷金属冲击吸收功不小于 27J 时的最低试验温度;短线"-"后面表示焊丝牌号,按 GB/T 14957—1995 确定。

例如：

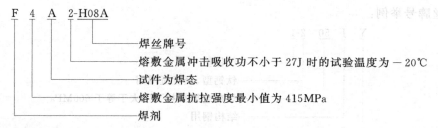

（二）焊剂牌号

1. 熔炼焊剂牌号表示法

焊剂牌号表示为"HJ×××"。HJ后面有三位数字，第一位数字表示焊剂中氧化锰的平均含量，如"4"表示高锰型，"2"表示低锰型；第二位数字表示焊剂中二氧化硅、氟化钙的平均含量，如"3"表示高硅低氟型，"6"表示高硅中氟型；第三位数字表示同一类型焊剂的不同牌号；对同一种牌号焊剂生产两种颗粒度，则在细颗粒产品后面加一"X"。

例如：

2. 烧结焊剂的牌号表示方法

焊剂牌号表示为"SJ×××"。SJ后面有三位数字，第一位数字表示焊剂熔渣的渣系类型，如"4"表示硅锰型，"5"表示铝钛型；第二、第三位数字表示同一渣系类型焊剂中的不同牌号，按01、02、…、09顺序排列。

例如：

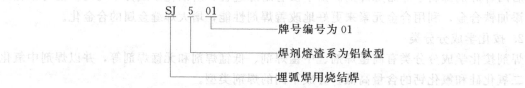

三、焊剂与焊丝的选配

为保证焊缝金属的化学成分和力学性能与基本金属相近，埋弧焊时，合理地选配焊丝和焊剂极为重要。

焊接低碳钢和强度较低的低合金高强钢时，为保证焊缝金属的力学性能，宜采用低锰或含锰焊丝，配合高锰高硅焊剂，如HJ431、HJ430配H08A或H08MnA焊丝，或采用高锰焊丝配合无锰高硅或低锰高硅焊剂，如HJ130、HJ230配H10Mn2焊丝。

焊接有特殊要求的合金钢时，如低温钢、耐热钢、耐蚀钢等，为保证焊缝金属的化学成分，要选用相应的合金钢焊丝，配合碱性较高的中硅、低硅型焊剂。

常用焊剂与焊丝的选配方法及用途见表3-8。

表 3-8 常用焊剂与焊丝的选配及其用途

焊剂牌号	成分类型	配用焊丝	电流种类	用途
HJ260	低 Mn 高 Si 中 F	不锈钢焊丝	直流	不锈钢、轧辊堆焊
HJ430	高 Mn 高 Si 低 F	H08A、H08MnA	交直流	优质碳素结构钢
HJ431	高 Mn 高 Si 低 F	H08A、H08MnA	交直流	优质碳素结构钢
HJ432	高 Mn 高 Si 低 F	H08A	交直流	优质碳素结构钢
HJ433	高 Mn 高 Si 低 F	H08A	交直流	优质碳素结构钢
SJ401	硅锰型	H08A	交直流	低碳钢、低合金钢
SJ501	铝钛型	H08MnA	交直流	低碳钢、低合金钢
SJ502	铝钛型	H08A	交直流	重要低碳钢和低合金钢

第四节 焊接用气体

焊接用气体有氩气、二氧化碳、氧气、乙炔、液化石油气、氦气、氮气、氢气等。氩气、二氧化碳、氦气、氮气、氢气是气体保护焊用的保护气体，但主要是氩气和二氧化碳；氧气、乙炔、液化石油气是用以形成气体火焰进行气焊、气割的助燃和可燃气体。

一、焊接用气体的性质

(一) 氩气

氩气是无色、无味的惰性气体，不与金属起化学反应，也不溶解于金属。且氩气比空气密度大 25％，使用时气流不易漂浮散失，有利于对焊接区保护。氩弧焊对氩气的纯度要求很高，按中国现行标准规定，其纯度应达到 99.99％。焊接用工业纯氩以瓶装供应，在温度 20℃时满瓶压力为 14.7MPa，容积一般为 40L。氩气钢瓶外表涂灰色，并标有深绿色"氩气"的字样。

(二) 二氧化碳

CO_2 是无色、无味、无毒的气体，具有氧化性，比空气密度大，来源广，成本低。

焊接用的 CO_2 一般是将其压缩成液体储存于钢瓶内，液态 CO_2 在常温下容易汽化，1kg 液态 CO_2 可汽化成 509L 气态的 CO_2。气瓶内汽化的 CO_2 气体中的含水量，与瓶内的压力有关，当压力降低到 0.98MPa 时，CO_2 气体中含水量大为增加，便不能继续使用。焊接用 CO_2 气体的纯度应大于 99.5％，含水量不超过 0.05％，否则会降低焊缝的力学性能，焊缝也易产生气孔。如果 CO_2 气体的纯度达不到标准，可进行提纯处理。

CO_2 气瓶容量为 40L，涂色标记为铝白色，并标有黑色"液化二氧化碳"的字样。

(三) 氧气

在常温、常态下氧是气态，氧气的分子式为 O_2。氧气是一种无色、无味、无毒的气体，比空气密度略大。

氧气是一种化学性质极为活泼的气体，它能与许多元素化合生成氧化物，并放出热量。氧气本身不能燃烧，但却具有强烈的助燃作用。

气焊与气割用的工业用氧气一般分为两级，一级纯度氧气含量不低于99.2％，二级纯度氧气含量不低于98.5％。通常，由氧气厂和氧气站供应的氧气可以满足气焊与气割的要求。对于质量要求较高的气焊应采用一级纯度的氧。气割时，氧气纯度不应低于98.5％。

储存和运输氧气的氧气瓶外表涂天蓝色，瓶体上用黑漆标注"氧气"字样。常用氧气瓶的容积为40L，在15MPa压力下，可储存$6m^3$的氧气。

（四）乙炔

乙炔是由电石（碳化钙）和水相互作用分解而得到的一种无色而带有特殊臭味的碳氢化合物，其分子式为C_2H_2，比空气密度小。

乙炔是可燃性气体，它与空气混合时所产生的火焰温度为2350℃，而与氧气混合燃烧时所产生的火焰温度为3000～3300℃，因此足以迅速熔化金属进行焊接和切割。

乙炔是一种具有爆炸性的危险气体，使用时必须注意安全。乙炔与铜或银长期接触后会生成爆炸性的化合物乙炔铜（Cu_2C_2）和乙炔银（Ag_2C_2），所以凡是与乙炔接触的器具设备禁止用银或含铜量超过70％的铜合金制造。

储存和运输乙炔的乙炔瓶外表涂白色，并用红漆标注"乙炔"字样。瓶内装有浸满着丙酮的多孔性填料，能使乙炔安全地储存在乙炔瓶内。

（五）液化石油气

液化石油气的主要成分是丙烷（C_3H_8）、丁烷（C_4H_{10}）、丙烯（C_3H_6）等碳氢化合物，在常压下以气态存在，在0.8～1.5MPa压力下，就可变成液态，便于装入瓶中储存和运输，液化石油气由此而得名。

液化石油气在氧气中燃烧产生的火焰温度为2800～2850℃，比氧-乙炔焰的温度低，且在氧气中的燃烧速度仅为乙炔的1/3，其完全燃烧所需氧气量比乙炔所需氧气量大。液化石油气与乙炔一样，也具有爆炸性，但比乙炔安全得多。

二、焊接用气体的应用

（一）气体保护焊用气体

焊接时用作保护气体的主要是氩气（Ar）、二氧化碳气体（CO_2），此外还有氦气（He）、氮气（N_2）、氢气（H_2）等。

氩气、氦气是惰性气体，对化学性质活泼而易与氧起反应的金属，是非常理想的保护气体，故常用于铝、镁、钛等金属及其合金的焊接。由于氦气的消耗量很大，而且价格昂贵，所以很少用单一的氦气，常和氩气等混合起来使用。

氮气、氢气是还原性气体。氮可以同多数金属起反应，是焊接中的有害气体，但不溶于铜及铜合金，故可作为铜及合金焊接的保护气体。氢气主要用于氢原子焊，目前这种方法已很少应用。另外氮气、氢气也常和其他气体混合起来使用。

二氧化碳气体是氧化性气体。由于二氧化碳气体来源丰富，而且成本低，因此值得推广应用，目前主要用于碳素钢及低合金钢的焊接。

混合气体是一种保护气体中加入适量的另一种（或两种）其他气体。应用最广的是在惰性气体氩（Ar）中加入少量的氧化性气体（CO_2、O_2或其混合气体），用这种气体作为保护气体的焊接方法称为熔化极活性气体保护焊，英文简称为MAG焊。由于混合气体中氩气所占比例大，故常称为富氩混合气体保护焊，常用其来焊接碳钢、低合金钢及不锈钢。常用的保护气体的应用见表3-9。

表3-9 常用保护气体的应用

被焊材料	保护气体	混合比/%	化学性质	焊接方法
铝及铝合金	Ar		惰性	熔化极和钨极
	Ar+He	He 10		
铜及铜合金	Ar		惰性	熔化极和钨极
	Ar+N₂	N₂ 20		熔化极
	N₂		还原性	
不锈钢	Ar		惰性	钨极
	Ar+O₂	O₂ 1~2	氧化性	熔化极
	Ar+O₂+CO₂	O₂ 2;CO₂ 5		
碳钢及低合金钢	CO₂		氧化性	熔化极
	Ar+CO₂	CO₂ 20~30		
	CO₂+O₂	O₂ 10~15		
钛锆及其合金	Ar		惰性	熔化极和钨极
	Ar+He	He 25		
镍基合金	Ar+He	He 15	惰性	熔化极和钨极
	Ar+N₂	N₂ 6	还原性	钨极

(二) 气焊、气割用气体

氧气、乙炔、液化石油气是气焊、气割用的气体，乙炔、液化石油气是可燃气体，氧气是助燃气体。乙炔用于金属的焊接和切割。液化石油气主要用于气割，近年来推广迅速，并部分取代了乙炔。

第五节　其他焊接材料

一、钨极

钨极是钨极氩弧焊的不熔化电极，对电弧的稳定性和焊接质量影响很大。要求钨极具有电流容量大、损耗小、引弧和稳弧性能好等特性。常用的钨极有纯钨极、钍钨极和铈钨极三种。

纯钨牌号为W1、W2，其熔点高达3400℃，沸点约为5900℃，在电弧热作用下不易熔化与蒸发，可以作为不熔化电极材料，基本上能满足焊接过程的要求，但电流承载能力低，空载电压高，目前已很少使用。

在纯钨中加入1%~2%的氧化钍（ThO_2），即为钍钨极，牌号为WTh-10、WTh-7等。由于钍是一种电子发射能力很强的稀土元素，钍钨极与纯钨极相比，具有容易引弧，不易烧损，使用寿命长，电弧稳定性好等优点。其缺点是成本比较高，且有微量放射性，必须加强劳动防护。

铈钨极，是在纯钨中加入2%的氧化铈（CeO），牌号为WCe-13、WCe-20等。它比钍钨极有更多的优点，引弧容易，电弧稳定性好，许用电流密度大，电极烧损小，使用寿命长，且几乎没有放射性，所以是一种理想的电极材料。应尽量采用铈钨极。

为了使用方便，钨极一端常涂有颜色，以便识别，钍钨极为红色，铈钨极为灰色，纯钨极为绿色。常用的钨极的直径有0.5mm、1.0mm、1.6mm、2.0mm、2.5mm、3.0mm、4.0mm等规格。铈钨极牌号意义如下：

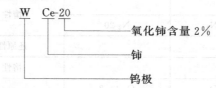

二、钎料和钎剂

钎料和钎剂是钎焊时用的焊接材料。钎焊时用作形成钎缝的填充金属称为钎料。钎焊时使用的熔剂称为钎剂，它的作用是清除钎料和焊件表面的氧化物，并保护焊件和液态钎料在钎焊过程中免于氧化，改善液态钎料对焊件的润湿性。

（一）钎料

1. 钎料的分类

根据钎料的熔点不同可以分为两大类，熔点低于450℃的称为软钎料，这类钎料熔点低，强度也低。主要成分有锡、铅、铋、铟、锌、镉及其合金；熔点高于450℃称为硬钎料，具有较高的强度，可以连接承受重载荷的零件，应用较广，主要成分有铝、银、铜、镁、锰、镍、金、钯、钼、钛等及其合金。

2. 钎料型号

国家标准GB/T 6208—1995对钎料的型号做了规定，钎料型号由两部分组成，中间用短线"-"分开；第一部分用一个大写英文字母表示钎料的类型："S"表示软钎料、"B"表示硬钎料；第二部分由主要合金组分的化学元素符号组成，第一个化学元素符号表示钎料的基本组成，其他化学元素符号按其质量分数顺序排列，当几种元素具有相同质量分数时，按其原子序数顺序排列。软钎料每个化学元素符号后都要标出其公称质量分数。硬钎料仅第一个化学元素符号后标出。

例如，一种含锡60%、铅39%、锑0.4%的软钎料型号表示为S-Sn60Pb40Sb；一种二元共晶钎料含银72%，铜28%，型号表示为B-Ag72Cu。

3. 钎料牌号

《焊接材料产品样本》中，钎料的牌号有两种表示法。一是前冶金部的编号方法：前面冠以H1表示钎料，其次用两个元素符号表示钎料的主要元素，最后用一个或数个数字标出除第一个主要元素外钎料主要合金元含量，如H1SnPb10。另一种是原机械电子工业部的编号方法：头两个大写拼音字母HL表示钎料，第一位数字表示钎料化学组成类型，第二、第三位数字，表示同一类型钎料的不同编号，如HL302（在机械电子工业部之前的"一机部"是用汉字"料"加上三位数表示钎料的，三位数字的含义同前，如料103）。

（二）钎剂

钎剂与钎料类似，也可分为软钎剂和硬钎剂。软钎剂有无机软钎剂和有机软钎剂，如氯化锌水溶液就是最常用的无机软钎剂。硬钎剂有铜基与银基钎料用的钎剂和铝基钎料用的钎剂两种，常用的硬钎剂主要是以硼砂、硼酸及它们的混合物为基体，以某些碱金属或碱土金属的氟化物、氟硼酸盐等为添加剂的高熔点溶剂，如 QJ102、QJ103 等。

钎剂牌号的编制方法：QJ 表示钎剂；QJ 后的第一位数字表示钎剂的用途类型，如"1"为铜基和银基钎料用的钎剂，"2"为铝及铝合金钎料用钎剂；QJ 后的第二、第三位数字表示同一类钎剂的不同牌号。

各种金属材料火焰钎焊的钎料和钎剂的选用，见表 3-10。

表 3-10 各种金属材料火焰钎焊的钎料和钎剂的选用

钎焊金属	钎料	钎焊熔剂
碳钢	铜锌钎料 B-Cu54Zn 银钎料 B-Ag45CuZn	硼砂或硼砂 60%＋硼酸 40%或 QJ102 等
不锈钢	铜锌钎料 B-Cu54Zn 银钎料 B-Ag50CuZnCdNi	硼砂或硼砂 60%＋硼酸 40%或 QJ102 等
铸铁	铜锌钎料 B-Cu54Zn 银钎料 B-Ag50CuZnCdNi	硼砂或硼砂 60%＋硼酸 40%或 QJ102 等
硬质合金	铜锌钎料 B-Cu54Zn 银钎料 B-Ag50CuZnCdNi	硼砂或硼砂 60%＋硼酸 40%或 QJ102 等
铜及铜合金	铜磷钎料 B-Cu80AgP 铜锌钎料 B-Cu54Zn 银钎料 B-Ag45CuZn	钎焊纯铜时不用熔剂，钎焊铜合金时用硼砂或硼砂 60%＋硼酸 40%或 QJ103 等
铝及铝合金	铝钎料 B-Al67CuSi	QJ201

三、气焊熔剂

气焊熔剂是气焊时的助熔剂，其作用是与熔池内的金属氧化物或非金属夹杂物相互作用生成熔渣，覆盖在熔池表面，使熔池与空气隔离，从而有效防止熔池金属的继续氧化，改善了焊缝的质量。所以焊接有色金属（如铜及铜合金、铝及铝合金）、铸铁及不锈钢等材料时，通常必须采用气焊熔剂。

气焊熔剂可以在焊前直接撒在焊件坡口上或者蘸在气焊丝上加入熔池。常用的气焊熔剂的牌号、性能及用途见表 3-11。

表 3-11 气焊熔剂的牌号、性能及用途

熔剂牌号	名称	基本性能	用途
CJ101	不锈钢及耐热钢气焊熔剂	熔点为 900℃，有良好的湿润作用，能防止熔化金属被氧化，焊后熔渣易清除	用于不锈钢及耐热钢气焊
CJ201	铸铁气焊熔剂	熔点为 650℃，呈碱性反应，具有潮解性，能有效地去除铸铁在气焊时所产生的硅酸盐和氧化物，有加速金属熔化的功能	用于铸铁件气焊
CJ301	铜气焊熔剂	硼基盐类，易潮解，熔点约为 650℃，呈酸性反应，能有效地熔解氧化铜和氧化亚铜	用于铜及铜合金气焊
CJ401	铝气焊熔剂	熔点约为 560℃，呈酸性反应，能有效地破坏氧化铝膜，因极易吸潮，在空气中能引起铝的腐蚀，焊后必须将熔渣清除干净	用于铝及铝合金气焊

复习思考题

1. 什么是焊接材料？它主要包括哪些？
2. 焊芯的作用是什么？焊条药皮的作用是什么？
3. 焊条药皮的类型主要有哪些？钛钙型、低氢钠型药皮各有什么特点？
4. 什么是碱性焊条？什么是酸性焊条？各有何优、缺点？
5. 焊条选用原则有哪些？
6. 焊条的储存、保管、烘干有何要求？
7. 解释焊条、焊丝型号的意义：E4303、E5015、E308-15、E5515-B_3-VWB、ER50-6、H08MnA。
8. 什么是焊丝？焊丝是如何分类的？
9. 什么是焊剂？焊剂按制造方法分为哪几类？焊丝、焊剂的选配原则是什么？
10. 焊接用气体有哪些？其性质和用途如何？
11. 常用的钨极有哪些？各有何特点？
12. 什么是钎料、钎剂？它们是如何分类的？

第四章 焊接工艺

第一节 焊接接头的组成、形式及设计、选用原则和焊缝形式

一、焊接接头的组成、形式及设计、选用原则

用焊接方法连接的接头称为焊接接头（简称接头）。随着焊接技术的不断发展，接头的种类也越来越多，但应用最为广泛的是熔化焊焊接接头。

（一）焊接接头的组成

焊接接头，应包括焊缝及基本金属靠近焊缝且组织和性能发生变化的区域。熔化焊焊接接头由焊缝金属、熔合线、热影响区和母材等组成，如图4-1所示。

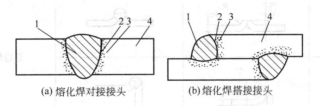

图 4-1 熔化焊焊接接头的组成
1—焊缝金属；2—熔合线；3—热影响区；4—母材

熔化焊焊接接头是采用高温热源对被焊金属进行局部高温加热，使之熔化并随之冷却凝固，将被焊母材熔合连接在一起而形成。在接头中，焊缝金属一般是由焊接填充材料及部分母材熔合凝固形成的铸态组织，其组织和化学成分与母材有较大差异。近缝区受焊接热循环和热塑性变形的影响，组织和性能都发生了变化，特别是在熔合线处的组织和成分更为复杂。此外，焊接接头因焊缝形状和布局不同，会产生不同程度的应力集中。因此焊接接头是一个不均匀体。

总的说来，焊接过程使焊接接头具有以下力学特点。

1. 焊接接头力学性能不均匀

由于焊接接头各区在焊接过程中进行着不同的焊接冶金过程，并经受不同的热循环和应变循环的作用，各区的组织和性能存在较大的差异，焊接接头组织的不均匀，造成了整个接头力学性能的不均匀。

2. 焊接接头工作应力分布不均匀，存在应力集中

由于焊接接头存在几何不连续性，致使其工作应力是不均匀的，存在应力集中。当焊缝中存在工艺缺陷，焊缝外形不合理或接头形式不合理时，将加剧应力集中程度，影响接头强度，特别是疲劳强度。

3. 由于焊接的不均匀加热，引起焊接残余应力及变形

焊接是局部加热的过程，电弧焊时，焊缝处最高温度可达材料沸点，而离开焊缝处温度急剧下降，直至室温。这种不均匀温度场将在焊件中产生残余应力及变形。焊接残余应力可能与工作应力叠加，导致结构破坏。焊接变形可能引起焊接结构的几何不完善性。例如，焊接接头的角变形和错边可以增加壳体的椭圆度，产生附加弯曲应力，直接影响强度。

4. 焊接接头具有较大的刚性

通过焊接，焊缝与构件组成整体，所以与铆接或胀接相比，焊接接头具有较大的刚性。

（二）焊接接头的形式

焊接接头类型较多，按其结合形式可分为：对接接头、搭接接头、T形接头、十字接头、角接接头、端接接头、卷边接头、套管接头、斜对接接头和锁底对接接头等。焊接结构中，一般根据结构的形式、钢板的厚度和对强度的要求以及施工条件等情况来选择接头形式。常用的四种基本接头形式是对接接头、T形（十字）接头、角接接头和搭接接头。焊接接头的基本形式见表4-1。

表 4-1 焊接接头及焊缝的基本形式

接头形式	序号	焊接接头示意图	焊缝形式举例	坡口名称	焊缝符号
对接	1	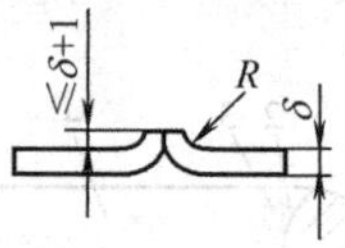		卷边坡口	 八
	2	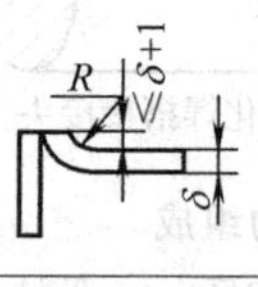	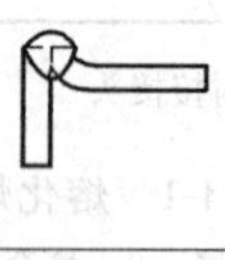		八
	3	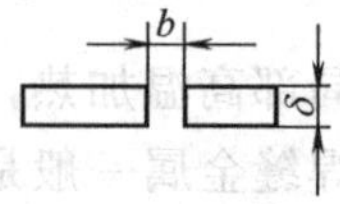	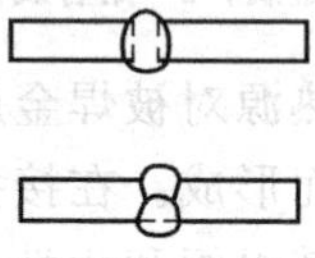	I形坡口	 ∥
	4	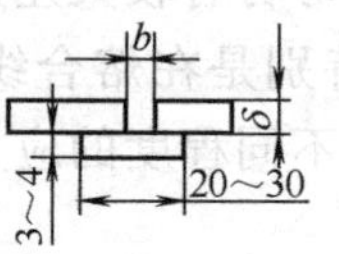		I形带垫板坡口	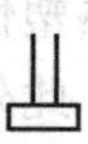 ∥
	5		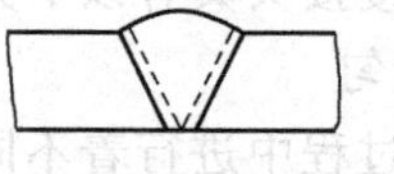	V形	 V
			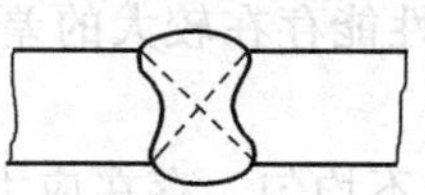	双V形	 X
			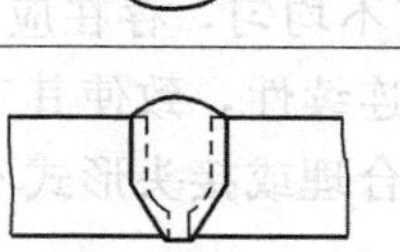	带钝边U形	 Y

96

续表

接头形式	序号	焊接接头示意图	焊缝形式举例	坡口名称	焊缝符号
对接	5	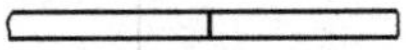		带钝边 J 形	
			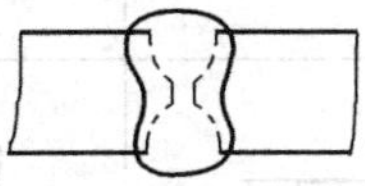	带钝边双 U 形坡口	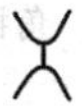
搭接	6	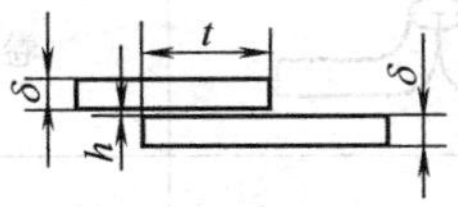	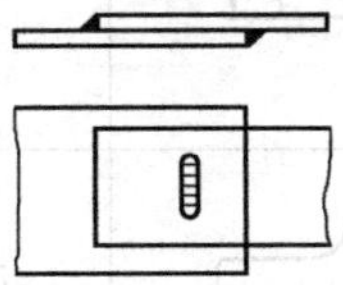	不开坡口 填角（槽）焊缝	
	7		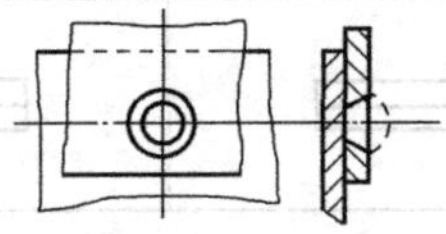	圆孔内塞焊缝	
T型（十字）接	8	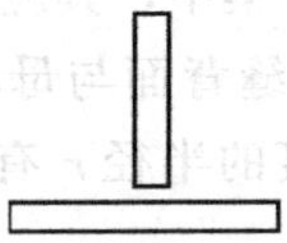	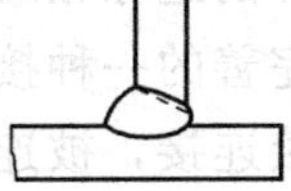	单边 V 形坡口	
	9		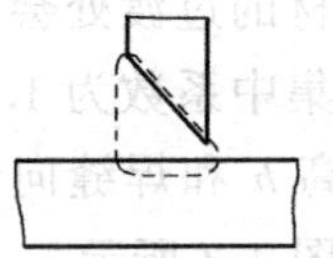	钝边单边 V 形	
	10		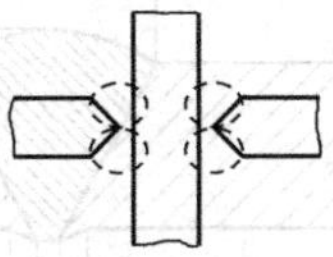	双单边 V 形	
角接	11	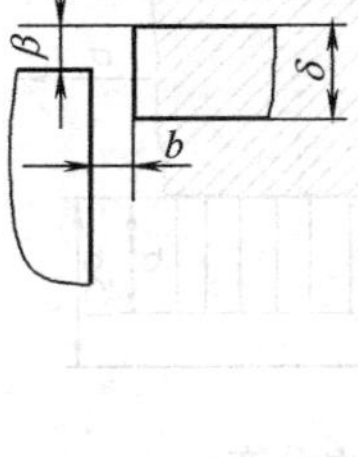	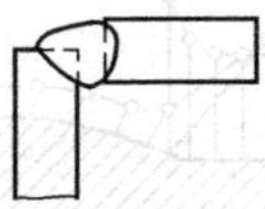	错边 I 形坡口	

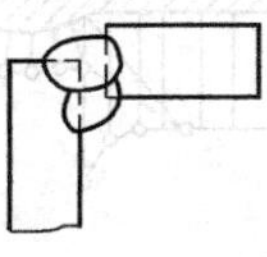

97

接头形式	序号	焊接接头示意图	焊缝形式举例	坡口名称	焊缝符号
角接	12			带钝边单V形坡口	
	13			带钝边双V形坡口	
端接	14			卷边端接	
	15			直边端接	

1. 对接接头

将同一平面上的两个被焊工件的边缘相对焊接起来而形成的接头称为对接接头。它是各种焊接结构中采用最多、也是最完善的一种接头形式，具有受力好、强度大和节省金属材料的特点。但是，由于是两焊件对接连接，被连接件边缘加工及装配要求则较高。在焊接生产中，通常使对接接头的焊缝略高于母材板面。高出部分称为余高。由于加厚高的存在则造成构件表面的不光滑，在焊缝与母材的过渡处会引起应力集中，其应力分布如图4-2所示。在焊缝正面与母材的过渡处，应力集中系数为1.6，在焊缝背面与母材的过渡处，应力集中系数为1.5。应力的大小主要与余高 h 和焊缝向母材过渡的半径 r 有关，减小 r 和增大 c，都会使应力集中系数 K_T 增加，如图4-3所示。

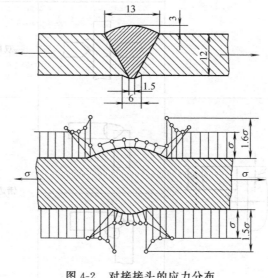

图4-2 对接接头的应力分布

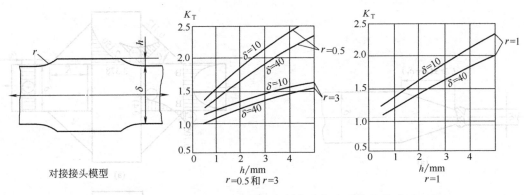

图 4-3 加厚高度 c 和过渡半径与应力集中系数的关系

按照焊接件厚度及坡口准备的不同，对接接头的形式可分为不开坡口（Ⅰ形）、单边 V 形、V 形坡口、U 形坡口、单边 U 形、K 形坡口、X 形坡口和双 U 形坡口等（图 4-4）。

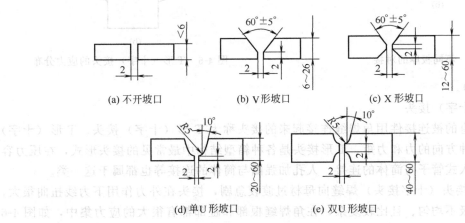

图 4-4 对接接头

开坡口的目的是使焊缝根部焊透，确保焊接质量和接头的性能。而坡口形式的选择主要根据被焊工件的厚度、焊后应力变形的大小、坡口加工的难易程度、焊接方法和焊接工艺过程来确定。选择坡口时还要考虑经济性，有无坡口，坡口的形状和大小都将影响到坡口加工成本和焊条的消耗量。

V 形坡口加工方便，但同样厚度的焊件，焊条消耗量比 X 形坡口大得多，另外由于焊缝不对称，焊后会引起较大的角变形。X 形坡口由于焊缝对称，从两面施焊，产生均匀的收缩，所以角变形很小，此外焊条消耗量也较少。U 形坡口焊条消耗量比 V 形少，但同样由于焊缝不对称将产生角变形。双 U 形坡口焊条消耗量最小，变形也较均匀。与 X 形及 V 形比较，U 形及双 U 形坡口加工较复杂，一般只在较重要的及厚大的构件中采用。

一般情况下，焊条电弧焊焊接 6mm 厚度的焊件和自动焊焊接 14mm 以下厚度的焊件时，可以不开坡口就可以得到合格的焊缝，但是，板间要留有一定的间隙，以保证熔敷金属填满熔池，确保焊透。钢板超过上述厚度时，电弧不能熔透钢板，应考虑开坡口。

在不同厚度钢板对接时，由于接头处断面有突然变化，会造成应力集中，如焊缝两边钢板中心线不一致，受力时将产生附加弯矩，这些都将影响接头强度。因此，必须对边缘偏差加以控制，应在较厚的板上作出双面 [图 4-5（a）] 或单面 [图 4-5（b）] 削薄，其削薄长

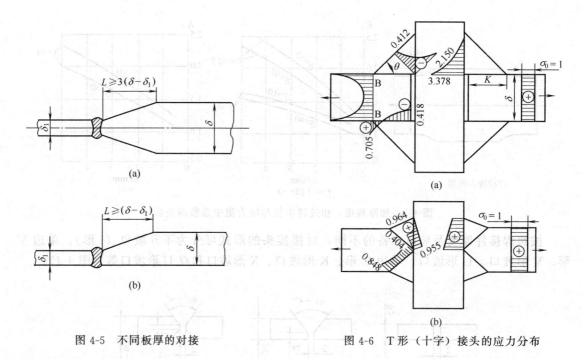

图 4-5 不同板厚的对接

图 4-6 T形（十字）接头的应力分布

度 $L \geqslant 3(\delta - \delta_1)$。

2. T形（十字）接头

将相互垂直的被连接件用角焊缝连接起来的接头称为T形（十字）接头。T形（十字）接头能承受各种方向的力和力矩。T形接头是各种箱型结构中最常见的接头形式，在压力容器制造中，插入式管子与筒体的连接、人孔加强圈与筒体的连接等也都属于这一类。

由于T形接头（十字接头）焊缝向母材过渡较急剧，接头在外力作用下力线扭曲很大，造成应力分布极不均匀、且比较复杂，在角焊缝根部和趾部都有很大的应力集中，如图 4-6 所示。其中图 4-6（a）是未开坡口T形接头中正面焊缝的应力分布状况，由于整个厚度没有焊透，所以焊缝根部应力集中很大，同时，在焊趾截面 B—B 上的应力分布也是不均匀的，B处的应力集中系数值随角焊缝的形状而变。图 4-6（b）是开坡口并焊透的T形接头，这种接头的应力集中大大降低。由此可见，保证焊透是降低T形接头应力集中的重要措施之一。

T形接头的形式可分不开坡口、单边V形坡口、K形坡口和双U形坡口等（图 4-7）。

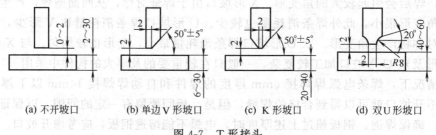

(a) 不开坡口　　(b) 单边V形坡口　　(c) K形坡口　　(d) 双U形坡口

图 4-7 T形接头

对不开坡口的T形接头，应尽量避免采用单面角焊缝，因为这种接头的根部有很深的缺口，其承受反方向弯曲的能力很低，如图 4-8 所示。因此，在实际生产中，这种接头应避免采用不开坡口的单面焊。对于厚板并受动载荷的 T 形（十字形）接头，应采用 K 形或 V 形坡口使之焊透，如表 4-1 中 8~10 所示。这样不仅可以节约焊缝金属，而且疲劳强度也能得到较大改善。对于要求全焊透的 T 形接头，若采用 V 形坡口单面焊，焊后再清根焊满，如表 4-1 中 8 所示，比采用 K 形坡口焊接时力学性能更为理想。

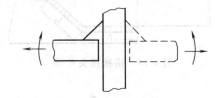

图 4-8　单面角焊缝

此外，T 形接头还应尽量避免在其板厚方向承受高拉应力，因轧制板材常有夹层缺陷，尤其厚板更易出现层状撕裂，所以应将其工作焊缝转化为联系焊缝。如果两个方向都受拉力，则宜采用圆形、方形或特殊形状的轧制、锻制插入件。

3. 角接接头

两钢板成一定角度，在钢板边缘焊接的接头称为角接接头。角接接头多用于箱形构件上，骑座式管接头和筒体的连接，小型锅炉中火筒和封头连接也属于这种形式。

与 T 形接头类似，单面焊的角接接头承受反向弯矩的能力极低，除了钢板很薄或不重要的结构外，一般都应开坡口两面焊，否则不能保证质量。

根据板厚及工件重要性，角接接头也有不开坡口、V 形、单边 V 形及 K 形坡口等形式，其中不开坡口形式又可分成平接和错接两种，如图 4-9 所示。

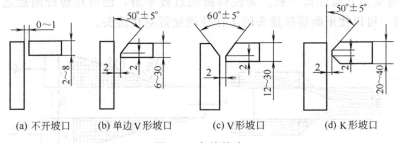

图 4-9　角接接头

4. 搭接接头

两块板料相叠，而在端部或侧面进行角焊，或加上塞焊缝、槽焊缝连接的接头称为搭接接头。由于搭接接头中两钢板中心线不一致，受力时产生附加弯矩，会影响焊缝强度，因此，一般锅炉、压力容器的主要受压元件的焊缝都不用搭接形式。

由于搭接接头使构件形状发生较大的变化，所以应力集中要比对接接头的情况复杂得多，而且接头的应力分布极不均匀。在搭接接头中，根据搭接角焊缝受力方向的不同，可以将搭接角焊缝分为正面角焊缝、侧面角焊缝和斜向角焊缝，如图 4-10 所示。图中与受力方向垂直的角焊缝 l_3 称为正面角焊缝。与受力方向平行的角焊缝 l_1 和 l_5 称为侧面焊缝。与受力方向成一定角度的焊缝 l_2 和 l_4 称为斜向角焊缝。

正面角焊缝的工作应力分布如图 4-11 所示。从图可以看出，在角焊缝的根部 A 点和焊趾 B 点都有较严重的应力集中现象，其数值与许多因素有关，如焊趾 B 点处的应力集中系

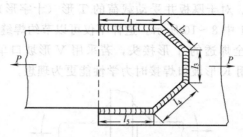

图 4-10 搭接接头角焊

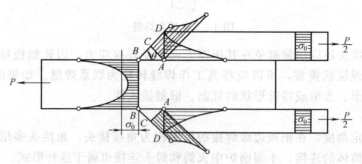

图 4-11 正面搭接角焊缝的应力分布

数随角焊缝斜边与水平边的夹角 θ 不同而改变,减小夹角 θ 和增大焊接熔深以及焊透根部,都会使应力集中系数减小。因此在一些承受动载荷的结构中,为了减小正面角焊缝的应力集中,将双搭板接头的各板厚度取为一样,如图 4-12 所示,并使角焊缝两直角边之比为 1:3.8,其长边与受力方向近似一致。为使焊趾处过渡平滑,还可在焊趾附近进行机械加工。经过这些处理,可以使正面搭接接头的工作性能接近对接接头。

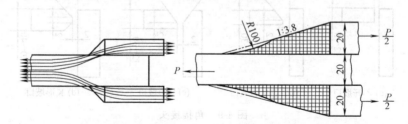

图 4-12 降低应力集中的正面角焊缝

在侧面角焊缝连接的搭接接头中,其应力分布更为复杂。当接头受力时,焊缝中既有正应力,又有剪切应力。剪切应力沿侧面焊缝长度方向的分布极不均匀,主要与焊缝尺寸、断面尺寸和外力作用点的位置等因素有关。

搭接接头疲劳强度较低,也不是焊接结构的理想接头,但这种接头不需要开坡口,装配时尺寸要求也不严格,它的焊前准备和装配工作比对接接头简单得多,其横向收缩量也比对接接头小,所以在结构中仍有广泛应用。

单面焊的搭接接头根部极易拉裂,强度很低,应尽量避免采用。如受结构条件限制,只能用单面搭接时,也可考虑采用塞焊等方法来提高强度。

搭接接头除两钢板叠在端面或侧面焊接外,还有开槽焊和塞焊(圆孔和长孔)等。开槽焊搭接接头的构造如图 4-13 所示。先将被连接件冲切成槽,然后用焊缝金属填满该槽,槽焊焊缝断面为矩形，其宽为被连接件厚度的两倍，开槽长度应比搭接长度稍短一些。

塞焊是在被连接的钢板上钻孔来代替槽焊的槽，用焊缝金属将孔填满使两板连接起来，塞焊可分为圆孔内塞焊和长孔内塞焊两种，如图 4-14 所示。

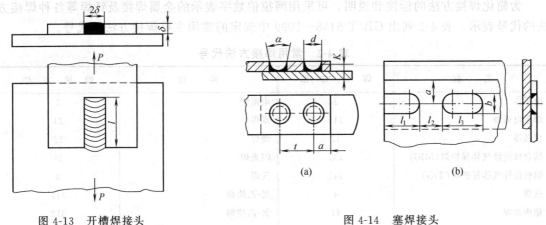

图 4-13 开槽焊接头　　　　　　　　图 4-14 塞焊接头

(三) 焊接接头设计和选用原则

焊接接头是构成焊接结构的关键部分，同时又是焊接结构的薄弱环节，其性能的好坏会直接影响整个焊接结构的质量。实践表明，焊接结构的破坏多起源于焊接接头区，这除了与材料的选用、结构的合理性以及结构的制造工艺有关外，还与接头设计的好坏有直接关系，因此选择合理的接头形式就显得十分重要。有关焊接接头的设计和选用见第八章内容。

二、焊缝形式

焊缝是焊件经焊接后所形成的结合部分。焊缝按不同分类的方法可分为下列几种形式。

(1) 按焊缝在空间位置的不同　可分为平焊缝、立焊缝、横焊缝及仰焊缝四种形式。

(2) 按焊缝结合形式不同　可分为对接焊缝、角焊缝及塞焊缝三种形式。

(3) 按焊缝断续情况

① 定位焊缝　焊前为装配和固定焊件接头的位置而焊接的短焊缝称为定位焊缝。

② 连续焊缝　沿接头全长连续焊接的焊缝。

③ 断续焊缝　沿接头全长焊接具有一定间隔的焊缝称为断续焊缝。它又可分为并列断续焊缝和交错断续焊缝。断续焊缝只适用于对强度要求不高，以及不需要密闭的焊接结构。

第二节　焊缝的符号及标注

焊缝符号与焊接方法代号是供焊接结构图纸上使用的统一符号或代号。中国的焊缝符号和焊接方法代号分别由 GB 324/T324—1988《焊缝符号表示法》和 GB/T 5158—1999《金属焊接及钎焊方法在图样上的表示代号》规定。与国际标准 ISO 2553—84《焊缝在图样上的符号表示法》和 ISO 4063—78《金属焊接及钎焊方法在图纸上的表示方法》基本相同，可等效采用。

一、常用焊接方法代号

为简化焊接方法的标注和说明，可采用阿拉伯数字表示的金属焊接及钎焊等各种焊接方法的代号表示。表4-2列出GB/T 5158—1999中规定的常用主要焊接方法的代号。

表4-2 常用焊接方法代号

名　称	焊 接 方 法	名　称	焊 接 方 法
电弧焊	1	电阻焊	2
焊条电弧焊	111	点焊	21
埋弧焊	12	缝焊	22
熔化极惰性气体保护焊(MIG)	131	闪光焊	24
钨极惰性气体保护焊(TIG)	141	气焊	3
压焊	4	氧-乙炔焊	311
超声波焊	41	氧-丙烷焊	312
摩擦焊	42	其他焊接方法	7
扩散焊	45	激光焊	751
爆炸焊	441	电子束	76

二、焊缝符号

焊缝符号一般由基本符号和指引线组成，必要时可以加上辅助符号、补充符号和焊缝尺寸符号及数据。

（一）基本符号

基本符号是表示焊缝横截面形状的符号。它采用近似于焊缝横截面的符号来表示，见表4-1。

（二）辅助符号

辅助符号是表示焊缝表面形状特征的符号，见表4-3。

表4-3 焊缝辅助符号

序 号	名　称	示 意 图	符　号	说　明
1	平面符号	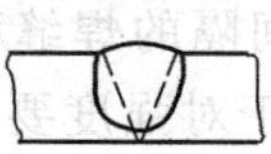		焊缝表面齐平（一般通过加工）
2	凹面符号	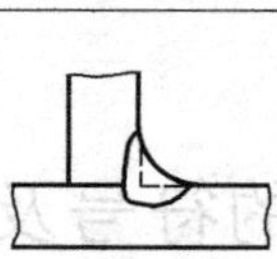		焊缝表面凹陷
3	凸面符号			焊缝表面凸起

（三）补充符号

补充符号是为了补充说明焊缝的某些特征而采用的符号，见表4-4。

表 4-4 焊缝补充符号

序号	名称	示意图	符号	说明
1	带垫板符号	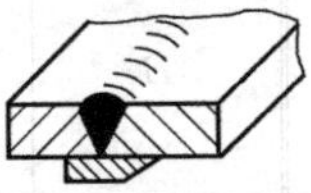	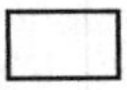 ▭	表示焊缝底部有垫板
2	三面焊缝符号	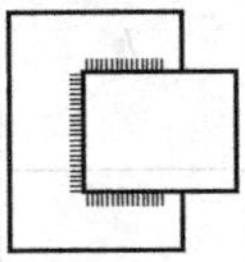	⊐	表示三面带有焊缝
3	周围焊缝符号	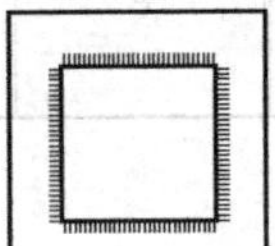	 ○	表示环绕工件周围焊缝
4	现场符号		 ▶	表示在现场或工地上进行焊接
5	尾部符号		 <	可以参照 GB 5185 标注焊接工艺方法等内容

(四) 焊缝尺寸符号

焊缝尺寸符号是表示坡口和焊缝各特征尺寸的符号。国家标准 GB/T 324—1988 中规定了 16 个尺寸符号，见表 4-5。

表 4-5 焊缝尺寸符号

符号	名称	示意图	符号	名称	示意图
δ	工件厚度	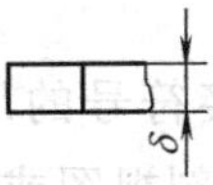	S	焊缝有效厚度	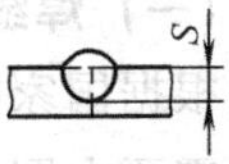
b	根部间隙	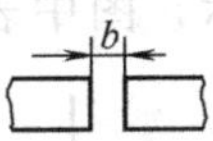	N	相同焊缝数量符号	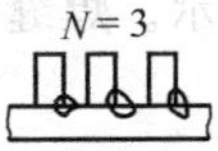 $N=3$
p	钝边	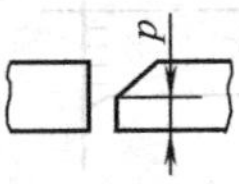	R	根部半径	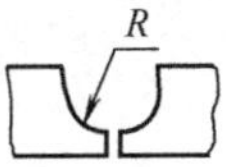
c	焊缝宽度	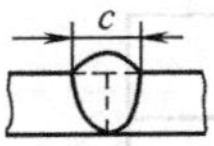	α	坡口角度	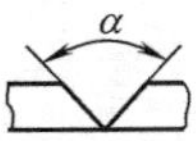
d	熔核直径	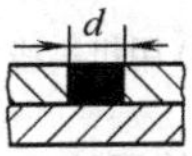	l	焊缝长度	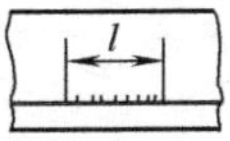

符 号	名 称	示 意 图	符 号	名 称	示 意 图
n	焊缝段数	$n=2$	H	坡口深度	
e	焊缝间距		h	余高	
K	焊脚尺寸		β	坡口面角度	

(五) 指引线

指引线是用以表示指引焊缝位置的符号。如图 4-15 所示，它由箭头线和基准线组成，基准线由相互平行的细实线和虚线组成。需要时可在实线尾端加一尾部符号。

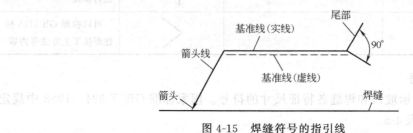

图 4-15 焊缝符号的指引线

三、焊接接头在图纸上的表示方法

(一) 焊缝的图示法

根据国家标准 GB 12212—90《技术制图 焊接符号的尺寸、比例及简化表示法》的规定，需要在图样中简易地绘制焊缝时，可用视图、剖视图或剖面图表示，也可用轴测图示意地表示。焊缝视图的画法如图 4-16（a）、（b）所示，图中表示焊缝的一系列细实线允许徒

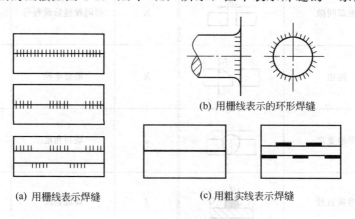

图 4-16 焊缝视图的画法

手绘制。也可用粗线表示焊缝，如图 4-16（c）所示。但在同一图样中，只允许采用一种画法。焊缝端面视图中，通常用粗实线绘出焊缝轮廓，必要时可用细实线同时画出坡口形状等，如图 4-17（a）所示。在剖视图或剖面图上，通常将焊缝区涂黑，如图 4-17（b）所示，若同时需要表示坡口等的形状，可按图 4-17（c）所示绘制。用轴测图示意地表示焊缝的画法则如图 4-18 所示。必要时可将焊缝部位放大并标注焊缝尺寸符号或数字（如图 4-19 所示）。

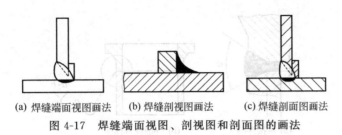

(a) 焊缝端面视图画法　　(b) 焊缝剖视图画法　　(c) 焊缝剖面图画法

图 4-17　焊缝端面视图、剖视图和剖面图的画法

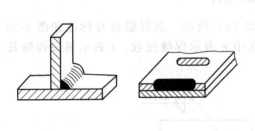

图 4-18　轴测图上焊缝的画法

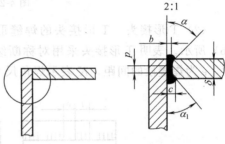

图 4-19　焊缝的局部放大图

（二）焊缝符号的标注

1. 焊缝符号的标注原则

焊缝符号必须通过指引线及有关规定才能准确地表示焊缝。国家标准规定，箭头线应指到焊缝处，相对焊缝的位置一般没有特殊要求，但在标注 V 形、单边 V 形、J 形焊缝时，箭头线应指向带有坡口一侧的工件。必要时允许箭头线弯折一次。基准线的虚线可以画在基准线的实线上侧或下侧。基准线一般应与主标题栏平行，但在特殊条件下亦可与底边相垂直。如果焊缝和箭头线在接头的同一侧，则将焊缝基本符号标在基准线的实线侧；相反，如

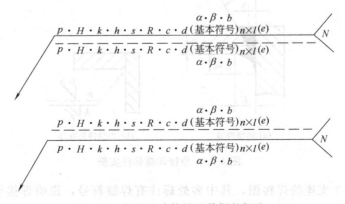

图 4-20　焊缝尺寸符号及数据的标注

果焊缝和箭头线不在接头的同一侧，则将焊缝基本符号标在基准线的虚线侧。此外，国家标准还规定，必要时基本符号可附带有尺寸符号及数据，其标注原则如图 4-20 所示。

2. 焊缝符号标注示例

(1) 对接接头 对接接头的焊缝形式如图 4-21 (a) 所示。其焊缝符号标注如图 4-21 (b) 所示。表明此焊接结构采用带钝边的 V 形对接焊缝，坡口角度为 α，根部间隙为 b，钝边高度为 p，环绕工件周围施焊。

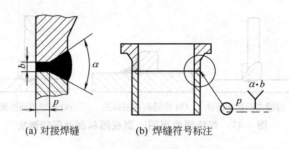

(a) 对接焊缝　　(b) 焊缝符号标注

图 4-21　对接焊缝标注实例

(2) T 形接头　T 形接头的焊缝形式如图 4-22 (a) 所示。其焊缝符号标注如图 4-22 (b) 所示。表明 T 形接头采用对称断续角焊缝。其中 n 表示焊缝段数，l 表示每段焊缝长度，e 为焊缝段的间距，K 表示焊角尺寸。

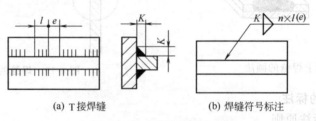

(a) T 接焊缝　　(b) 焊缝符号标注

图 4-22　T 形焊缝标注实例

(3) 角接接头　角接接头的焊缝形式如图 4-23 (a) 所示。其焊缝符号标注如图 4-23 (b) 所示。表明角接接头采用双面焊缝。接头上侧为带钝边单边 V 形焊缝，坡口角度为 α，根部间隙为 b，钝边高度为 p；接头下侧为角焊缝，焊缝表面凹陷，焊角尺寸为 K。

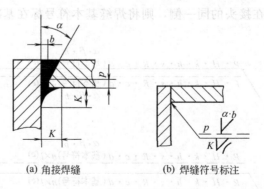

(a) 角接焊缝　　(b) 焊缝符号标注

图 4-23　角接焊缝标注实例

图 4-24 是两个支座的焊接图，其中多处标注有焊缝符号，说明焊接结构在加工制作时的基本要求。

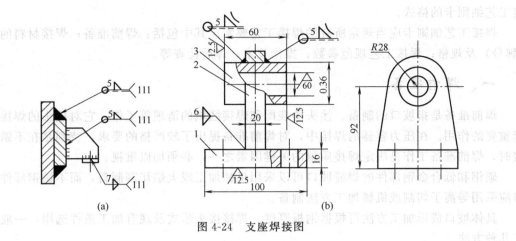

图 4-24 支座焊接图

第三节 焊接工艺要素和规范的选择

焊接工艺是控制接头焊接质量的关键因素,因此必须按焊接方法、焊件材料的种类、板厚和接头形式分别编制焊接工艺。在工厂中,目前以焊接工艺细则卡来规定焊接工艺的内容。焊接工艺细则卡的编制依据是相应的焊接工艺评定试验结果。表 4-6 列出一种典型的焊

表 4-6 典型的焊接工艺细则卡

产品零部件名称_____ 焊 接 方 法_____		母材	牌号_____ 规格_____		
接头坡口形式_____					
焊前准备		焊接材料	焊条牌号_____ 规格_____ 焊丝牌号_____ 规格_____ 焊剂牌号_____ 保护气体_____ 流量_____		
预热	预热温度_____ 层间温度_____	焊后热处理	消氢_____℃/h 后热_____℃/h 焊后热处理_____		
焊接工艺参数	1. 焊接电流种类_____ 2. 极性_____ 3. 电流值_____A 4. 电压值_____V 5. 焊接速度_____m/h 6. 焊丝送进速度_____m/h 7. 脉冲电流频率_____次/s 8. 脉冲电流通断比_____				
焊接设备型号			焊接工装编号		
操作技术	1. 焊接位置:平焊_____ 立焊_____ 横焊_____ 仰焊_____ 全位置_____ 2. 焊接顺序:_____ 3. 运条方式:_____ 4. 焊丝摆动参数_____ 5. 焊道层数_____ 6. 清根方法_____				
焊后检查					
编制		校对		审核	批准

接工艺细则卡的格式。

焊接工艺细则卡应当规定所有的焊接工艺要素。其中包括：焊前准备；焊接材料的型号（牌号）及规格；焊接工艺规范参数；操作技术；焊后检查等。

一、焊前准备

焊前准备是指坡口的制备、接头的装配和焊接区域的清理等工作。它对接头的焊接质量起重要的作用。在压力容器的焊接中，对焊前准备提出了较严格的要求，特别是在不锈钢焊接时，焊前准备工作是决定焊接质量的关键因素之一，必须加以重视。

碳钢和低合金钢部件的焊缝坡口可以采用机械加工或火焰切割制备，而不锈钢部件的坡口应采用等离子切割或机械加工方法制备。

具体坡口成形加工方法可根据钢板厚度、焊接接头形式及现有加工条件选用，一般有以下几种方法。

1. 剪切——常用于不开坡口的薄板

此法生产率高，加工方便，加工后边缘平直，但在剪床上不能剪切厚钢板，也不能加工有角度的坡口。

2. 刨边——用于直边坡口

用刨床或刨边机加工直边坡口，加工质量好，坡口平直，精度高，适用于自动焊工件的边缘加工。国内生产的刨边机，一般加工长度可达 12m 左右，如不开坡口可一次刨削成叠钢板。

3. 车削——用于管子坡口

车削可加工出各种形式的坡口。厚壁筒体的 U 形坡口常用这种加工方法，对较长、较重等无法搬动的管子可用移动式的管子坡口机。小直径薄壁管子可用手动式坡口机，大直径厚壁管子则可采用电动车管机。

4. 氧-乙炔气切割——应用最广的加工坡口方法

利用气割可以得到任何角度的 V 形、X 形、单边 V 形、K 形等坡口，此法更适合厚钢板的切割，生产率很高。气割有手工（灵活，但边缘不够平直精确，适用于单件或小批生产）、半自动（应用广，为提高效率可同时安装二、三把割炬，能将 V 形、X 形坡口一次切成）、自动（质量好，生产率高，但灵活性较差，适合于大批量生产）切割方法。

对于高强钢等淬火倾向大的钢材，气割割口和热影响区要进行探伤，避免气割造成的裂纹隐藏下来。

5. 铲削——用于加工坡口、清焊根

用风铲来铲削坡口，劳动强度较大，噪声严重，应尽量少用，已日益被碳弧气刨所代替。

6. 碳弧气刨——常用于清焊根

碳弧气刨效率比风铲高，劳动强度小，特别在开 U 形坡口时更为显著，正在逐渐取代风铲。缺点是要用直流电源，刨割时烟雾大，要采取排烟措施。

坡口两侧的内、外表面必须清除锈斑、氧化膜和油垢等污染，这是防止焊缝产生气孔和裂纹的有效措施。焊条电弧焊焊接区的清理宽度一般要求在 20mm 范围内，埋弧焊为 30mm，电渣焊为 40mm。对于焊接过程中不会发生冶金反应的焊接方法，例如钨极氩弧焊，焊前坡口面及两侧的清理更为重要，因为在这种情况下不可能通过熔渣与金属之间的冶金反应去除有害杂质。用不锈钢制作重要部件的焊接中，焊前必须用丙酮、酒精等溶剂擦洗坡口表面，去除油垢和水分。特别是在超低碳不锈钢容器的焊接时，这种清理工序将直接影响到焊缝金属的碳含量，而最终影响到接头的耐蚀性。

焊件组装时，接头两侧边缘必须相互对准，这不仅是保证焊缝外形和尺寸的基本要求，而且也是为了避免接头受力时产生附加的弯曲力矩。焊件组装后应作错边量的检查。在压力容器制造中，对接接头错边量的要求较高。A、B类焊缝对口错边量 b 应符合表 4-7 的规定。

表 4-7　A、B类焊缝对口错边量

对口处的名义厚度 δ_n/mm	按焊缝类别划分的对口错边量 b/mm	
	A	B
≤10	≤1/4δ_n	≤1/4δ_n
10＜δ_n≤20	≤3	≤1/4δ_n
20＜δ_n≤40	≤3	≤5
40＜δ_n≤50	≤3	≤1/8δ_n
＞50	≤1/16δ_n，且不大于10	≤1/8δ_n，且不大于20

注：1. A类焊缝的对口错边量要求不包括球形封头与圆筒连接的环向焊缝以及嵌入式接管与圆筒或封头对接连接的焊缝。
2. 表中B类焊缝的对口错边量要求包括球形封头与圆筒连接的环向焊缝。

在焊接工艺细则中应明确规定焊接材料的具体牌号和规格。对于某些焊件，在同一个接头中，可能要采用两种以上的焊接方法，例如小直径厚壁管环缝，第一层采用手工填充丝氩弧焊封底，第二、第三层采用焊条电弧焊加厚焊缝，以后各层则采用埋弧自动焊。在这种情况下，应将每种焊接方法所使用的焊接材料一并列出。

二、焊接工艺规范参数

对焊条电弧焊和埋弧焊焊接工艺规范参数主要包括焊前的预热温度、焊接电参数（电流、电压、电流种类、频率、焊接速度和送丝速度等）、后热温度和保温时间，消氢处理温度和保温时间，焊后热处理和消除应力处理制度等。对气体保护焊，还应包括气体种类，混合比和流量等。所有这些参数在焊接工艺细则中必须明确规定。

（一）焊前预热温度的选定

预热温度是焊接工艺规范的主要参数之一。焊前的预热具有下列几方面的有利作用：

① 降低焊接热影响区的冷却速度，避免淬硬组织的形成，防止冷裂纹并改善热影响区的塑性；

② 减小了焊接区的温度梯度，从而降低了焊接接头的内应力；

③ 扩大了焊接区的加热范围，使焊接接头在较宽的区域内处于塑性状态，减弱了焊接应力的不利影响；

④ 改变了焊接区的应变集中区部位，降低了促使冷裂纹形成的应力峰值；

⑤ 延长了焊接区在100℃以上温度的停留时间，有利于焊缝金属中氢的逸出，降低了氢致裂纹形成的危险。

焊前的预热温度主要根据钢材的焊接性试验结果来确定。但焊件的形状和尺寸以及焊接条件往往是多变的。因此，还应考虑下列几个因素：

① 所焊材料的实际碳当量和碳含量；
② 焊件的结构形状和拘束度；
③ 焊接工艺及操作技术（单道焊、多道焊、摆动焊、窄焊道焊、回火焊道、脉冲焊、双丝焊等）；
④ 焊接材料的扩散氢含量；
⑤ 焊件和周围环境的冷却条件；
⑥ 施工条件（室外焊接、室内焊接、难焊位置的焊接等）。

可见，焊前预热温度的选定是一个比较复杂的问题，对于高拘束度焊件，较恶劣的冷却条件应适当提高预热温度。当使用扩散氢含量极低的焊接材料时，可适当降低预热温度。在难焊位置或工作条件较差时，如小直径筒身内环缝焊接时，可选择较低的预热温度，而在焊后应立即作低温后热处理以补偿焊前预热温度的不足。对于结构简单的焊件，可按表4-8规定的温度范围进行预热。

表4-8　几种压力容器钢的预热温度

钢　号	壁厚/mm	预热温度范围/℃
20R，Q235-A	≥90	100～120
16Mn，15MnVR，15MnTi，19Mn5	>32	100～150
12CrMo，15CrMo，20MnMo	>15	150～200
14MnMoV，18MnMoNb 13MnNiMoNb	>10	150～200
12Cr2Mo1，20CrMo，$2\frac{1}{4}$Cr1Mo	>6	150～200
0Cr13 0Cr17	任何厚度	300

（二）焊接电参数

在使用连续的交流电和直流电焊接时，焊接规范中的电参数主要是焊接电压和焊接电流。在采用脉冲电流焊接时，电参数还包括电流的交变频率、通断比、基本电流和峰值电流值。焊接规范参数的选择原则首先是保证接头的熔透、无裂纹并获得成形良好的焊道，同时所选择的焊接规范电参数还应保证接头的性能满足技术条件规定的各项要求，因而在选择电参数时要考虑焊接热输入量对接头性能的影响。

对某些低合金来说，过高的热输入量，会显著地降低接头的韧性和强度。在铬镍奥氏体不锈钢的焊接中，过高的焊接热输入量会扩大近缝区敏化温度区间并延长高温停留时间，最终导致接头热影响区耐蚀性的丧失。因此，对于这种钢，应在保证层间良好熔合的前提下采用尽可能低的焊接电流和较高的焊接速度施焊。

从提高焊接生产率考虑，应选用较大电流和粗焊条，但是，实际上应根据板厚、焊接位置和线能量要求等因素来选择焊接电流和焊条直径。焊接电流过大，容易烧穿、咬边和飞溅增大，同时焊条易发红使药皮脱落，保护性能下降；焊接电流太小容易产生夹渣和未焊透。焊条电弧焊焊条直径选择及相应的焊接电流范围见表4-9。横、立、仰焊时所用的电流应比表4-9中的数值小10%左右。

对开坡口工件双面自动焊的规范选择可见表4-10。

表 4-9　焊条电弧焊焊条直径选择及相应的焊接电流范围

钢件厚度/mm	1.5	2	3	4～5	6～8	9～12	12～15	16～20	>20
焊条直径/mm	1.6	2	3	3～4	4	4～5	5	5～6	6～10
焊接电流/A	25～40	40～65	65～100	100～160	160～210	160～250	200～270	260～300	320～400

表 4-10　开坡口工件双面自动焊规范选择

	工件厚度/mm	坡口形式	焊丝直径/mm	焊缝顺序	焊接电流/A	电弧电压/V	焊接速度/(m/h)
埋弧自动焊	14	70° (3)	5	正	830～850	36～38	25
			5	反	600～620	36～38	45
	16		5	正	830～850	36～38	20
			5	反	600～620	36～38	45
	18		5	正	830～850	36～38	20
			5	反	600～620	36～38	45
	22		6	正	1050～1150	38～40	18
			5	反	600～620	36～38	45
	24	70° (3)	6	正	1100	38～40	24
			5	反	800	36～38	28
	30		6	正	100～1100	36～40	18
			5	反	900～1000	36～38	20

(三) 焊后加热和消氢处理

焊后立即将焊件保温或加热 150～250℃ 的范围内使之缓冷的工艺措施称为焊后加热，简称后热。后热可以减缓焊缝和热影响区的冷却速度，起到与预热相似的作用。对于冷裂纹倾向性大的低合金高强度钢和厚度较大的焊接结构等，有一种专门的后热处理，称为消氢处理。消氢处理即在焊后立即将焊件加热到 250～350℃ 温度范围，保温 2～6h 后空冷。

消氢处理的主要目的是使焊缝（或热影响区）金属中的扩散氢加速逸出，大大降低焊缝和热影响区中的含氢量，防止产生冷裂纹。消氢处理的温度较低，不能起到松弛焊接应力的作用。对于工艺中要求焊后立即进行热处理的焊件，因为热处理过程中可以达到除氢的目的，故无需后热。但是，焊后如不能立即热处理，而焊件又必须及时除氢时，则需要及时后热作消氢处理，否则焊件有可能在热处理前的放置期产生裂纹。这是由于氢在钢材中的溶解度随着温度的下降而迅速降低，如果焊后很快冷却到 100℃ 以下，氢来不及从焊缝中逸出，这样就在经过一段时间（几小时、几天甚至更长的时间）以后，由于氢扩散后在热影响区（或焊缝金属）中的聚集，产生极大的压力，导致产生危害较大的延迟裂纹。例如，有一台大型高压容器，焊后探伤检查合格，但因焊后未及时热处理，又未进行消氢处理，结果在放置期间内产生了延迟裂纹。当容器热处理后进行水压试验时，试验压力未达到设计工作压力，容器就发生了严重的脆断事故，使整台容器报废。

由于消氢处理加热温度较高，消氢效果更好。但是消氢处理需消耗较多的能量，故在实际生产中，只是在焊接氢致裂纹特别敏感的厚壁焊缝中才加以应用。

局部后热的加热也应与预热一样，在坡口两侧 75～100mm 范围内保持一个均热带。调质钢要防止局部超过回火温度。

（四）焊后热处理

焊后热处理是将焊件整体或局部加热到一定的温度，并保温一段时间，然后炉冷或空冷的一种热处理工艺。通过焊后热处理可以有效地降低焊接残余应力，软化淬硬部位，促使氢的逸出，改善焊缝和热影响区的组织和性能，提高接头的塑性和韧性，稳定结构的尺寸等。常见的焊后热处理方法有消除应力退火、正火、正火加回火、淬火加回火（调质处理）等。由于消除应力是焊后热处理的最主要的作用，所以习惯上也将消除应力退火称为焊后热处理。

焊后热处理可分为整体热处理和局部热处理。

整体热处理即将焊件置于加热炉中整体加热处理。可以获得比较满意的处理效果。整体热处理时要求焊件进、出炉时的温度应在400℃以下，在400℃以上的加热和冷却速度与板厚有关，可参考表4-11确定。一般应符合下式要求

$$v \leqslant 200 \times \frac{25}{\delta} \tag{4-1}$$

式中　v——加热或冷却的速度，℃/h；

　　　δ——板材厚度，mm。

表4-11　焊后热处理（400℃以上）的加热与冷却速度

板厚/mm	最大加热速度/(℃/h)	最大冷却速度/(℃/h)
≤25	220	275
>25	$220 \times \frac{25}{\delta}$	$275 \times \frac{25}{\delta}$

对于厚壁容器加热和冷却速度为50～150℃/h，整体热处理时炉内最大温差不得超过50℃。如果焊件过长需分两次处理时，重叠部分应在1.5m以上。

对于尺寸较大不便整体热处理的焊件采用局部加热的方法进行的热处理称为局部热处理。如尺寸较长，但形状比较规则的简单筒形容器、管件等，可进行局部热处理。局部热处理时，应保证焊缝两侧有足够的加热宽度。筒体的加热宽度与筒体半径、壁厚有关，可按下式计算，即

$$B = 5\sqrt{R \times \delta} \tag{4-2}$$

式中　B——筒体加热宽度，mm；

　　　R——筒体半径，mm；

　　　δ——筒体壁厚，mm。

在采用焊后热处理工艺时，应注意以下几个问题：

① 对含有一定数量的V、Ti或Nb的低合金钢，应避免在600℃左右长时间保温，否则会出现材料强度升高，而塑性、韧性明显下降的回火脆性现象；

② 焊后消除应力退火，一般应比母材的回火温度低30～60℃；

③ 对含有一定数量的Cr、Mo、V、Ti、Nb等元素的一些低合金钢焊接结构，消除应力退火时应防止再热裂纹；

④ 焊后热处理过程中要注意防止结构变形；

⑤ 焊后热处理一般安排在焊缝无损检验合格后进行。

需要特别指出的是：并非所有的焊件都需要进行焊后热处理，这样做既无必要，也不经济。焊件是否进行焊后热处理要根据焊件的材料、厚度、结构刚性、焊接方法、焊件的性能、使用场合等确定。世界上一些主要标准中都对可不进行焊后热处理的最大厚度作了规定，实践中可作为参考。

一般在下列情况下要考虑进行焊后热处理：

① 母材强度等级较高，产生延迟裂纹倾向较大的普通低合金钢；

② 处在低温下工作的压力容器及其他焊接结构，特别是在脆性转变温度以下使用的压力容器；

③ 承受交变载荷，要求疲劳强度的构件；

④ 大型压力容器和锅炉（有专门的规程规定）；

⑤ 有应力腐蚀和焊后要求尺寸稳定的结构（如内燃机柴油机的焊接机体）。

第四节 焊接工艺评定基本要求

一、意义和目的

焊接工艺评定是通过对焊接接头的力学性能或其他性能的试验证实焊接工艺规程的正确性和合理性的一种程序。其目的是评定施焊单位是否有能力焊出符合有关规程和产品技术所要求的焊接接头，验证焊接单位制定的有关焊接指导性文件是否合适。经焊接工艺评定合格后，提出"焊接工艺评定报告"，作为编制"焊接工艺规程"的主要依据。

需要注意的是焊接工艺评定合格只说明将来施焊产品的焊接接头的使用性能符合要求，但不能保证产品残余变形、残余应力符合要求，也不能保证提高劳动生产率，更不能说明焊接防护得到保证。此外，"通过焊接工艺评定确定了焊接工艺规范"的提法也是不全面的。比如说，产品在某一焊后热处理规范下的焊接工艺经评定合格，只能说明在该焊接热处理规范下产品焊接接头的使用性能是符合要求的，但最终确定焊后热处理规范还必须测定焊接残余应力和观察金相组织后综合评定。因此焊接工艺评定只是确定焊接工艺规范的一个方面，不是所有方面。只通过焊接工艺评定不能最终确定焊接工艺规范。

二、钢结构焊接工艺评定的规则

焊接工艺评定是确保产品质量的重要措施，因此必须规范化。我国已制定了多种焊接工艺评定标准，它们是《蒸汽锅炉安全技术监察规程》，部颁标准 JB 4420—89《锅炉焊接工艺评定》、JB 4708—89《钢制压力容器焊接工艺评定》以及 JB/T 6963—93《钢制件熔化焊工艺评定》。这些标准基本上都是按照美国 ASME 锅炉与压力容器法规第九卷《焊接与钎焊评定》编制的。我国至今尚未专为钢结构制定焊接工艺评定标准，目前钢结构焊接工艺评定规则主要依据美国 AWS 钢结构焊接法规 ANS1/AWS D1.1—96《钢结构焊接法规》有关章节的规定。

按照 AWS《钢结构焊接法规》，可将焊接工艺规程分为两大类。一类是免作评定的焊接工艺规程，或称通用焊接工艺规程，只要规程的各项内容均在法规规定的范围之内，则该焊接工艺规程可以免作焊接工艺评定试验。另一类焊接工艺规程，必须按法规的有关规定作焊接工艺评定试验，以证明该工艺规程的正确性。这类焊接工艺规程规定下列各重要工艺参数只要有一项超出了法规容许的范围，必须重作焊接工艺评定。

（1）焊接方法　法规容许钢结构生产中采用焊条电弧焊、埋弧焊、熔化极气体保护焊、钨极氩弧焊、药芯焊丝电弧焊、电渣焊和气电立焊等焊接方法。从一种焊接方法改用另一种焊接方法，或每种焊接方法的重要工艺参数的变化超过原评定合格的范围，需对该焊接工艺规程作评定试验。

（2）母材金属　如钢结构焊接部件所用的母材金属不是法规认可的钢材，则与该种钢材有关的焊接工艺规程应作工艺评定。

（3）焊接填充金属和电极　焊接填充材料强度级别的提高，从低氢型焊条改成高氢型焊条或改用非标准焊条、焊丝或焊丝-焊剂组合的变动，在钨极氩弧焊中，增加或取消填充丝，从添加冷丝改成添加热丝或反之，钨极直径的改变以及采用非标准钨极；在埋弧焊中添加或取消附加铁合金粉末或粒状填充金属或焊丝段，增加其添加量以及采用合金焊剂时，焊丝直径的任何变更；以及在各种机械和自动焊接方法中焊丝根数的变化等均视作焊接工艺重要参数的改变，均应作焊接工艺评定。

在电渣焊和气电立焊中，填充金属或熔嘴金属成分的重要变化，熔池挡板从金属型改成非金属型或反之，从可熔挡板改成不可熔挡板或反之，实芯的非熔挡板任何横截面尺寸或面积的减小大于原有挡板的25%，实芯的非熔挡板改为水冷挡板或反之，熔嘴金属芯横截面的变化大于30%，加焊剂方式的改变（如由药芯改为磁性焊丝或外加焊剂），焊剂成分包括熔嘴涂料成分的改变，焊剂配料成分变化大于30%等均为重要工艺参数。上列重要参数超过规定范围应作焊接工艺评定。

（4）预热温度和层间温度　法规按钢种和板厚规定了最低的预热温度和层间温度。如预热温度和层间温度降低值超过下列规定，则应通过工艺评定试验。对于焊条电弧焊、埋弧焊、熔化极气体保护焊和药芯焊丝电弧焊为14℃；对于钨极氩弧焊为55℃。对于要求缺口冲击韧度的焊接接头，层间温度不应比规定值高55℃以上。

（5）焊后热处理　对于法规认可的常用弧焊方法焊接的接头，增加或取消焊后热处理，对于电渣焊和气电立焊接头，改变焊后热处理的加热温度范围及保温时间，均应作焊接工艺评定试验。

（6）焊接电参数　重要的焊接电参数包括：焊接电流、电流种类和极性、熔滴过渡形式、电弧电压、焊丝送进速度、焊接速度和热输入量。这些参数的变量如超过下列容许极限，则应进行焊接工艺评定试验。其中每种直径焊条或焊丝的变量，对于焊条电弧焊不应超过焊条制造厂所推荐的上限值；对于埋弧焊、熔化极气体保护焊和药芯焊丝电弧焊不应超过原评定值的10%；对于钨极氩弧焊不应超过25%。埋弧焊焊接时，当使用合金焊剂或焊接淬火-回火钢时，电流种类和极性的变化以及熔化极（包括药芯焊丝）气体保护焊时熔滴过渡形式的变化均被看作重要参数。电弧电压的变量对于焊条电弧焊不应超过焊条制造厂推荐的上限值；对于埋弧焊、熔化极气体保护焊不应超过7%；对于钨极氩弧焊不应超过25%。对于各种机械焊接方法，焊丝的送进速度不应大于原评定值的10%。在不要求控制热输入量的情况下，焊接速度的变量对于埋弧焊、熔化极气体保护焊和钨极氩弧焊相应不得超过15%、25%和50%。当要求控制热输入量时，增加值不应超过原评定值的10%。对于电渣焊和气电立焊，焊接电流的增加或减小不应超过20%，电压的增加或减小不应大于10%，焊丝送进速度的变化不超过40%，焊接速度的增减不大于20%。

（7）保护气体 在各种气体保护焊中，保护气体从一种气体改为另一种保护气体或改用混合气体，或改变混合气体的配比或取消气体保护，或使用非标准保护气体均看作是重要参数的改变。对于熔化极气体保护焊，药芯焊丝电弧焊和钨极氩弧焊，保护气体总流量如相应增加20%、超过25%和50%，或相应减少10%、超过10%和20%，则需通过焊接工艺评定试验。对于气电立焊，保护气体总流量变化的容限比为25%，采用混合保护气体时，任何一种气体混合比的变化不应大于总流量的5%。

（8）坡口形式和尺寸 坡口形式的改变，例如从单V形改成X形，从直边对接改成开坡口，或坡口的截面积的增加或减小比原评定值大25%，或取消背面衬垫以及坡口尺寸的变化，即坡口角减小、间隙减小和钝边增加超过了法规有关条款规定的容限值，则需进行焊接工艺评定试验。但全焊透开坡口接头的工艺评定适用于所有通用焊接工艺规程所采用的各种坡口，包括局部焊透开坡口的接头形式。

（9）焊接位置 焊接工艺评定试验的焊接位置分平焊、立焊、横焊和仰焊，工艺评定焊接位置只适用于相对应的产品焊接位置。从一种焊接位置改成另一种焊接位置需通过焊接工艺评定。电渣焊和气电立焊时，接头垂直度偏差不应大于10°。焊条电弧焊和气体保护焊立焊时，焊接方向从向上立焊改成向下立焊或反之，亦应看作重要工艺参数的变动。

（10）母材金属的规格 母材金属的规格对于板结构只考虑母材金属厚度，对于管结构应同时考虑管径和壁厚。当采用全焊透开坡口焊缝进行工艺评定试验时，对于板材接头，试板厚度小于25mm，其适用范围为3.0mm～2δ（δ为试板厚度），试板厚度如大于25mm，其适用范围的上限不受限制。对于管材接头试件的规格分两种，一种名义直径小于610mm，另一种是大于610mm，适用的产品焊件外径为等于和大于试件管径的所有规格。壁厚（t）的适用范围，壁厚小于10mm的试件为3.0mm～$2t$，壁厚为10～19mm的试件为$t/2$～$2t$，壁厚大于19mm的试件为10mm～无限大。对于电渣焊和气电立焊，工艺评定有效的壁厚范围为0.5mm～$1.1t$。对于焊条电弧焊、气体保护焊和埋弧焊，任何厚度或管径的全焊透开坡口焊缝的评定，适用于所有尺寸的角焊缝或任何厚度的局部焊透开坡口焊缝。当采用局部焊透焊缝评定时，其适用范围按坡口深度而定。如试板坡口深度为3.0～10mm，其适用范围为3.0mm～$2H$（H为坡口高度），如试板坡口深度为10～25mm，则适用范围为3.0mm～任何厚度。当以T形接头试板评定角焊缝时，如试验角焊缝为单道，其尺寸为产品结构中所规定的最大角焊缝尺寸，则可适用于任何厚度的板厚，适用于尺寸为单道试验角焊缝的最大尺寸及更小的尺寸。如以产品结构中所规定的最小尺寸多道角焊缝为试验角焊缝，则可适用于任何厚度的板厚及焊缝尺寸为多道试验角焊缝最小尺寸及最大的尺寸。当以管件T形接头评定角焊缝时，其适用范围与板材相同，只是将板厚改成管壁厚。

三、焊接工艺评定试验

焊接工艺评定试验项目和方法原则上应完全按照焊接工艺评定标准，不得任意增加或缩减试验项目，也不得任意改变实验方法，否则就失去了焊接工艺评定的合法性和合理性。

钢结构焊接工艺评定试验项目包括：目视检查；无损检验；弯曲试验；拉伸试验（含全焊缝金属拉伸试验）；缺口冲击试验（对接头提出冲击韧度要求时）；宏观金相检验。

焊接工艺评定试件，可分为全焊透开坡口对接焊试件、局部焊透开坡口对接焊试件以及角接焊缝试件，在以上三种试件中还可分成板材试件和管材试件，对于槽焊和塞焊缝的工艺评定实验则采用模拟试件。

焊接工艺评定用试件应具有足够的尺寸，一般地，对焊条电弧焊、氩弧焊和 CO_2 气体保护焊，试件尺寸至少为 300mm×500mm，对于埋弧焊至少为 400mm×600mm，对于电渣焊至少为 500mm×800mm。

焊接工艺评定试件焊完后，应按工艺规定进行焊后热处理。然后按图 4-25 取样，并加工成拉力、弯曲和冲击试样，各种试样的尺寸和加工精度按相应的国家标准的规定制作。试验结果应符合产品技术条件的要求。容器壳体上的管接头可按图 4-26 焊制模拟试板并取宏观试样检验。

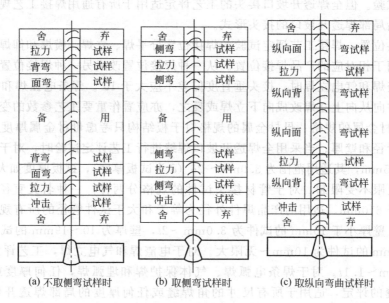

图 4-25 焊接工艺评定取样方法

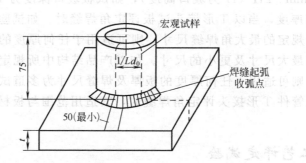

图 4-26 接管焊缝焊接工艺评定试板及取样方法

四、焊接工艺评定报告

焊接工艺评定试验完成后，需将试验结果填入焊接工艺评定报告。通常为便于对照，还应事先编制一份焊接工艺评定指导书作为焊接工艺评定报告的附件。

一份完整的焊接工艺评定报告应记录评定试验时所使用的全部重要参数。其内容应包括下列各部分。

① 评定报告编号及相对应的设计书编号。
② 评定项目名称。
③ 评定试验采用的焊接方法，焊接位置。
④ 所依据的产品技术标准编号。
⑤ 试板的坡口形式、实际坡口尺寸。
⑥ 试板焊接接头焊接顺序和焊缝的层次。
⑦ 试板母材金属的牌号、规格、类别号，如采用非法规和非标准材料，则应列出实际的化学成分化验结果和力学性能的实测数据。

表 4-12　焊接工艺评定报告

单位名称_____　　批准人签定_____
焊接工艺评定报告编号_____　　日期_____
焊接工艺指导书编号_____
焊接方法_____
机械化程度(手工、半自动、自动)_____
接头
用简图画出坡口形式、尺寸垫板、焊缝层次和顺序等

母材： 钢材标准号_____ 钢号_____ 类、组别号_____与类、组别号_____相焊 厚度_____ 直径_____ 其他_____	焊后热处理： 温度_____ 保温时间_____ 气体_____ 气体种类_____ 混合气体成分_____
填充金属： 焊条标准_____ 焊条牌号_____ 焊丝钢号、尺寸_____ 焊剂牌号_____ 其他_____	电特性： 电流种类_____ 极性_____ 焊接电流/A_____ (电压/V)_____ 其他_____
焊接位置： 对接焊缝位置_____ 方向(向上、向下)_____ 角焊缝位置_____	技术措施： 焊接速度_____ 摆动或不摆动_____ 摆动参数_____
预热： 预热温度_____ 层间温度_____ 其他_____	多道焊或单道焊(每面)_____ 单丝焊或多丝焊_____ 其他_____

焊缝外观检查：_____

⑧ 焊接试板所用的焊接材料，列出牌号、规格以及该批焊材入厂复验结果，包括化学成分和力学性能。

⑨ 评定试板焊前实际的预热温度、层间温度和后热温度等。

⑩ 试板焊后热处理的实际加热温度和保温时间，对于合金钢应记录实际的升温和冷却速度。

⑪ 焊接电参数，记录试板焊接过程中实际使用的焊接电流、电弧电压、焊接速度。对于熔化极气体保护焊和电渣焊应记录实测的送丝速度。电流种类和极性应清楚表明。如采用脉冲电流，应记录脉冲电流的各参数。

⑫ 凡是在试板焊接中加以监控或检测的操作技术参数都应加以记录，其他参数可不作记录。

⑬ 力学性能检验结果，应注明检验报告的编号、试样编号、试样形式，实测的接头强度性能和抗弯性能数据。

⑭ 其他性能的检验结果，角焊缝宏观检查结果，或耐蚀性检验结果、硬度测定结果。

⑮ 评定结论。

⑯ 编制、校对、审核人员签名。

⑰ 企业管理者代表批准，以示对报告的正确性和合法性负责。

焊接工艺评定报告的格式参见表 4-12。

复习思考题

1. 什么是焊接接头？由哪几部分组成？
2. 焊接结构中，常用的焊接接头有哪些基本形式？各有什么特点？
3. 为什么说对接接头是最好的接头形式？
4. 坡口形式有几种？各适用于什么场合？
5. 开坡口的目的是什么？选择坡口形式时，应考虑哪些因素？
6. 焊缝按分类方法不同可分为哪几种形式？
7. 读懂下列焊接图样（图 4-27），并解释其中焊缝符号的含义。

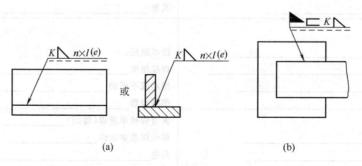

图 4-27 焊接图样

8. 在进行厚板焊接时，应怎样估计焊接层数？
9. 焊接预热的作用是什么？简述预热的方法。
10. 消氢处理的方法是怎样的？目的是什么？焊件在什么情况下需要进行消氢处理？

11. 何谓焊后热处理？其目的是什么？焊件在什么情况下需要进行焊后热处理？
12. 焊接工艺要素和焊接工艺规范参数有什么区别？各自包括哪些内容？
13. 焊接工艺评定的目的是什么？在什么情况下需要进行焊接工艺评定？
14. 钢结构焊接工艺评定的规则是什么？
15. 焊接工艺评定报告的主要内容是什么？

第五章　常用焊接方法

第一节　焊条电弧焊

焊条电弧焊是用手工操纵焊条进行焊接的电弧焊方法，是熔化焊中最基本的一种焊接方法，它也是目前焊接生产中使用最广泛的焊接方法。

一、焊条电弧焊原理及特点

焊条电弧焊的焊接回路如图5-1所示，它是由弧焊电源、电缆、焊钳、焊条、电弧和焊件组成。焊条电弧焊主要设备是弧焊电源，它的作用是为焊接电弧稳定燃烧提供所需要的、合适的电流和电压。焊接电弧是负载，焊接电缆连接电源与焊钳和焊件。

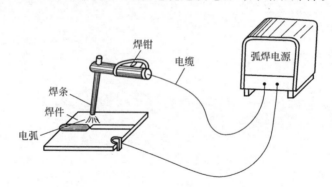

图5-1　焊条电弧焊焊接回路简图

（一）焊条电弧焊原理

焊接时，将焊条与焊件之间接触短路引燃电弧，电弧的高温将焊条与焊件局部熔化，熔化了的焊芯以熔滴的形式过渡到局部熔化的焊件表面，融合一起形成熔池。药皮熔化过程中

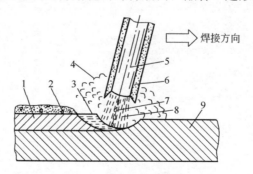

图5-2　焊条电弧焊的过程
1—焊缝；2—熔渣；3—熔池；4—保护气体；5—焊芯；6—药皮；7—熔滴；8—电弧；9—焊件

产生的气体和液态熔渣,不仅起着保护液体金属的作用,而且与熔化了的焊芯、焊件发生一系列冶金反应,保证了所形成焊缝的性能。随着电弧沿焊接方向不断移动,熔池液态金属逐步冷却结晶,形成焊缝。焊条电弧焊的过程如图 5-2 所示。

(二) 焊条电弧焊的特点

1. 工艺灵活、适应性强

对于不同的焊接位置、接头形式、焊件厚度及焊缝,只要焊条所能达到的任何位置,均能进行方便的焊接。对一些单件、小件、短的、不规则的空间任意位置以及不易实现机械化焊接的焊缝,更显得机动灵活,操作方便。

2. 应用范围广、质量易于控制

焊条电弧焊的焊条能够与大多数焊件金属性能相匹配,因而接头的性能可以达到被焊金属的性能。焊条电弧焊不但能焊接碳钢和低合金钢、不锈钢及耐热钢,对于铸铁、高合金钢及有色金属等也可以焊接。此外还可以进行异种钢焊接,各种金属材料的堆焊等。

3. 设备简单、成本较低

焊条电弧焊使用的交流焊机和直流焊机,其结构都比较简单,维护保养也较方便,设备轻便而且易于移动,且焊接中不需要辅助气体保护,并具有较强的抗风能力。故投资少,成本相对较低。

焊条电弧焊的不足之处是:焊接过程不能连续地进行,生产率低;采用手工操作,劳动强度大,并且焊缝质量与操作技术水平密切相关;不适合活泼金属、难熔金属及薄板的焊接。

二、焊条电弧焊电源

电源是在电路中向负载提供电能的装置,焊条电弧焊电源则是为电弧负载提供电能并实现焊接过程稳定的电气设备,即通常所说的焊条电弧焊焊机。为了区别其他电源,也称弧焊电源。

(一) 对弧焊电源的要求

焊条电弧焊电弧与一般的电阻负载不同,它在焊接过程中是时刻变化的,是一个动态的负载。因此,焊条电弧焊电源除了具有一般电力电源的特点外,还必须满足下列要求。

1. 对弧焊电源外特性的要求

在其他参数不变的情况下,弧焊电源输出电压与输出电流之间的关系,称为弧焊电源的外特性。弧焊电源的外特性可用曲线来表示,称为弧焊电源的外特性曲线,如图 5-3 所示。弧焊电源的外特性基本上有下降外特性、平外特性、上升外特性三种类型。

在焊接回路中,弧焊电源与电弧构成供电用电系统。为了保证焊接电弧稳定燃烧和焊接参数稳定,电源外特性曲线与电弧静特性曲线必须相交。因为在交点,电源供给的电压和电流与电弧燃烧所需要的电压和电流相等,电弧才能燃烧。由于焊条电弧焊电弧静特性曲线的工作段在平特性区,所以只有下降外特性曲线才与其有交点,如图 5-3 中的 A 点。因此,下降外特性曲线电源能满足焊条电弧焊的要求。

图 5-4 所示为两种下降度不同的下降外特性曲线对焊接电流的影响情况。从图中可以看出,当弧长变化相同时,陡降外特性曲线 1 引起的电流偏差 ΔI_1 明显小于缓降外特性曲线 2 引起的电流偏差 ΔI_2,有利于焊接参数稳定。因此,焊条电弧焊应采用陡降外特性电源。

2. 对弧焊电源空载电压的要求

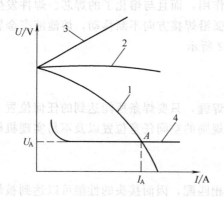 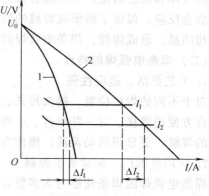

图 5-3 电源外特性与电弧静特性的关系　　　图 5-4 不同下降度外特性曲线对焊接电流的影响
1—下降外特性；2—平外特性；
3—上升外特性；4—电弧静特性

弧焊电源接通电网而焊接回路为开路时，弧焊电源输出端电压称为空载电压。为便于引弧，需要较高的空载电压，但空载电压过高，对焊接人员人身安全不利，制造成本也较高。一般交流弧焊电源空载电压为 55~70V，直流弧焊电源空载电压为 45~85V。

3. 对弧焊电源稳态短路电流的要求

弧焊电源稳态短路电流是弧焊电源所能稳定提供的最大电流，即输出端短路时的电流。稳态短路电流太大，焊条过热，易引起药皮脱落，并增加熔滴过渡时的飞溅；稳态短路电流太小，则会使引弧和焊条熔滴过渡产生困难。因此，对于下降外特性的弧焊电源，一般要求稳态短路电流为焊接电流的 1.25~2.0 倍。

4. 对弧焊电源调节特性的要求

在焊接中，根据焊接材料的性质、厚度、焊接接头的形式、位置及焊条直径等不同，需要选择不同的焊接电流。这就要求弧焊电源能在一定范围内，对焊接电流作均匀、灵活的调节，以便有利于保证焊接接头的质量。焊条电弧焊焊接电流的调节，实质上是调节电源外特性。

5. 对弧焊电源动特性的要求

弧焊电源的动特性，是指弧焊电源对焊接电弧的动态负载所输出的电流、电压对时间的关系，它表示弧焊电源对动态负载瞬间变化的反应能力。动特性合适时，引弧容易、电弧稳定、飞溅小，焊缝成形良好。弧焊电源动特性是衡量弧焊电源质量的一个重要指标。

（二）弧焊电源的分类及型号

1. 弧焊电源的分类、特点

弧焊电源按结构原理不同可分为交流弧焊电源、直流弧焊电源和逆变式弧焊电源三种类型。按电流性质可分为直流电源和交流电源。

（1）弧焊变压器　弧焊变压器一般也称为交流弧焊电源，是一种最简单和常用的弧焊电源。弧焊变压器的作用是把网路电压的交流电变成适宜于电弧焊的低压交流电。它具有结构简单、易造易修、成本低、效率高、磁偏吹小、噪声小、效率高等优点，但电弧稳定性较差，功率因数较低。

（2）直流弧焊电源　直流弧焊电源有直流弧焊发电机和弧焊整流器两种。直流弧焊发电机是由直流发电机和原动机（电动机、柴油机、汽油机）组成。虽然坚固耐用，电弧燃烧稳定，但损耗较大、效率低、噪声大、成本高、质量大、维修难。电动机驱动的直流弧焊发电机，属于国家规定的淘汰产品，但由柴油机驱动的可用于没有电源的野外施工。

弧焊整流器是把交流电经降压整流后获得直流电的电器设备。它具有制造方便、价格低、空载损耗小、电弧稳定和噪声小等优点，且大多数（如晶闸管式、晶体管式）可以远距离调节焊接参数，能自动补偿电网电压波动对输出电压、电流的影响。

（3）弧焊逆变器　弧焊逆变器是把单相或三相交流电经整流后，由逆变器转变为几百至几万赫兹的中频交流电，经降压后输出交流或直流电。它具有高效、节能、质量小、体积小、功率因数高和焊接性能好等独特的优点。

2. 弧焊电源型号的编制

弧焊电源型号按 GB 10249—88《电焊机型号编制方法》规定，采用汉语拼音字母和阿拉伯数字表示。型号的编排次序及含义如下。

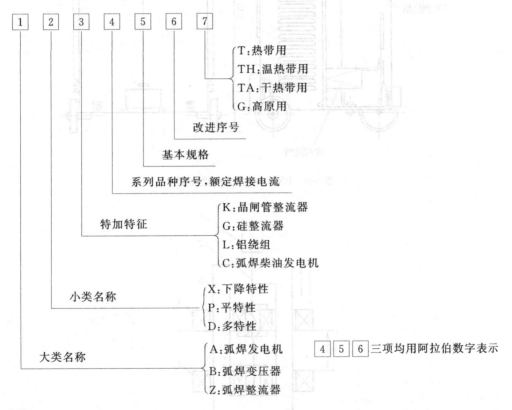

例如：

BX3-300——产品系列序号为3，具有下降外特性的弧焊变压器，额定焊接电流为300A；

ZXG-500——硅弧焊整流器，具有下降外特性，额定焊接电流为500A。

额定焊接电流是对弧焊电源规定的电流使用限额，超过额定值工作称为过载，但额定焊接电流不是最大焊接电流。

（三）常用焊条电弧焊电源简介

1. BX3-300 型弧焊变压器

BX3-300型弧焊变压器属于动圈式，是生产中应用最广的一种交流焊机，其外形如图5-5所示。它是依靠一、二次侧绕组间漏磁获得陡降外特性的。其结构如图5-6所示，它有一个高而窄的口形铁心。变压器的一次侧绕组分成两部分，固定在口形铁心两心柱的底部。二次侧绕组也分成两部分，装在两铁心柱的上部并固定于可动的支架上，通过丝杆连接，转动手柄可使二次侧绕组上下移动，以改变一、二次侧绕组间的距离，从而调节焊接电流的大小。

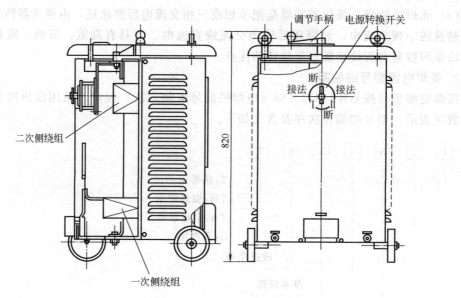

图 5-5　BX3-300型弧焊变压器

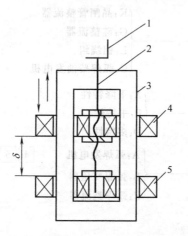

图 5-6　BX3-300型弧焊变压器结构简图
1—手柄；2—调节丝杆；3—铁心；4—二次侧绕组；5—一次侧绕组

焊接电流的调节有两种方法，即粗调节和细调节。粗调节是通过改变一、二次侧绕组的接线方法（接法Ⅰ或接法Ⅱ），即通过改变一、二次侧绕组的匝数进行调节，当接成接法Ⅰ时，空载电压为75V，焊接电流调节范围为40～125A；当接成接法Ⅱ时，空载电压为60V，焊接电流调节范围为115～400A。

细调节是通过手柄来改变一、二次侧绕组的距离进行的，一、二次侧绕组距离越大，漏磁增加,焊接电流就减小;反之,焊接电流增大。

2. ZX5-400型弧焊整流器

ZX5-400型弧焊整流器是一种电子控制的晶闸管弧焊电源。它是利用晶闸管来整流,以获得所需的外特性及调节电流、电压的。它的性能优于硅弧焊整流器,是目前主要的一种直流弧焊电源。它由三相主变压器、晶闸管组、直流电抗器、控制电路、电源控制开关等部件组成,其基本原理方框图如图5-7所示。焊接时,网路电源向焊机供电,三相主变压器将三相网路电压降为几十伏的交流电压,通过晶闸管组整流和功率控制,经直流电抗器滤波和调节动特性,输出所需要的直流焊接电压和电流。常用国产ZX5晶闸管弧焊整流器技术参数见表5-1。

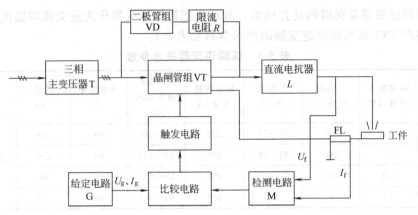

图5-7 晶闸管弧焊整流器基本原理方框图

3. 弧焊逆变器

将直流电变换成交流电称为逆变,实现这种变换的装置称为逆变器。为焊接电弧提供电能,并具有弧焊方法所要求性能的逆变器,即为弧焊逆变器或称为逆变式弧焊电源。目前各类逆变式弧焊电源已逐步应用于多种焊接方法,成为更新换代的重要产品。

(1) 弧焊逆变器的特点 高效节能,其效率可达80%~90%,空载损耗极小;质量小,体积小,整机质量仅为传统的弧焊电源的1/10~1/5;具有良好的动特性和弧焊工艺性能,如引弧容易,电弧稳定,焊缝成形美观,飞溅少等;调节速度快,焊接工艺参数可无级调整等。

(2) 弧焊逆变器工作原理及组成 弧焊逆变器主要由输入整流器、电抗器、逆变器、中频变压器、输出整流器、电抗器及电子控制电路等部件组成。弧焊逆变器的基本原理方框图,如图5-8所示。

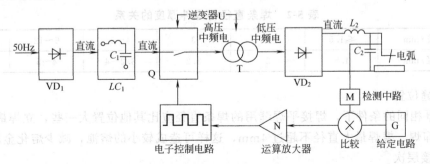

图5-8 弧焊逆变器原理方框图

弧焊逆变器通常采用三相交流电供电，380V 交流电经输入整流器（VD_1）和滤波（LC_1）后变成直流电，借助大功率电子开关元件（晶闸管、晶体管、场效应管或绝缘栅双极晶体管 IGBT）的交替开关作用，逆变成几百到几万赫兹的中频交流电，再经中频变压器（T）降至适合焊接的几十伏电压，并通过电子控制电路和反馈电路（M、G、N 等组成）以及焊接回路的阻抗，获得弧焊所需的外特性和动特性及焊接电流、电弧电压的无级调速。如再经输出整流器 VD_2 整流并经电抗器 L_2、电容器 C_2 的滤波，则可输出适合焊接的直流电流。

弧焊逆变器的基本原理可以归纳为：

工频交流→直流→中频交流→降压→交流或直流。

通常弧焊逆变器需获得的是直流电，故还可把弧焊逆变器称为逆变弧焊整流器。

常用国产 ZX7 系列弧焊逆变器的技术参数见表 5-1。

表 5-1 弧焊逆变器技术参数

产品型号	额定输入容量/kW	一次侧电压/V	工作电压/V	额定焊接电流/A	焊接电流调节范围/A	负载续率/%	质量/kg	主要用途
ZX5-250	14	380	21~30	250	25~250	60	150	用于焊条电弧焊或氩弧焊
ZX5-400	24	380	21~36	400	40~400	60	200	
ZX7-250	9.2	380	30	250	50~250	60	35	
ZX7-400	14	380	36	400	50~400	60	70	

三、焊接工艺参数的选择

焊接工艺参数，是指焊接时为保证焊接质量而选定的诸物理量（例如，焊接电流、电弧电压、焊接速度等）的总称。焊条电弧焊的焊接工艺参数主要包括：焊条直径、焊接电流、电弧电压、焊接速度、焊接层数等。

（一）焊条直径

生产中，为了提高生产率，应尽可能选用较大直径的焊条，但是用直径过大的焊条焊接，会造成未焊透或焊缝成形不良。焊条直径大小的选择与下列因素有关。

1. 焊件的厚度

厚度较大的焊件应选用直径较大的焊条；反之，薄焊件的焊接，则应选用小直径的焊条。焊条直径与焊件厚度之间关系，见表 5-2。

表 5-2 焊条直径与焊件厚度的关系

焊件厚度/mm	≤1.5	2	3	4~5	6~12	≥12
焊条直径/mm	1.5	2	3.2	3.2~4	4~5	4~6

2. 焊缝位置

在板厚相同的条件下，焊接平焊缝用的焊条直径应比其他位置大一些，立焊最大不超过 5mm，而仰焊、横焊最大直径不超过 4mm，这样可造成较小的熔池，减少熔化金属的下淌。

3. 焊接层次

在进行多层焊时，如果第一层焊缝所采用的焊条直径过大，会造成因电弧过长而不能焊透，因此为了防止根部焊不透，对多层焊的第一层焊道，应采用直径较小的焊条进行焊接，以后各层可以根据焊件厚度，选用较大直径的焊条。

4. 接头形式

搭接接头、T形接头因不存在全焊透问题，所以应选用较大的焊条直径以提高生产率。

（二）焊接电流

焊接时，流经焊接回路的电流称为焊接电流，焊接电流是焊条电弧焊最重要的工艺参数。

增大焊接电流能提高生产率，但电流过大易造成焊缝咬边、烧穿等缺陷，同时增加了金属飞溅，也会使接头的组织产生过热而发生变化；而电流过小也易造成夹渣、未焊透等缺陷，降低焊接接头的力学性能。

焊接时决定电流强度的因素很多，如焊条类型、焊条直径、焊件厚度、接头形式、焊缝位置和焊接层次等。但主要是焊条直径、焊缝位置、焊条类型、焊接层次。

1. 焊条直径

焊条直径越大，熔化焊条所需要的电弧热量越多，焊接电流也越大。碳钢酸性焊条焊接电流大小与焊条直径的关系，一般可根据下面的经验公式来选择，即

$$I_h = (35 \sim 55)d \tag{5-1}$$

式中 I_h——焊接电流，A；

d——焊条直径，mm。

2. 焊缝位置

在相同焊条直径的条件下，焊接平焊缝时，可以选择较大的电流进行焊接。但在其他位置焊接时，为了避免熔化金属从熔池中流出，通常立焊、横焊的焊接电流比平焊的焊接电流小 10%～15%，仰焊的焊接电流比平焊的焊接电流小 15%～20%。

3. 焊条类型

当其他条件相同时，碱性焊条使用的焊接电流应比酸性焊条小 10%～15%，否则焊缝中易形成气孔。不锈钢焊条使用的焊接电流比碳钢焊条小 15%～20%。

4. 焊接层次

焊接打底层时，特别是单面焊双面成形时，为保证背面焊缝质量，常使用较小的焊接电流；焊接填充层时为提高效率，保证熔合良好，常使用较大的焊接电流；焊接盖面层时，为防止咬边和保证焊缝成形，使用的焊接电流应比填充层稍小些。

在实际生产中，焊接人员一般可根据焊接电流的经验公式先算出一个大概的焊接电流值，然后在钢板上进行试焊调整，直至确定合适的焊接电流。在试焊过程中，可根据下述几点来判断选择的电流是否合适。

（1）看飞溅　电流过大时，电弧吹力大，可看到较大颗粒的铁水向熔池外飞溅，焊接时爆裂声大；电流过小时，电弧吹力小，熔渣和铁水不易分清。

（2）看焊缝成形　电流过大时，焊缝厚度大、焊缝余高低、两侧易产生咬边；电流过小时，焊缝窄而高、焊缝厚度小、且两侧与母材金属熔合不好；电流适中时，焊缝两侧与母材金属熔合得很好，呈圆滑过渡。

（3）看焊条熔化状况　电流过大时，当焊条熔化了大半根时，其余部分均已发红；电流过小时，电弧燃烧不稳定，焊条容易粘在焊件上。

(三) 电弧电压

焊条电弧焊的电弧电压主要由电弧长度来决定。电弧长，电弧电压高；电弧短，电弧电压低。焊接时电弧电压由焊接人员根据具体情况灵活掌握。

在焊接过程中，电弧不宜过长，电弧过长会出现下列几种不良现象。

① 电弧燃烧不稳定，易摆动，电弧热能分散，飞溅增多，造成金属和电能的浪费。

② 焊缝厚度小，容易产生咬边、未焊透、焊缝表面高低不平、焊波不均匀等缺陷。

③ 对熔化金属的保护差，空气中氧、氮等有害气体容易侵入，使焊缝产生气孔的可能性增加，使焊缝金属的力学性能降低。

因此在焊接时应力求使用短弧焊接，相应的电弧电压为16～25V。在立、仰焊时弧长应比平焊时更短一些，以利于熔滴过渡，防止熔化金属下淌。碱性焊条焊接时应比酸性焊条弧长短些，以利于电弧的稳定和防止气孔。所谓短弧一般认为是焊条直径的0.5～1.0倍。

(四) 焊接速度

单位时间内完成的焊缝长度称为焊接速度。焊接速度应该均匀适当，既要保证焊透又要保证不烧穿，同时还要使焊缝宽度和高度符合图样设计要求。焊接速度由焊接人员根据具体情况灵活掌握。

(五) 焊接层数

在中厚板焊接时，一般要开坡口并采用多层多道焊。对于低碳钢和强度等级低的普通低合金钢的多层多道焊时，每道焊缝厚度不宜过大，过大对焊缝金属的塑性不利，因此对质量要求较高的焊缝，每层厚度最好不大于4～5mm。同样每层焊道厚度不宜过小，过小时焊接层数增多不利于提高劳动生产率。根据实际经验，每层厚度约等于焊条直径的0.8～1.2倍时，生产率较高，并且比较容易保证质量和便于操作。

四、常用焊接工艺措施

各种金属材料的焊接性不同，且影响因素较多。因此为了保证焊接质量，常对焊接性差或较差的金属材料采取预热、后热、焊后热处理等工艺措施。

(一) 预热

焊接开始前对焊件的全部（或局部）进行加热的工艺措施称为预热，按照焊接工艺的规定预热需要达到的温度称为预热温度。

1. 预热的作用

预热的作用在第四章中已经作了介绍。对于刚性不大的低碳钢、强度级别较低的低合金钢的一般结构一般不必预热，但焊接有淬硬倾向的焊接性不好的钢材或刚性大的结构时，需焊前预热。由于铬镍奥氏体钢，预热可使热影响区在危险温度区的停留时间增加，从而增大腐蚀倾向。因此，在焊接铬镍奥氏体不锈钢时，不可进行预热。

2. 预热温度的选择

焊条电弧焊时焊件是否需要预热，预热温度的选择，应按第四章介绍的因素综合考虑。一般钢材的碳当量越大（碳含量越多、合金元素越多）、母材越厚、结构刚性越大、环境温度越低，则预热温度越高。

在多层多道焊时，还要注意道间温度（也称层间温度）。所谓道间温度就是在施焊后继焊道之前，其相邻焊道应保持的温度。道间温度不应低于预热温度。

3. 预热方法

预热时的加热范围，对于对接接头每侧加热宽度不得小于板厚的5倍，一般在坡口两侧各75～100mm范围内应保持一个均热区域，测温点应取在均热区域的边缘。如果采用火焰加热，测温最好在加热面的反面进行。预热的方法有火焰加热、工频感应加热、红外线加热等方法。在刚性很大的结构上进行局部预热时，应注意加热部位，避免造成很大的热应力。

(二) 后热及消氢处理

焊条电弧焊时还可以采取第四章介绍的焊后加热（简称"后热"）的工艺措施来避免形成淬硬组织及使氢逸出焊缝表面，防止裂纹产生。对于冷裂纹倾向性大的低合金高强度钢等材料，可采取消氢处理，使焊缝金属中的扩散氢加速逸出，大大降低焊缝和热影响中的氢含量，来防止产生冷裂纹。

后热的加热方法、加热区宽度、测温部位等要求与预热相同。

(三) 焊后热处理

焊后为改善焊接接头的组织和性能或消除残余应力而进行的热处理，称为焊后热处理。

焊后热处理的主要作用是消除焊接残余应力，软化淬硬部位，改善焊缝和热影响区的组织和性能，提高接头的塑性和韧性，稳定结构的尺寸。

焊后热处理有整体热处理和局部热处理两种，最常用的焊后热处理是在600～650℃范围内的消除应力退火和低于A_{c_1}点温度的高温回火。另外还有为改善铬镍奥氏体不锈钢抗腐蚀性能的均匀化处理等。

五、焊条电弧堆焊

(一) 堆焊及其特点

堆焊是用焊接的方法将具有一定性能的材料堆敷在焊件表面上的一种工艺过程。其目的不是为了连接焊件，而是在焊件表面获得耐磨、耐热、耐蚀等特殊性能的熔敷金属层，或是为了恢复磨损或增加焊件的尺寸。

焊条电弧堆焊的特点是方便灵活、成本低、设备简单，但生产率较低，劳动条件差。只适于小批量的中小型零件的堆焊。

(二) 堆焊工艺

堆焊时必须根据不同要求选用不同的焊条。修补堆焊所用的焊条成分一般和焊件金属相同。但堆焊特殊金属表面时，应选用专用焊条，以适应焊件的工作需要。

不同堆焊工件和堆焊焊条要采用不同的堆焊工艺，才能获得较满意的堆焊质量。堆焊前，对堆焊处的表面必须仔细地清除杂物、油脂等后，才能开始堆焊。在堆焊第二条焊道时，必须熔化第一条焊道的1/3～1/2宽度（图5-9），这样才能使各焊道间紧密连接，并能防止产生夹渣和未焊透等缺陷。

当进行多层堆焊时，由于加热次数较多，且加热面积又大，所以焊件极易产生变形，甚至会产生裂纹。这就要求第二层焊道的堆焊方向与第一层互相成90°（图5-10），同时为了使

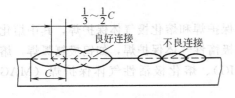

图5-9 堆焊时焊缝的连接

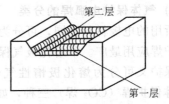

图5-10 各堆焊层的排列方向

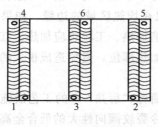
图 5-11 堆焊顺序

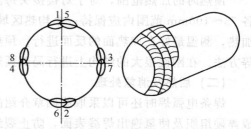
图 5-12 轴的堆焊

热量分散,还应注意堆焊顺序(图 5-11)。

轴堆焊时,可按图 5-12 所示的堆焊顺序进行,即采用纵向对称堆焊和横向螺旋形堆焊。

为了增加堆焊层的厚度,减少清渣工作,提高生产效率,通常将焊件的堆焊面放成垂直位置,用横焊方法进行堆焊,有时也将焊件放成倾斜位置用上坡焊堆焊。

堆焊时,部分母材会溶入堆焊金属中去,堆焊金属中的部分合金元素会被电弧烧损,造成堆焊层的硬度和性能有所下降。所以要选择低电弧电压、小焊接电流的堆焊工艺参数。堆焊焊条的直径、堆焊层数和堆焊电流一般都由所需堆焊层厚度确定,见表 5-3。

表 5-3 堆焊工艺参数与堆焊层厚度的关系

堆焊层厚度/mm	<1.5	<5	≥5
焊条直径/mm	3.2	4~5	5~6
堆焊层数	1	1~2	>2
堆焊电流/A	80~100	140~200	180~240

为防止堆焊层和热影响区产生裂纹,减小工件的变形,需在焊前对工件预热和焊后缓冷。预热温度一般为 100~300℃。

第二节 气体保护电弧焊

一、气体保护电弧焊原理及分类

(一)气体保护电弧焊原理

气体保护电弧焊是用外加气体作为电弧介质并保护电弧和焊接区的电弧焊方法,简称气体保护焊。

气体保护焊直接依靠从喷嘴中连续送出的气流,在电弧周围造成局部的气体保护层,使电极端部、熔滴和熔池金属与周围空气机械地隔绝开来,以保证焊接过程的稳定性,并获得质量优良的焊缝,如图 5-13 所示。

(二)气体保护电弧焊的分类

按所用的电极材料不同,可分为不熔化极气体保护焊和熔化极气体保护焊,其中熔化极气体保护焊应用最广。不熔化极气保护焊主要是钨极惰性气体保护焊,如钨极氩弧焊。熔化极气体保护又可分为熔化极惰性气体保护焊(MIG)、熔化极活性气体保护焊(MAG)、CO_2 气体保护焊(CO_2 焊)三种,如图 5-14 所示。

按照焊接保护气体的种类可分为氩弧焊、氦弧焊、氮弧焊、氢原子焊、二氧化碳气体保

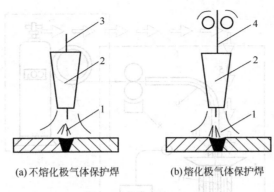

(a) 不熔化极气体保护焊　　　(b) 熔化极气体保护焊

图 5-13　气体保护焊示意

1—电弧；2—喷嘴；3—钨极；4—焊丝

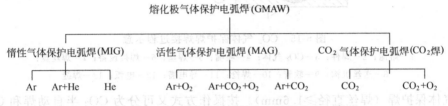

图 5-14　熔化极气体保护电弧焊分类

护焊等方法。按操作方式的不同，可分为手工、半自动和自动气体保护焊。

（三）气体保护电弧焊的特点

气体保护焊与其他电弧焊方法相比具有以下特点。

① 采用明弧焊，一般不必用焊剂，没有熔渣，熔池可见度好，便于操作。而且，保护气体是喷射的，适宜进行全位置焊接，不受空间位置的限制，有利于实现焊接过程的机械化和自动化。

② 由于电弧在保护气流的压缩下热量集中，焊接熔池和热影响区很小，因此焊接变形小、焊接裂纹倾向不大，尤其适用于薄板焊接。

③ 采用氩、氦等惰性气体保护，焊接化学性质较活泼的金属或合金时，可获得高质量的焊接接头。

④ 气体保护焊不宜在有风的地方施焊，在室外作业时需有专门的防风措施，此外，电弧光的辐射较强，焊接设备较复杂。

二、二氧化碳气体保护电弧焊

（一）CO_2 气体保护焊原理及特点

1. CO_2 气体保护焊的原理及分类

CO_2 气体保护焊是利用 CO_2 作为保护气体的一种熔化极气体保护电弧焊方法，简称 CO_2 焊。其工作原理如图 5-15 所示，电源的两输出端分别接在焊枪和焊件上。盘状焊丝由送丝机构带动，经软管和导电嘴不断地向电弧区域送给；同时，CO_2 气体以一定的压力和流量送入焊枪，通过喷嘴后，形成一股保护气流，使熔池和电弧不受空气的侵入。随着焊枪的移动，熔池金属冷却凝固而成焊缝，从而将被焊的焊件连成一体。

CO_2 焊按所用的焊丝直径不同，可为细丝 CO_2 气体保护焊（焊丝直径≤1.2mm）及粗

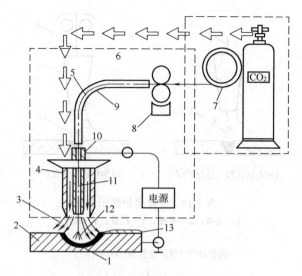

图 5-15 CO_2 气体保护焊焊接过程示意

1—熔池；2—焊件；3—CO_2 气体；4—喷嘴；5—焊丝；6—焊接设备；7—焊丝盘；
8—送丝机构；9—软管；10—焊枪；11—导电嘴；12—电弧；13—焊缝

丝 CO_2 气体保护焊（焊丝直径≥1.6mm）。按操作方式又可分为 CO_2 半自动焊和 CO_2 自动焊，其主要区别在于：CO_2 半自动焊用手工操作焊枪完成电弧热源移动，而送丝、送气等同 CO_2 自动焊一样，由相应的机械装置来完成。目前细丝半自动 CO_2 焊工艺比较成熟，因此应用最广。

2. CO_2 气体保护焊的特点

(1) 焊接成本低 CO_2 气体来源广、价格低，而且消耗的焊接电能少，所以 CO_2 焊的成本低，仅为埋弧自动焊的 40%，焊条电弧焊的 37%～42%。

(2) 生产率高 由于 CO_2 焊的焊接电流密度大，使焊缝厚度增大，焊丝的熔化率提高，熔敷速度加快；另外，焊丝又是连续送进，且焊后没有焊渣，特别是多层焊接时，节省了清渣时间。所以生产率比焊条电弧焊高 1～4 倍。

(3) 焊接质量高 CO_2 焊对铁锈的敏感性不大，因此焊缝中不易产生气孔。而且焊缝含氢量低，抗裂性能好。

(4) 焊接变形和焊接应力小 由于电弧热量集中，焊件加热面积小，同时 CO_2 气流具有较强的冷却作用，因此，焊接应力和变形小，特别宜于薄板焊接。

(5) 操作性能好 因是明弧焊，可以看清电弧和熔池情况，便于掌握与调整，也有利于实现焊接过程的机械化和自动化。

(6) 适用范围广 CO_2 焊可进行各种位置的焊接，不仅适用焊接薄板，还常用于中、厚板的焊接，而且也用于磨损零件的修补堆焊。

CO_2 焊的不足之处是：使用大电流焊接时，焊缝表面成形较差，飞溅较多；不能焊接容易氧化的有色金属材料；很难用交流电源焊接及在有风的地方施焊；弧光较强，特别是大电流焊接时，电弧的光、热辐射强。

(二) CO_2 气体保护焊的冶金特性

在常温下，CO_2 气体的化学性能呈中性，但在电弧高温下，CO_2 气体被分解而呈很强的氧化性，能使合金元素氧化烧损，降低焊缝金属的力学性能，还可成为产生气孔和飞溅的根源。因此，CO_2 焊的焊接冶金具有特殊性。

1. 合金元素的氧化与脱氧

CO_2 在电弧高温作用下，会分解为一氧化碳与氧，致使电弧气氛具有很强的氧化性。

$$CO_2 = CO + O \tag{5-2}$$

其中 CO 在焊接条件下不溶于金属，也不与金属发生反应，而原子状态的氧使铁及合金元素迅速氧化，降低焊缝力学性能，并产生大量的飞溅。因此，必须采取有效的脱氧措施。对于低碳钢及低合金钢的焊接，通常的脱氧方法是采用具有足够脱氧元素锰、硅的焊丝。

2. CO_2 焊的气孔问题

CO_2 焊时，熔池表面没有熔渣覆盖，CO_2 气流又有冷却作用，因此，结晶较快，容易在焊缝中产生气孔。CO_2 焊时可能产生的气孔有以下三种。

(1) 一氧化碳气孔 在熔池结晶时，熔池中的 FeO 与 C 反应生成的 CO 气体来不及逸出，就会在焊缝中形成气孔。因此，若保证焊丝中含有足够的脱氧元素 Mn 和 Si，并严格限制含 C 量，产生 CO 气孔的可能性不大。

(2) 氢气孔 氢的来源主要是焊丝、焊件表面的铁锈、水分和油污及 CO_2 气体中含有的水分。由于 CO_2 气体氧化性很强，只要焊前适当清除焊丝和焊件表面的杂质，并对 CO_2 气体进行提纯与干燥处理，CO_2 焊时形成氢气孔的可能性较小。

(3) 氮气孔 CO_2 焊最常发生的是氮气孔，这是 CO_2 气流的保护效果不好及 CO_2 气体纯度不高所致。所以必须加强 CO_2 气流的保护效果，这是防止 CO_2 焊产生气孔的重要途径。

3. CO_2 焊的熔滴过渡

CO_2 焊熔滴过渡形式主要有短路过渡和细颗粒过渡两种。

短路过渡是在采用细焊丝、小电流和低电弧电压焊接时形成的。短路过渡，由于短路频率高，电弧非常稳定，飞溅小，焊缝成形良好，同时焊接电流较小，焊接热输入低，故适宜于薄板焊接及全位置的焊接。

细颗粒过渡过程是在采用粗焊丝、大电流和高电压时形成的。此时电弧是持续的，不发生短路熄弧现象。由于焊接电流较大，电弧穿透力强，母材的焊缝厚度较大，多用于中、厚板的焊接。

4. CO_2 焊的飞溅问题

飞溅是 CO_2 焊的主要缺点，颗粒过渡的飞溅程度，要比短路过渡时严重得多。飞溅，会降低焊丝的熔敷系数，增加焊丝及电能的消耗，降低焊接生产率和增加焊接成本；飞溅金属黏着到导电嘴端面和喷嘴内壁上，会使送丝不畅而影响电弧稳定性，或者降低保护气的保护作用，容易使焊缝产生气孔，影响焊缝质量；飞溅金属黏着到导电嘴、喷嘴、焊缝及焊件表面上，需待焊后进行清理，增加了焊接的辅助工时。此外，焊接过程中飞溅出的金属，还容易烧坏焊接人员的工作服，甚至烫伤皮肤，恶化劳动条件。

CO_2 焊产生飞溅的原因及防止飞溅的措施如下。

(1) 由冶金反应引起的飞溅 焊接过程中，熔滴和熔池中的碳氧化成的 CO 气体，在电弧高温作用下体积急速膨胀，使熔滴和熔池金属产生爆破引起飞溅。减少这种飞溅的方法是采用含有锰、硅脱氧元素的焊丝，并降低焊丝中的含碳量。

(2) 由极点压力产生的飞溅 这种飞溅主要取决于焊接时的极性。当正极性焊接时，正离子飞向焊丝端部的熔滴，机械冲击力大，形成大颗粒飞溅。而反极性焊接时，飞向焊丝端代的。因此，CO_2 焊的电子撞击力小，飞溅较小。所以 CO_2 焊应选用直流反接。

（3）熔滴短路时引起的飞溅　当熔滴与熔池接触时，由于短路电流强烈加热及电磁收缩力的作用，使缩颈处的液态金属发生爆破，引起飞溅。减少这种飞溅的方法，主要是调节焊接回路中的电感值。

（4）非轴向颗粒过渡造成的飞溅　这种飞溅是在颗粒过渡时由于电弧的斥力作用而产生的。当熔滴在极点压力和弧柱中气流的压力共同作用下，熔滴被推到焊丝端部的一边，并抛到熔池外面去，产生大颗粒飞溅。

（5）焊接工艺参数选择不当引起的飞溅　这种飞溅是因焊接电流、电弧电压和回路电感等焊接工艺参数选择不当而引起的。因此，必须正确地选择 CO_2 焊的焊接工艺参数。

（三）CO_2 气体保护焊设备

CO_2 气体保护焊设备有半自动焊设备和自动焊设备。其中 CO_2 半自动焊在生产中应用较广，常用的 CO_2 半自动焊设备如图 5-16 所示，主要由焊接电源、焊枪及送丝系统、CO_2 供气系统、控制系统等部分组成。

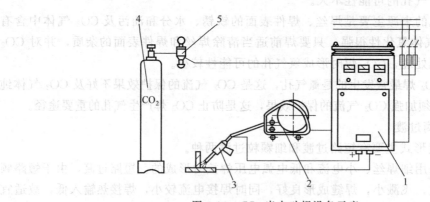

图 5-16　CO_2 半自动焊设备示意
1—电源；2—送丝机；3—焊枪；4—气瓶；5—减压调节器

1. 焊接电源

由于交流电源焊接时，电弧不稳定，飞溅较大，所以 CO_2 焊必须使用直流电源，通常选用具有平硬外特性的弧焊整流器。

2. 送丝系统及焊枪

（1）送丝系统　送丝系统由送丝机（包括电动机、减速器、校直轮和送丝轮）、送丝软管、焊丝盘等组成。CO_2 半自动焊的焊丝送给为等速送丝，其送丝方式主要有拉丝式、推丝式和推拉式三种。如图 5-17 所示。

拉丝式的焊丝盘、送丝机构与焊枪连接在一起，只适用细焊丝（直径为 0.5~0.8mm），操作的活动范围较大；推丝式的焊丝盘、送丝机构与焊枪分离，所用的焊丝直径宜在 0.8mm 以上，其焊枪的操作范围在 2~4m 以内，目前 CO_2 半自动焊多采用推丝式焊枪；推拉式兼有前两种送丝方式的优点，焊丝送给以推丝为主，但焊枪及送丝机构较为复杂。

（2）焊枪　焊枪的作用是导电、导丝、导气。按送丝方式可分为推丝式焊枪和拉丝式焊枪；按结构可分为鹅颈式焊枪和手枪式焊枪；按冷却方式可分为空气冷却焊枪和用内循环水冷却焊枪。鹅颈式气冷却焊枪应用最广。

3. CO_2 供气系统

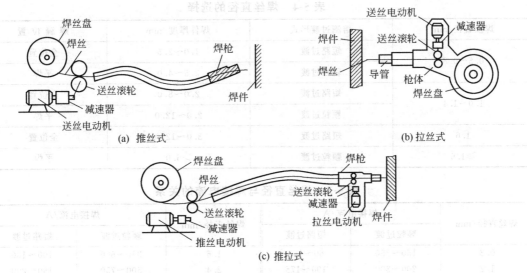

图 5-17 CO_2 半自动焊送丝方式

CO_2 的供气系统是由气瓶、预热器、干燥器、减压器、流量计等组成。

瓶装的液态 CO_2 汽化时要吸热，所以在减压器之前，需经预热器加热，并在输送到焊枪之前，应经过干燥器除水分。流量计的作用是控制和测量 CO_2 气体的流量。现在生产的减压流量调节器是将预热器、减压器和流量计合为一体，使用起来很方便。

4. 控制系统

CO_2 焊控制系统的作用是对供气、送丝和供电系统实现控制。CO_2 半自动焊的控制程序如图 5-18 所示。

图 5-18 CO_2 半自动焊控制程序方框图

目前，中国定型生产使用较广的 NBC 系列 CO_2 半自动焊机有 NBC-160、NBC-250 型、NBC1-300 型、NBC1-500 型等。此外，OTC 公司 XC 系列 CO_2 半自动焊机、唐山松下公司 KR 系列 CO_2 半自动焊机使用也较广。

（四）CO_2 气体保护焊的焊接工艺参数

CO_2 气体保护焊的主要焊接工艺参数有焊丝直径、焊接电流、电弧电压、焊接速度、焊丝伸出长度、气体流量、电源极性、回路电感、装配间隙与坡口尺寸等。

1. 焊丝直径

焊丝直径应根据焊件厚度、焊缝空间位置及生产率的要求来选择。当焊接薄板或中厚板的立、横、仰焊时，多采用直径 1.6mm 以下的焊丝；在平焊位置焊接中厚板时，可以采用直径 1.2mm 以上的焊丝。焊丝直径的选择见表 5-4。

2. 焊接电流

焊接电流的大小应根据焊件厚度、焊丝直径、焊接位置及熔滴过渡形式来确定。焊接电流增大，焊缝厚度、焊缝宽度及余高都相应增加。通常直径 0.8～1.6mm 的焊丝，在短路过渡时，焊接电流在 50～230A 内选择；细颗粒过渡时，焊接电流在 250～500A 内选择。焊丝直径与焊接电流的关系见表 5-5。

表 5-4 焊丝直径的选择

焊丝直径/mm	熔滴过渡形式	焊件厚度/mm	焊缝位置
0.5～0.8	短路过渡	1.0～2.5	全位置
0.5～0.8	颗粒过渡	2.5～4.0	平焊
1.0～1.4	短路过渡	2.0～8.0	全位置
1.0～1.4	颗粒过渡	2.0～12.0	平焊
1.6	短路过渡	3.0～12.0	全位置
≥1.6	颗粒过渡	>6.0	平焊

表 5-5 焊丝直径与焊接电流的关系

| 焊丝直径/mm | 焊接电流/A | | 焊丝直径/mm | 焊接电流/A | |
	颗粒过渡	短路过渡		颗粒过渡	短路过渡
0.8	150～250	60～160	1.6	350～500	100～180
1.2	200～300	100～175	2.4	500～750	150～200

3. 电弧电压

电弧电压随焊接电流的增加而增大。短路过渡时，电弧电压在 16～24V 范围内选择。颗粒过渡时，对于直径为 1.2～3.0mm 的焊丝，电弧电压可在 25～36V 范围内选择。

4. 焊接速度

在一定的焊丝直径、焊接电流和电弧电压条件下，随着焊速增加，焊缝宽度与焊缝厚度减小。焊速过快，不仅气体保护效果变差，可能出现气孔，而且还易产生咬边及未熔合等缺陷，但焊速过慢，则焊接生产率降低，焊接变形增大。一般 CO_2 半自动焊时的焊接速度为 15～40m/h。

5. 焊丝伸出长度

焊丝伸出长度取决于焊丝直径，一般约等于焊丝直径的 10 倍，且不超过 15mm。伸出长度过大，焊丝会成段熔断，飞溅严重，气体保护效果差；过小，不但易造成飞溅物堵塞喷嘴，影响保护效果，也影响焊工视线。

6. CO_2 气体流量

CO_2 气体流量应根据焊接电流、焊接速度、焊丝伸出长度及喷嘴直径等选择，过大或过小的气体流量都会影响气体保护效果。通常在细丝 CO_2 焊时，CO_2 气体流量约为 8～15L/min；粗丝 CO_2 焊时，CO_2 气体流量约在 15～25L/min。

7. 电源极性与回路电感

为了减少飞溅，保证焊接电弧的稳定性，CO_2 焊应选用直流反接。焊接回路的电感值应根据焊丝直径和电弧电压来选择，不同直径焊丝的合适电感值见表 5-6。

表 5-6 不同直径焊丝合适的电感值

焊丝直径/mm	0.8	1.2	1.6
电感值/mH	0.01～0.08	0.10～0.16	0.30～0.70

三、氩弧焊

(一) 氩弧焊原理、特点和分类

1. 氩弧焊工作原理

氩弧焊是使用氩气作为保护气体的一种气体保护电弧焊方法，如图 5-19 所示。焊接时，氩气流从焊枪喷嘴中连续喷出，在电弧区形成严密的保护气层，将电极和金属熔池与空气隔离。同时，利用电极（钨极或焊丝）与焊件之间产生的电弧热量，来熔化附加的填充焊丝或自动给送的焊丝及基本金属，待液态熔池金属凝固后形成焊缝。

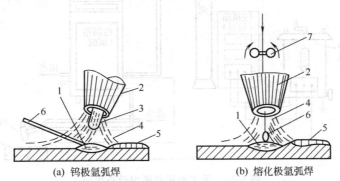

图 5-19 氩弧焊示意

1—熔池；2—喷嘴；3—钨极；4—气体；5—焊缝；6—焊丝；7—送丝滚轮

2. 氩弧焊特点

氩弧焊除了具有气体保护焊共有的特点外，还有如下特点。

（1）焊缝质量好 由于氩气是一种惰性气体，不与金属起化学反应，合金元素不会氧化烧损，而且也不溶解于金属。因此，保护效果好，能获得较为纯净及高质量的焊缝。

（2）焊接变形与应力小 由于电弧受氩气流的冷却和压缩作用，电弧的热量集中，且氩弧的温度又很高，故热影响区很窄，焊接变形与应力小，尤其适宜于焊接很薄的材料。

（3）焊接范围很广 几乎所有的金属材料都可以进行氩弧焊，特别适宜焊接化学性质活泼的金属和合金，如铝、镁、钛、铜等，有时还可用于焊接结构的打底焊。

（4）生产成本较高 由于氩气较贵，与其他焊接方法相比生产成本较高，所以主要用于质量要求较高产品的焊接。

3. 氩弧焊的分类

氩弧焊根据所用的电极材料不同，可分为钨极（非熔化极）氩弧焊和熔化极氩弧焊。按其操作方式又可分为手工氩弧焊和自动氩弧焊。根据采用的电源种类，又有直流氩弧焊、交流氩弧焊和脉冲氩弧焊。

（二）钨极氩弧焊

钨极氩弧焊是使用纯钨或活化钨（钍钨、铈钨）为电极的氩气保护焊，简称 TIG 焊。钨极本身不熔化只起发射电子产生电弧的作用，故也称非熔化极氩弧焊。

钨极氩弧焊时，由于所用的焊接电流受到钨极的熔化与烧损的限制，所以电弧功率较小，只适用于厚度小于 6mm 的焊件焊接。

1. 钨极氩弧焊设备

手工钨极氩弧焊设备包括供电系统、焊枪、供气系统、冷却系统、控制系统等部分，如图 5-20 所示。自动钨极氩弧焊设备，除上述几部分外，还有等速送丝装置及焊接小车行走机构。

（1）供电系统 这部分主要是焊接电源、高频振荡器、脉冲稳弧器等。在小功率焊机中，它们合为一体，称为一体式结构；在大功率焊机中，高频振荡器、脉冲稳弧器与焊接电

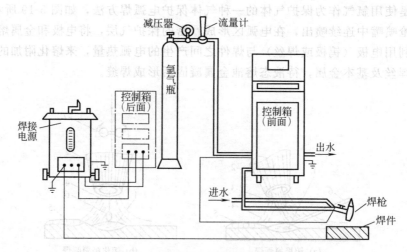

图 5-20 手工钨极氩弧焊设备组成

源分立,为一单独的控制箱。

① 焊接电源 由于电弧静特性曲线工作在水平线,所以应选用具有陡降外特性的电源。一般焊条电弧焊的电源（如弧焊变压器、弧焊整流器等）都可作为手工钨极氩弧焊电源。

② 引弧及稳弧装置 由于氩气的电离能较高,引燃电弧困难,但又不宜使用提高空载电压的方法,所以钨极氩弧焊必须使用高频振荡器来引燃电弧。高频振荡器一般仅供焊接时初次引弧,不用于稳弧,引燃电弧后马上切断。对于交流电源,还需使用脉冲稳弧器,以保证重复引燃电弧并稳弧。

此外,还有消除直流分量装置。

(2) 焊枪 焊枪的作用是夹持电极、导电和输送氩气流。氩弧焊枪分为气冷式焊枪和水冷式焊枪。气冷式焊枪使用方便,但限于小电流（150A 以下）焊接使用；水冷式焊枪适宜大电流和自动焊接使用。

(3) 供气系统 钨极氩弧焊的供气系统由氩气瓶、减压器、流量计和电磁阀组成。减压器用以减压和调压。流量计是用来调节和测量氩气流量的大小,有时将减压器与流量计制成一体,成为组合式。电磁气阀是控制气体通断装置。

(4) 冷却系统 一般选用的最大焊接电流在 150A 以上时,必须通水来冷却焊枪和电极。冷却水接通并有一定压力后,才能启动焊接设备,通常在钨极氩弧焊设备中用水压开关或手动来控制水流量。

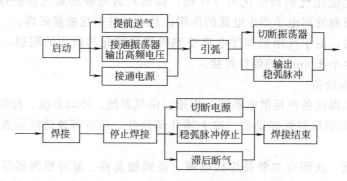

图 5-21 交流手工钨极氩弧焊控制程序方框图

(5) 控制系统 钨极氩弧焊的控制系统是通过控制线路,对供电、供气、引弧与稳弧等各个阶段的动作程序实现控制。图 5-21 为交流手工钨极氩弧焊的控制程序方框图。

目前,常用的手工钨极氩弧焊机型号有:WS-250、WS-300 等直流钨极氩弧焊机,WSJ-150、WSJ-300 等交流钨极氩弧焊机,WSE-150、WSE-250 等交直流钨极氩弧焊机。

2. 钨极氩弧焊焊接工艺参数

钨极氩弧焊的焊接工艺参数主要有:电源种类和极性、钨极直径、焊接电流、电弧电压、氩气流量、焊接速度和喷嘴直径等。正确地选择焊接工艺参数是获得优质焊接接头的重要保证。

(1) 电源种类和极性 钨极氩弧焊可以使用直流电,也可以使用交流电。电流种类和极性的选择主要从减少钨极烧损和产生"阴极破碎"作用来考虑。

"阴极破碎"是直流反接或焊件为负极的交流半周波中,电弧空间的正离子飞向焊件撞击金属熔池表面,将致密难熔的氧化膜击碎而去除的作用,也称"阴极雾化",如图 5-22 所示。

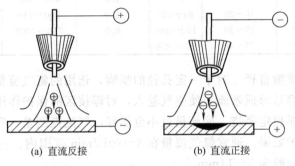

(a) 直流反接　　　　(b) 直流正接

图 5-22 阴极破碎作用示意

采用直流正接时,由于电弧阳极温度高于阴极温度,钨极不易过热与烧损。但焊件表面是受到比正离子质量小得多的电子撞击,不能去除氧化膜,没有"阴极破碎"作用。

采用直流反接时,虽有阴极破碎作用,但钨极易烧损,所以钨极氩弧焊很少采用。

交流钨极氩弧焊时,在钨极为负极的半周波中,钨极可以得到冷却,以减小烧损。而在焊件为负极的半周波中有"阴极破碎"作用。因此,交流钨极氩弧焊兼有直流钨极氩弧焊正、反接的优点,是焊接铝镁合金的最佳方法。各种材料的电源种类与极性的选用见表 5-7。

表 5-7 电源种类和极性的选择

电源种类和极性	被焊金属材料
直流正接	低碳钢、低合金钢、不锈钢、耐热钢、铜、钛及其合金
直流反接	适用于各种金属的熔化极氩弧焊,钨极氩弧焊很少采用
交流电源	铝、镁及其合金

(2) 钨极直径及端部形状 钨极直径主要按焊件厚度、电源极性来选择。如果钨极直径选择不当,将造成电弧不稳、严重烧损钨极和焊缝夹钨。

钨极端部形状对电弧稳定性有一定影响,钨极端部形状按图 5-23 所示选用。

(3) 焊接电流 焊接电流主要根据焊件厚度、钨极直径和焊缝空间位置来选择,过大或过小的焊接电流都会使焊缝成形不良或产生缺陷。各种直径的钨极许用电流范围见表 5-8。

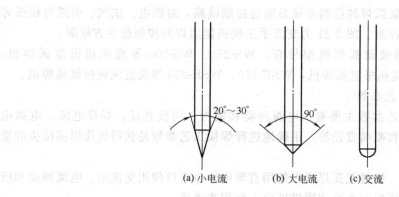

(a) 小电流　　　(b) 大电流　　　(c) 交流

图 5-23　电极端部的形状

表 5-8　各种直径的钨极许用电流范围

钨极直径/mm	直流正接/A	直流反接/A	交流/A	钨极直径/mm	直流正接/A	直流反接/A	交流/A
1.0	15~80	—	20~60	4.0	400~500	40~55	200~320
1.6	70~250	10~20	60~120	5.0	500~750	55~80	290~390
2.4	150~250	15~30	100~180	6.0	750~1000	80~125	340~525
3.2	250~400	25~40	160~250				

（4）氩气流量和喷嘴直径　对于一定孔径的喷嘴，选用的氩气流量要适当，如果流量过大，不仅浪费，而且容易形成紊流，使空气卷入，对焊接区的保护作用不利，同时带走电弧区的热量多，影响电弧稳定燃烧。而流量过小也不好，气流挺度差，容易受到外界气流的干扰，以致降低气体保护效果。通常氩气流量在3~20L/min 范围内。一般喷嘴直径随着氩气流量的增加而增加，一般为 5~14mm。

（5）焊接速度　在一定的钨极直径、焊接电流和氩气流量条件下，焊接速度过快，会使保护气流偏离钨极与熔池，影响气体保护效果，易产生未焊透等缺陷。焊接速度过慢时，焊缝易咬边和烧穿。因此，应选择合适的焊接速度。

（6）电弧电压　电弧电压增加，焊缝厚度减小，熔宽显著增加；随着电弧电压的增加，气体保护效果随之变差。当电弧电压过高时，易产生未焊透、焊缝被氧化和气孔等缺陷。因此，应尽量采用短弧焊，一般为 10~24V。

（7）其他因素　喷嘴至焊件的距离、钨极伸出长度等，对焊接过程及气体保护效果，都有不同程度的影响。所以应按具体的焊接要求给予选定。一般喷嘴至焊件的距离为 5~15mm 为宜；钨极伸出喷嘴的长度为 3~6mm。

（三）熔化极氩弧焊

熔化极氩弧焊是采用焊丝作为电极，电弧在焊丝与焊件之间燃烧，焊丝连续送给并不断熔化向熔池过渡，熔池冷却凝固后形成焊缝。熔化极氩弧焊按其操作方式分有半自动焊和自动焊两种。

熔化极氩弧焊用焊丝作为电极，克服了钨极氩弧焊焊接电流因受钨极的熔化和烧损的限制，焊接电流可大大提高，焊缝厚度大，焊丝熔敷速度快，所以一次焊接的焊缝厚度显著增加，适用于中厚度焊件的焊接。

当采用短路过渡或颗粒状过渡焊接时，由于飞溅严重，电弧复燃困难，焊件金属熔化不良及容易产生焊缝缺陷。但熔化极氩弧焊在氩气保护下，产生喷射过渡的最小焊接电流（即临界电流）不高，容易形成喷射过渡，所以熔滴过渡多采用喷射过渡的形式。

熔化极氩弧焊设备与 CO_2 焊类似，主要由焊接电源、供气系统、送丝机构、控制系统、半自动焊枪等部分组成。中国定型生产的熔化极半自动氩弧焊机有 NBA 系列，如 NBA1-500 型等，熔化极自动氩弧焊机有 NZA 系列，如 NZA-1000 型等。

四、富氩混合气体保护电弧焊与药芯焊丝气体保护电弧焊

（一）富氩混合气体保护焊

在惰性气体氩（Ar）中加入少量的活性气体（CO_2、O_2 等）组成的混合气体作为保护气体的焊接方法称为熔化极活性气体保护焊，简称为 MAG 焊。由于混合气体中氩气所占比例大，故常称为富氩混合气体保护焊。现在常用的是用 80%Ar+20%CO_2 焊接碳钢及低合金钢。

Ar+CO_2 混合气体保护焊具有氩弧焊的优点，如电弧稳定性好、飞溅小、很容易获得轴向喷射过渡等。由于加入了 CO_2，克服了氩弧焊产生的阴极漂移现象及指状（蘑菇）熔深成形等问题，接头力学性能好。焊缝成形比 CO_2 焊好，焊波细密美观。成本比氩弧焊低，较 CO_2 焊高。

富氩混合气体保护焊设备与 CO_2 气体保护焊设备类似，它只是在 CO_2 气体保护焊设备系统中加入了氩气和气体混合配比器或用瓶装的 Ar、CO_2 混合气体代替瓶装 CO_2 即可。

富氩混合气体保护焊的焊接工艺参数主要有焊丝、焊接电流、电弧电压、焊接速度、焊丝伸出长度、气体流量、电源种类极性等，选择方法与 CO_2 焊类似。

（二）药芯焊丝气体保护电弧焊

依靠药芯焊丝在高温时反应形成的熔渣和气体或另加保护气体保护焊接区进行焊接的方法称为药芯焊丝电弧焊。药芯焊丝电弧焊根据外加保护方式不同有药芯焊丝气体保护电弧焊、药芯焊丝埋弧焊及药芯焊丝自保护焊。应用最广的是以 CO_2 气体为保护气的药芯焊丝气体保护焊。

药芯焊丝气体保护焊的基本原理与普通熔化极气体保护焊一样。焊接时，在电弧热作用下熔化的药芯焊丝、母材金属和保护气体相互之间发生冶金作用，同时形成一层较薄的液态熔渣包覆熔滴并覆盖熔池，对熔化金属形成了又一层的保护。实质上这种焊接方法是一种气渣联合保护的方法，如图 5-24 所示。

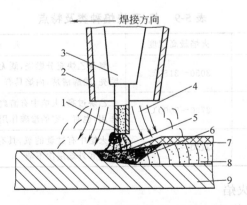

图 5-24 药芯焊丝二氧化碳气体保护焊
1—药芯焊丝；2—喷嘴；3—导电嘴；4—CO_2 气流；
5—电弧；6—熔池；7—渣壳；8—焊缝；9—焊件

药芯焊丝气体保护焊综合了焊条电弧焊和普通熔化极气体保护焊的优点：保护效果好，抗气孔能力强，焊缝成形美观，电弧稳定性好，颗粒细，飞溅少；焊丝熔敷速度快，生产率比焊条电弧焊高3～4倍，经济效益显著；对焊接电源无特殊要求，交、直流，平缓外特性均可等。不足之处是焊丝制造过程复杂，药粉易吸潮等。

药芯焊丝CO_2气体保护电弧焊工艺与实芯焊丝CO_2气体保护焊相似，其焊接工艺参数主要有焊接电流、电弧电压、焊接速度、焊丝伸出长度等。电源一般采用直流反接，焊丝伸出长度一般为15～25mm，焊接速度通常在30～50cm/min范围内。

第三节　气焊与气割

气焊与气割是利用气体火焰作为热源，进行金属材料的焊接或切割的加工工艺方法。它具有设备简单、操作方便、质量可靠、成本低、实用性强等特点。现已在机械、锅炉、压力容器、管道、电力、造船及金属结构等方面，得到了广泛的应用。

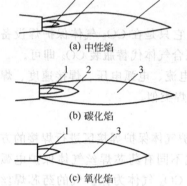

图5-25　氧-乙炔焰的构造和形状
1—焰芯；2—内焰；3—外焰

一、气体火焰

气焊与气割的热源是气体火焰。产生气体火焰的气体有可燃气体和助燃气体，可燃气体有乙炔、液化石油气等，助燃气体是氧气。气焊常用的是氧气与乙炔燃烧产生的气体火焰——氧-乙炔焰，气割的预热火焰除氧-乙炔焰外，还有氧-液化石油气火焰等。

（一）氧-乙炔焰

氧-乙炔焰的外形、构造、火焰的化学性质和火焰温度的分布与氧气和乙炔的混合比大小有关。根据混合比的大小不同，可得到性质不同的三种火焰——中性焰、碳化焰和氧化焰，如图5-25所示。氧-乙炔焰种类及特点见表5-9。

表5-9　氧-乙炔焰种类及特点

火焰种类	氧与乙炔混合比	火焰最高温度	火焰特点
中性焰	1.1～1.2	3050～3150℃	氧与乙炔充分燃烧，既无过剩氧，也无过剩的乙炔。焰芯明亮，轮廓清楚，内焰具有一定的还原性
碳化焰	小于1.1	2700～3000℃	乙炔过剩，火焰中有游离状态的碳和氢，具有较强的还原作用，也有一定的渗碳作用。碳化焰整个火焰比中性焰长
氧化焰	大于1.2	3100～3300℃	火焰中有过量的氧，具有强烈的氧化性，整个火焰较短，内焰和外焰层次不清

（二）氧-液化石油气火焰

氧-液化石油气火焰的构造，同氧-乙炔焰基本一样，也分为中性焰、碳化焰和氧化焰三种。不同的是内焰不像乙炔那样明亮有点发蓝，外焰则比氧乙炔焰清晰且较长。

氧-液化石油气火焰的温度比氧乙炔焰略低，为2800～2850℃。由于其在氧气中的燃烧速度约为乙炔的1/3，所以完全燃烧所需氧气量比乙炔时大，气割预热时间稍长。但液化石油气价格低廉，比乙炔安全，割口光洁，不渗碳，质量比较好，所以在气割中得到成功推广应用，并部分取代了氧-乙炔焰。

二、气焊

气焊是利用气体火焰作为热源的一种熔焊方法。常用氧气和乙炔混合燃烧的火焰进行焊接，又称为氧乙炔焊。这种熔焊方法在工业生产中应用较广。

(一) 气焊原理、特点及应用

气焊时，先将焊件的焊接处金属加热到熔化状态形成熔池，并不断地熔化焊丝向熔池中填充，气体火焰覆盖在熔化金属的表面上，起保护作用，随着焊接过程的进行，熔化金属冷却形成焊缝。气焊过程如图 5-26 所示。

气焊具有设备简单、操作方便、成本低、适应性强等优点，但由于火焰温度低、加热分散、热影响区宽、焊件变形大和过热严重。因此，气焊接头质量不如焊条电弧焊容易保证。气焊主要用于焊接薄板、小直径薄壁管、铸铁、有色金属、低熔点金属及硬质合金等。气焊火焰还可用于钎焊、喷焊和火焰矫正等。

(二) 气焊设备与工具

气焊设备与工具主要有氧气瓶、乙炔瓶、液化石油气瓶、减压器、焊炬等，其组成如图 5-27 所示。

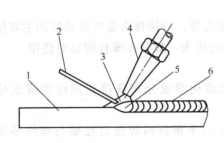

图 5-26 气焊过程示意
1—焊件；2—焊丝；3—气焊火焰；
4—焊嘴；5—熔池；6—焊缝

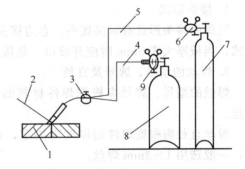

图 5-27 气焊设备组成
1—焊件；2—焊丝；3—焊炬；4—乙炔胶管；
5—氧气胶管；6—氧气减压器；7—氧气瓶；
8—乙炔瓶；9—乙炔减压器

1. 氧气瓶、乙炔瓶、液化石油气瓶（见第三章）
2. 减压器

减压器又称压力调节器，它是将气瓶内的高压气体降为工作时的低压气体的调节装置。减压器的作用是将气瓶内的高压气体降为工作时所需的压力，并保持工作时压力稳定。

减压器按用途不同可分为氧气减压器、乙炔减压器、液化石油气减压器等；按构造不同可分为单级式和双级式两类；按工作原理不同可分为正作用式和反作用式两类。目前常用的是单级反作用式。

3. 焊炬

焊炬是气焊时用于控制气体混合比、流量及火焰并进行焊接的工具。焊炬按可燃气体与氧气混合的方式不同，可分为射吸式焊炬（也称低压焊炬）和等压式焊炬两类，现在常用的

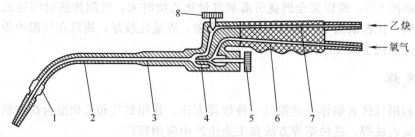

图 5-28 射吸式焊炬的构造原理

1—焊嘴；2—混合管；3—射吸管；4—喷嘴；5—氧气阀；6—氧气导管；7—乙炔导管；8—乙炔阀

是射吸式焊炬。

射吸式焊炬的构造原理如图5-28所示。焊炬工作时，氧气从喷嘴口快速射出，在喷嘴外围造成负压（吸力），在氧射流负压的作用下，聚集在喷嘴外围的乙炔气很快被氧气吸出，并按一定的比例与氧气混合，经过射吸管、混合气管从焊喷嘴出。

焊炬型号是由汉语拼音字母 H 表示结构形式和操作方式的序号及规格组成，如 H01-6 表示手工操作的可焊接最大厚度为 6mm 的射吸式焊炬。

（三）气焊工艺参数

气焊工艺参数包括焊丝的型号、牌号及直径、气焊熔剂、火焰的性质及能率、焊炬的倾斜角度、焊接方向、焊接速度和接头形式等，它们是保证焊接质量的主要技术依据。

1. 接头形式

气焊的接头形式有对接接头、卷边接头、角接接头等。对接接头是气焊采用的主要接头形式，当板厚大于5mm时应开坡口。角接接头、卷边接头一般只在薄板焊接时使用。

2. 焊丝的型号、牌号及直径

焊丝的型号、牌号应根据焊件材料的力学性能或化学成分来选择相应性能或成分的焊丝。

焊丝直径则根据焊件的厚度来决定，焊接5mm以下板材时焊丝直径要与焊件厚度相近，一般选用1～3mm焊丝。

3. 气焊熔剂

气焊熔剂的选择要根据焊件的成分及其性质而定，一般碳素结构钢气焊时不需要气焊熔剂。而不锈钢、耐热钢、铸铁、铜及铜合金、铝及铝合金气焊时，则必须采用气焊熔剂。

4. 火焰的性质及能率

（1）火焰的性质（种类）　气焊火焰的性质，应该根据不同材料的焊件合理选择。中性焰适用于焊接一般低碳钢和要求焊接过程对熔化金属不渗碳的金属材料，如不锈钢、紫铜、铝及铝合金等；碳化焰只适用含碳较高的高碳钢、铸铁、硬质合金及高速钢的焊接；氧化焰很少采用，但焊接黄铜时，采用含硅焊丝，氧化焰会使熔化金属表面覆盖一层硅的氧化膜可阻止黄铜中锌的蒸发，故焊接黄铜时，宜采用氧化焰。各种金属材料气焊火焰的选用见表5-10。

（2）火焰的能率　气焊火焰的能率主要是根据每小时可燃气体（乙炔）的消耗量（L/h）来确定，而气体消耗量又取决于焊嘴的大小。在保证焊接质量的前提下，应尽量选择较大的火焰能率，以提高生产率。

表 5-10　各种金属材料气焊火焰的选用

材 料 种 类	火 焰 种 类	材 料 种 类	火 焰 种 类
低、中碳钢	中性焰	铝镍钢	中性焰或乙炔稍多的中性焰
低合金钢	中性焰	锰　钢	氧化焰
紫　铜	中性焰	镀锌铁板	氧化焰
铝及铝合金	中性焰或轻微碳化焰	高速钢	碳化焰
铅、锡	中性焰	硬质合金	碳化焰
青　铜	中性焰或轻微氧化焰	高碳钢	碳化焰
不锈钢	中性焰或轻微碳化焰	铸　铁	碳化焰
黄　铜	氧化焰	镍	碳化焰或中性焰

5. 焊炬的倾斜角度

焊炬的倾斜角度的大小，主要取决于焊件的厚度和母材的熔点及导热性。焊件越厚、导热性及熔点越高，采用的焊炬倾斜角越大，这样可使火焰的热量集中；相反，则采用较小的倾斜角。焊接碳素钢，焊炬倾斜角与焊件厚度的关系如图 5-29 所示。

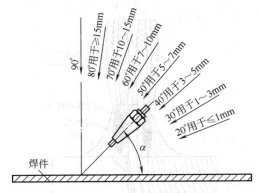

图 5-29　焊炬倾斜角与焊件厚度的关系

6. 焊接方向

气焊时，按照焊炬和焊丝的移动的方向，可分为左向焊法和右向焊法两种。

（1）右向焊法　右向焊法如图 5-30（a）所示，焊炬指向焊缝，焊接过程自左向右，焊炬在焊丝前面移动。右向焊法适合焊接厚度较大，熔点及导热性较高的焊件，但不易掌握，一般较少采用。

（2）左向焊法　左向焊法如图 5-30（b）所示，焊炬是指向焊件未焊部分，焊接过程自右向左，而且焊炬是跟着焊丝走。这种方法操作简便，容易掌握，适宜于薄板的焊接，是普

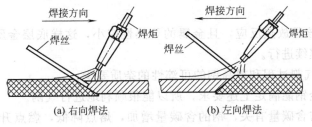

图 5-30　右向焊法和左向焊法

遍应用的方法。左向焊法缺点是焊缝易氧化，冷却较快，热量利用率低。

7. 焊接速度

一般情况下，厚度大、熔点高的焊件，焊接速度要慢些，以免产生未熔合的缺陷；厚度小、熔点低的焊件，焊接速度要快些，以免烧穿和使焊件过热，降低产品质量。总之，在保证焊接质量的前提下，应尽量加快焊接速度，以提高生产率。

三、气割

气割是利用气体火焰的能量将金属分离的一种加工方法，是生产中钢材分离的重要手段。

(一) 气割原理及条件

1. 气割的原理

气割是利用气体火焰（中焰性）的热能，将工件切割处预热到燃烧温度后，喷出高速切割氧流，使其燃烧并放出热量实现切割的方法，如图5-31所示。氧气切割过程是预热—燃烧—吹渣过程，其实质是铁在纯氧中的燃烧过程，而不是熔化过程。

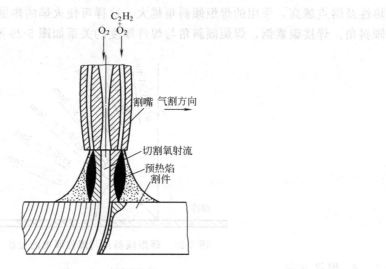

图5-31 气割示意

2. 气割的条件

金属只有符合下列条件才能进行氧气切割。

① 金属在氧气中的燃烧点应低于熔点，这是氧气切割过程能正常进行的最基本条件。否则金属在燃烧之前已熔化就不能实现正常的切割过程。

② 金属气割时形成氧化物的熔点应低于金属本身的熔点。氧气切割过程产生的金属氧化物的熔点必须低于该金属本身的熔点，同时流动性要好，这样的氧化物能以液体状态从割缝处被吹除。

③ 金属燃烧应该是放热反应，且金属的导热性应小，这样底层金属就能迅速预热至燃点，保证气割过程继续进行。

④ 金属中阻碍气割过程和提高钢的可淬性的杂质要少。

低碳钢和低合金钢能满足上述要求，所以能很顺利地进行气割。

钢的气割性能与含碳量有关，钢的含碳量增加，熔点降低，燃点升高，气割性能变差，当含碳量超过0.7%时，必须将割件预热至400～700℃才能进行气割；当含碳量大于1%～

1.2%时,割件就不能进行正常气割。

铸铁不能用氧气气割,原因是它在氧气中的燃点比熔点高很多,同时产生高熔点的二氧化硅(SiO_2),而且氧化物的黏度也很大,流动性又差,切割氧流不能把它吹除。此外由于铸铁中含碳量高,碳燃烧后产生一氧化碳和二氧化碳冲淡了切割氧射流,降低了氧化效果,使气割发生困难。

不锈钢会产生高熔点的氧化铬和氧化镍(约1990℃),遮盖了金属的割缝表面,阻碍下一层金属燃烧,也使气割发生困难。

铜、铝及其合金燃点比熔点高,导热性好,加之铝在切割过程中产生高熔点的三氧化二铝(约2050℃),而铜产生的氧化物放出的热量较低,都使气割发生困难。

目前,铸铁、不锈钢、铜、铝及其合金均采用等离子切割。

(二)气割设备与工具

气割设备与工具主要有氧气瓶、乙炔瓶、液化石油气瓶、减压器、割炬(或气割机)等。氧气瓶、乙炔瓶、液化石油气瓶、减压器与气焊用的相同。

1. 割炬

割炬是手工气割的主要工具。割炬按可燃气体与氧气混合的方式不同,可分为射吸式割炬和等压式割炬两种;按可燃气体种类不同可分为乙炔割炬、液化石油气割炬等。射吸式割炬应用最为普遍。

射吸式割炬的构造原理如图 5-32 所示,它是在射吸式焊炬的基础上,增加了由切割氧调节阀、切割氧气管以及割嘴等组成的切割部分。割嘴的构造如图 5-33 所示,有环形和梅

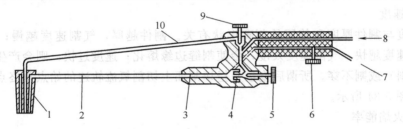

图 5-32 射吸式割炬构造原理
1—割嘴;2—混合气管;3—射吸管;4—喷嘴;5—预热氧气阀;
6—乙炔阀;7—乙炔;8—氧气;9—切割氧气阀;10—切割氧气管

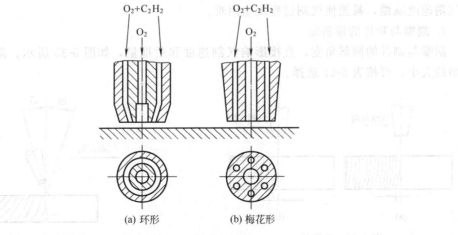

(a) 环形   (b) 梅花形

图 5-33 割嘴的形状

花形两种。

气割时，先开启预热氧调节阀和乙炔调节阀，点火产生环形预热火焰对割件进行预热，待割件预热至燃点时，即开启切割氧调节阀，此时高速切割氧气流经切割氧气管，由割嘴的中心孔喷出，进行气割。

割炬的型号是由汉语拼音字母 G、表示结构形式和操作方式的序号及规格组成。如 G01-30 表示手工操作的可切割的最大厚度为 30mm 的射吸式割炬。

液化石油气气割时，不能直接使用乙炔用的射吸式割炬，需要进行改造或使用液化石油气专用割炬如 G07-100 等。

2. 气割机

随着生产的发展，对气割质量的要求越来越高，运用手工气割越来越不能适应生产的需要，现在广泛使用的有半自动气割机，如 CG1-30；仿形气割机，如 CG2-150；光电跟踪气割机等机械化气割设备。近年来，由于计算机技术发展，数控气割机得到广泛应用。

(三) 气割工艺参数

气割工艺参数主要包括气割氧压力、气割速度、预热火焰能率、割嘴与割件的倾斜角度、割嘴离割件表面的距离等。

1. 气割氧压力

气割氧压力主要根据割件厚度来选用。割件越厚，要求气割氧压力越大。但氧气压力过大，不仅造成浪费，而且使割口表面粗糙，割缝加大。氧气压力过小，不能将熔渣全部从割缝处吹除，使割缝的背面留下很难清除干净的挂渣，甚至出现割不透现象。

2. 气割速度

气割速度与割件厚度和使用的割嘴形状有关。割件越厚，气割速度越慢；反之割件越薄，则气割速度越快。气割速度太慢，会使割缝边缘熔化；速度过快，则会产生很大的后拖量（沟纹倾斜）或割不穿。所谓后拖量是指切割面上切割氧流轨迹的始点与终点在水平方向的距离，如图 5-34 所示。

3. 预热火焰能率

预热火焰能率是以每小时可燃气体消耗量来表示的。预热火焰能率应根据割件厚度来选择，一般割件越厚，火焰能率越大。但火焰能率过大时，会使割缝上缘产生连续珠状钢粒，甚至熔化成圆角，并使割件背面粘渣增多。当火焰能率过小时，割件得不到足够的热量，迫使气割速度减慢，甚至使气割过程发生困难。

4. 割嘴与割件的倾斜角

割嘴与割件的倾斜角度，直接影响气割速度和后拖量，如图 5-35 所示。割嘴与割件倾斜角的大小，可按表 5-11 选择。

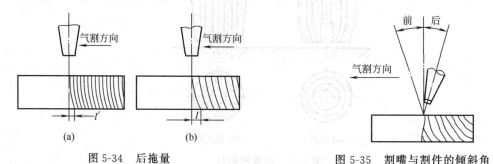

图 5-34 后拖量　　　　　　　　图 5-35 割嘴与割件的倾斜角

表 5-11　割嘴倾角与割件厚度的关系

割件厚度/mm	<6	6～30	>30		
			起割	割穿后	停割
倾角方向	后倾	垂直	前倾	垂直	后倾
倾角角度	25°～45°	0°	5°～10°	0°	5°～10°

5. 割嘴离工件表面的距离

割嘴离割件表面的距离应根据预热火焰长度和割件厚度来确定，一般为 3～5mm。因为这样的加热条件好，切割面渗碳的可能性最小。当割件厚度小于 20mm 时，火焰可长些，距离可适当加大；当割件厚度大于或等于 20mm 时，由于气割速度放慢，火焰应短些，距离应适当减小。

（四）回火现象

在气焊、气割工作中有时会发生气体火焰进入喷嘴内逆向燃烧的现象，这种现象称为回火。回火可能烧毁焊（割）炬、管路及引起可燃气体储罐的爆炸。

发生回火的根本原因是混合气体从焊割炬的喷射孔内喷出的速度小于混合气体燃烧速度。由于混合气体的燃烧速度一般不变，凡是降低混合气体喷出速度的因素都有可能发生回火，因此发生回火的具体原因有以下几个方面：

① 输送气体的软管太长、太细，或者曲折太多，使气体在软管内流动时所受的阻力增大，降低了气体的流速，引起回火。

② 焊割时间过长或者焊割嘴离工件太近致使焊割嘴温度升高，焊割炬内的气体压力增大，增大了混合气体的流动阻力，降低了气体的流速引起回火。

③ 焊割嘴端面黏附了过多飞溅出来的熔化金属微粒，这些微粒阻塞了喷射孔，使混合气体不能畅通地流出引起回火。

④ 输送气体的软管内壁或焊割炬内部的气体通道上黏附了固体碳质微粒或其他物质，增加了气体的流动阻力，降低了气体的流速以及气体管道内存着氧-乙炔混合气体等引起回火。

由于瓶装乙炔瓶内压力较高，发生火焰倒流燃烧的可能性很少。若发生回火，处理的方法是：迅速关闭乙炔调节阀门和氧气调节阀门，切断乙炔和氧气来源。

第四节　其他焊接与切割方法

一、埋弧自动焊

埋弧自动焊是相对明弧焊而言的，是指电弧在颗粒状焊剂层下燃烧的一种自动焊方法，是目前广泛使用的一种高效的机械化焊接方法。广泛用于锅炉、压力容器、石油化工、船舶、桥梁、冶金及机械制造工业中。

（一）埋弧自动焊原理

埋弧焊的焊接过程如图 5-36 所示。焊接时，先将焊丝由送丝机构送进，经导电嘴与焊件轻微接触，焊剂由漏斗口经软管流出后，均匀地堆敷在待焊处，引弧后电弧将焊丝和焊件

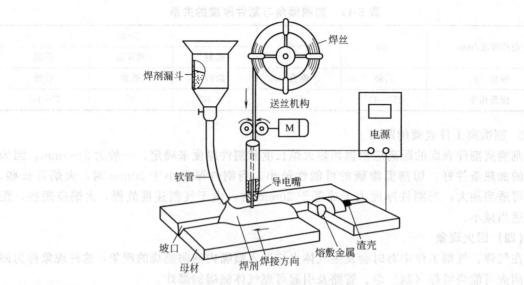

图 5-36 埋弧自动焊过程示意

熔化形成熔池,同时将电弧区周围的焊剂熔化并有部分蒸发,形成一个封闭的电弧燃烧空间,密度较小的熔渣浮在熔池表面上,将液态金属与空气隔绝开来,有利于焊接冶金反应的进行。随着电弧向前移动,熔池液态金属随之冷却凝固而形成焊缝,浮在表面上的液态熔渣也随之冷却而形成渣壳。焊接时,焊机的启动、引弧、送丝、机头(或焊件)移动等过程全由焊机机械化控制。

(二)埋弧自动焊的特点

埋弧自动焊优点如下。

(1) 焊接生产率高 埋弧自动焊可采用较大的焊接电流,同时因电弧加热集中,使熔深增加,单丝埋弧焊可一次焊透 20mm 以下不开坡口的钢板。而且埋弧自动焊的焊接速度也较焊条电弧快,单丝埋弧焊焊速可达 30~50m/h,而焊条电弧焊焊速则不超过 6~8m/h,从而提高了焊接生产率。

(2) 焊接质量好 因熔池有熔渣和焊剂的保护,使空气中的氮、氧难以侵入,提高了焊缝金属的强度和韧性,焊接质量好。另外,焊缝表面光洁、平整、成形美观。

(3) 劳动条件好 由于实现了焊接过程机械化,操作较简便,而且电弧在焊剂层下燃烧没有弧光的有害影响,放出烟尘也少,因此焊工的劳动条件得到了改善。

(4) 焊接成本较低 由于熔深较大,埋弧自动焊时可不开或少开坡口,减少了焊缝中焊丝的填充量,也节省因加工坡口而消耗掉的母材。由于焊接时飞溅极少,又没有焊条头的损失,所以节约焊接材料。另外,埋弧焊的热量集中,而且利用率高,故在单位长度焊缝上,所消耗的电能也大为降低。

(5) 焊接范围广 埋弧焊不仅能焊接碳钢、低合金钢、不锈钢,还可以焊接耐热钢及铜合金、镍基合金等有色金属。此外,还可以进行抗磨损、耐腐蚀材料的堆焊。但不适用于铝、钛等氧化性强的金属和合金的焊接。

埋弧自动焊主要缺点是:一般只适用于平焊或倾斜度不大的位置及角焊位置焊接;焊接时不能直接观察电弧与坡口的相对位置,容易产生焊偏及未焊透,不能及时调整工艺参数;焊接设备比较复杂,维修保养工作量比较大;仅适用于直的长焊缝和环形焊缝焊接。

二、钎焊

(一) 钎焊原理

钎焊是采用比焊件熔点低的金属材料作钎料,将焊件和钎料加热到高于钎料熔点,低于焊件熔点的温度,利用液态钎料润湿母材,填充接头间隙并与母材相互扩散实现连接方法,其过程如图 5-37 所示。

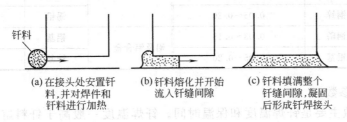

(a) 在接头处安置钎料,并对焊件和钎料进行加热　　(b) 钎料熔化并开始流入钎缝间隙　　(c) 钎料填满整个钎缝间隙,凝固后形成钎焊接头

图 5-37　钎焊过程示意

(二) 钎焊的分类及特点

1. 钎焊的分类

按钎料熔点不同,可分为软钎焊和硬钎焊。当所采用的钎料的熔点(或液相线)低于 450℃时,称为软钎焊;当其温度高于 450℃时,称为硬钎焊。

按照热源种类和加热方式不同,可分为火焰钎焊、炉中钎焊、感应钎焊、电阻钎焊、电弧钎焊、激光钎焊、气相钎焊、烙铁钎焊等,最简单、最常用的是火焰钎焊和烙铁钎焊。

2. 钎焊特点

钎焊的优点如下。

① 钎焊时加热温度低于焊件金属的熔点,钎料熔化,焊件不熔化,焊件金属的组织和性能变化较少。钎焊后,焊件的应力与变形较少,可以用于焊接尺寸精度要求较高的焊件。

② 某些钎焊,它可以一次焊几条、几十条钎缝甚至更多,所以生产率高,如自行车车架的焊接。它还可以焊接其他方法无法焊接的结构形状复杂的工件。

③ 钎焊不仅可以焊接同种金属,也适宜焊接异种金属,甚至可以焊接金属与非金属,例如原子能反应堆中的金属与石墨的钎焊,因此应用范围很广。

钎焊的主要缺点是:钎焊接头的强度和耐热能力较基本金属低,接头装配要求比熔焊高。

(三) 钎焊工艺

1. 钎焊接头形式

钎焊时钎缝的强度比母材低,若采用对接接头,则接头的强度比母材差。所以,钎焊大多采用增加搭接面积来提高承载能力的搭接接头,一般搭接接头长度为板厚的 3~4 倍,但不超过 15mm。

2. 焊前准备

应使用机械方法或化学方法,除去焊件表面氧化膜。

3. 装配间隙

钎焊间隙应适当中,间隙过小,钎料流入困难,在钎缝内形成夹渣或未钎透,导致接头强度下降;间隙过大,毛细作用减弱,钎料不能填满间隙使钎缝强度降低,同时钎缝过大也使钎料消耗过多。各种材料钎焊时,钎焊接头间隙见表 5-12。

表 5-12　各种材料钎焊接头间隙

钎焊金属	钎料	间隙/mm	钎焊金属	钎料	间隙/mm
碳钢	铜	0.01～0.05	不锈钢	铜	0.01～0.05
	铜锌	0.05～0.20		银基	0.05～0.20
	银基	0.03～0.15		锰基	0.01～0.05
	锡铅	0.05～0.20		镍基	0.02～0.10
铜及铜合金	铜锌	0.05～0.20	铝及铝合金	锡铅	0.05～0.20
	铜磷	0.03～0.15		铝基	0.10～0.25
	银基	0.05～0.20		锌基	0.10～0.30

4. 钎焊工艺参数

钎焊工艺参数主要是钎焊温度和保温时间。钎焊温度一般高于钎料熔点 25～60℃。钎焊保温时间应使焊件金属与钎料发生足够作用，钎料与基本金属作用强的取短些，间隙大的、焊件尺寸大的则取长些。

5. 钎后清洗

钎剂残渣大多数对钎焊接头起腐蚀作用，同时也妨碍对钎缝的检查，所以焊后常需清除干净。

三、电渣焊

(一) 电渣焊的基本原理

电渣焊是利用电流通过液体熔渣所产生的电阻热进行焊接的方法，其原理如图 5-38 所示。

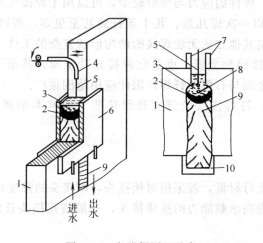

图 5-38　电渣焊原理示意

1—焊件；2—金属熔池；3—渣池；4—导电嘴；5—焊丝；6—冷却滑块；
7—引出板；8—金属熔滴；9—焊缝；10—引弧板

焊接开始时，先在电极（焊丝）和引弧板之间引燃电弧，电弧熔化焊剂形成渣池。当渣池达到一定深度后，电弧熄灭，这一过程称为引弧造渣阶段。随后进入正常焊接阶段，这时电流经过电极并通过渣池传到焊件。由于渣池中的液态熔渣电阻较大，通过电流时就产生大量的电阻热,将渣池加热到很高温度(1700～2000℃),使电极及焊件熔化,并下沉到底部形成金属熔池,而密度较熔化金属小的熔渣始终浮于金属熔池上部起保护作用。随着焊接过程的连续进行,熔池金属的温度逐渐降低,在冷却滑块的作用下,强迫凝固形成焊缝。最后是引出阶段,即在焊件上部装有引出板,以便将渣池和收尾部分的焊缝引出焊件,以保证焊缝质量。

(二) 电渣焊的特点

电渣焊的优点如下。

(1) 生产率高　对于大厚度的焊件,可以一次焊好,且不必开坡口。通常用于焊接板厚40mm以上的焊件,最大厚度可达2m。此外,还可以一次焊接焊缝截面变化大的焊件。因此,电渣焊要比电弧焊的生产效率高得多。

(2) 经济效果好　电渣焊的焊缝准备工作简单,大厚度焊件不需要进行坡口加工,即可进行焊接,因而可以节约大量金属和加工时间。此外,由于在加热过程中,几乎全部电能都经渣池转换成热能,因此电能的损耗量小。

(3) 宜在垂直位置焊接　当焊缝中心线处于垂直位置时,电渣焊形成熔池及焊缝成形条件最好,一般适合于垂直位置焊缝的焊接。

(4) 焊缝缺陷少　电渣焊时,渣池在整个焊接过程中总是覆盖在焊缝上面,一定深度的渣池使液态金属得到良好的保护,以避免空气的有害作用,并对焊件进行预热,使冷却速度缓慢有利用于熔池中气体、杂质有充分的时间析出,所以焊缝不易产生气孔、夹渣及裂纹等缺陷。

电渣焊的主要缺点是焊接接头晶粒粗大。由于电渣焊热过程的特点,造成焊缝和热影响区的晶粒大,使焊接接头的塑性和冲击韧性降低,但是通过焊后热处理,能够细化晶粒,满足对力学性能的要求。

四、碳弧气刨

(一) 碳弧气刨原理及特点

碳弧气刨是使用石墨棒与刨件间产生电弧将金属熔化,并用压缩空气将其吹掉,实现在金属表面上加工沟槽的方法,如图5-39所示。

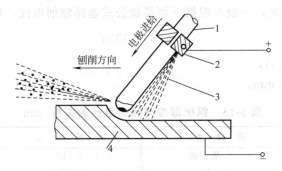

图 5-39　碳弧气刨示意
1—电极;2—刨枪;3—压缩空气流;4—刨件

碳弧气刨的优点如下。

① 碳弧气刨比采用风铲可提高生产率10倍,在仰位或竖位进出时更具有优越性。
② 与风铲比较,噪声较小,并减轻了劳动强度,易实现机械化。

③ 在对封底焊进行碳弧气刨挑焊根时，易发现细小缺陷，并可克服风铲由于位置狭窄而无法使用的缺点。

碳弧气刨也有一些缺点：如产生烟雾，噪声较大，粉尘污染，弧光辐射等。

碳弧气刨广泛应用于清理焊根，清除焊缝缺陷，开焊接坡口（特别是U形坡口），清理铸件的毛边、浇冒口及缺陷，还可用于无法用氧-乙炔切割的各种金属材料切割。

（二）碳弧气刨设备

碳弧气刨设备有电源、气刨枪、碳棒、电缆气管和空气压缩机组成，如图5-40所示。

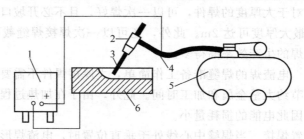

图5-40 碳弧气刨系统示意
1—电源；2—气刨枪；3—碳棒；4—电缆气管；5—空气压缩机；6—工件

碳弧气刨一般采用具有陡降外特性的直流电源，由于使用电流较大，且连续工作时间较长，因此，应选用功率较大的弧焊整流器和弧焊发电机，如 ZXG-500、AX-500 等。

碳弧气刨的工具是碳弧气刨枪，它有侧面送风式气刨枪和圆周送风式气刨枪两种。碳弧气刨的电极材料一般都采用镀铜实芯碳棒，其断面形状有圆形和扁形，根据刨削要求选用，其中圆形碳棒应用最广。

（三）碳弧气刨工艺

碳弧气刨的工艺参数主要有电源极性、电流与碳棒直径、刨削速度、压缩空气压力、碳棒的伸出长度、碳棒与工件的倾角、电弧长度等。

(1) 极性 碳弧气刨一般都采用直流反极性（铸铁和铜及铜合金采用正极性），这样刨削过程稳定，刨槽光滑。

(2) 碳棒直径与电流 碳棒直径根据被刨削金属的厚度来选择，见表5-13。被刨削的金属越厚，碳棒直径越大，一般可根据下面经验公式选择刨削电流，即

$$I = (30 \sim 50)d$$

式中 I——刨削电流，A；
d——碳棒直径，mm。

表5-13 钢板厚度与碳棒直径的关系/mm

钢板厚度	碳棒直径	钢板厚度	碳棒直径
3	一般不刨	8～12	6～8
4～6	4	10～15	8～10
6～8	5～6	15以上	10

碳棒直径还与刨槽宽度有关，刨槽越宽，碳棒直径应增大，一般碳棒直径应比刨槽的宽度小 2～4mm 左右。

(3) 刨削速度 刨削速度对刨槽尺寸和表面质量都有一定的影响。刨削速度太快会造成

碳棒与金属相碰，使碳粘在刨槽的顶端，形成所谓"夹碳"的缺陷。一般刨削速度为 0.5～1.2m/min 较合适。

(4) 压缩空气压力　压缩空气的压力高，能迅速地吹走液体金属，使碳弧气刨顺利进行，一般压缩空气压力为 0.4～0.6MPa。

(5) 电弧长度　电弧过长，引起操作不稳定，甚至熄弧。因此操作时要求尽量保持短弧，但电弧太短，又容易引起"夹碳"缺陷，因此，碳弧气刨电弧的长度一般在 1～2mm 为宜。

(6) 碳棒倾角　碳棒与刨件沿刨槽方向的夹角称为碳棒倾角。倾角的大小影响刨槽的深度，倾角增大槽深增加，碳棒的倾角一般为 25°～45°。

(7) 碳棒伸出长度　碳棒从导电嘴到电弧端的长度为伸出长度。碳棒伸出长度太长，就会使压缩空气吹到熔池的风力就不足，不能顺利地将熔化金属吹走。但伸出长度太短会引起操作不方便，一般碳棒伸出长度以 80～100mm 为宜。

五、等离子弧切割与焊接

等离子弧切割与焊接是利用高温（16000～33000℃）的等离子弧来进行切割和焊接的工艺方法。

(一) 等离子弧的产生原理、特点及类型

1. 等离子弧的产生原理

一般的焊接电弧未受到外界的压缩，称为自由电弧。自由电弧中的气体电离是不充分的，能量不能高度集中，其温度也就被限制在 5730～7730℃。如果对自由电弧强迫压缩（压缩效应），使弧柱中的气体几乎达到全部电离状态的电弧，称为等离子弧。等离子弧的产生原理如图 5-41 所示，即先通过高频振荡器激发气体电离形成电弧，然后在压缩效应作用下，形成等离子弧。

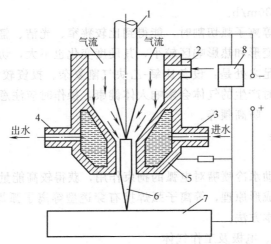

图 5-41　等离子弧产生装置原理示意
1—钨极；2—进气管；3—进水管；4—出水管；5—喷嘴；
6—等离子弧；7—焊件；8—高频振荡器

2. 等离子弧的特点

(1) 温度高、能量高度集中　等离子弧的导电性高，承受的电流密度大，因此温度极高，达 16000～33000℃，并且截面很小，能量密度高度集中。

(2) 电弧挺度好、燃烧稳定　自由电弧的扩散角度约为 45°，而等离子弧由于电离程度高，放电过程稳定，在"压缩效应"作用下，其扩散角仅为 5°。故电弧挺度好，燃烧稳定。

(3) 具有很强的机械冲刷力　等离子弧发生装置内通入常温压缩气体，由于受到电弧高温加热而膨胀，使气体压力大大增加，高压气流通过喷嘴细通道喷出时，可达到很高的速度甚至可超过声速，所以等离子弧有很强的机械冲刷力。

(二) 等离子弧切割

1. 等离子弧切割原理

利用等离子弧的热能实现切割的方法称为等离子弧切割。它与氧-乙炔切割有本质上的区别。它是以高温、高速的等离子弧为热源，将被切割件局部熔化，并利用压缩的高速气流的机械冲刷力，将已熔化的金属或非金属吹走而形成狭窄切口的过程。

等离子弧切割使用的工作气体是氮、氩、氢以及它们的混合气体，由于氮气价格低廉，故常用的是氮气，且氮气纯度不低于 99.5%。此外，在碳素钢和低合金钢切割中，常使用压缩空气作为工作气体的空气等离子弧切割。

2. 等离子弧切割特点

等离子弧切割的优点如下。

(1) 可以切割任何黑色和有色金属　等离子弧可以切割各种高熔点金属及其他切割方法不能切割的金属，如不锈钢、耐热钢、钛、钼、钨、铸铁、铜、铝及其合金。切割不锈钢、铝等厚度可达 200mm 以上。

(2) 可切割各种非金属材料　采用非转移型电弧时，由于工件不接电，所以在这种情况下能切割各种非导电材料，如耐火砖、混凝土、花岗石、碳化硅等。

(3) 切割速度快、生产率高　在目前采用的各种切割方法中，等离子切割的速度比较快，生产率也比较高。例如，切 10mm 的铝板，速度可达 200～300m/h；切 12mm 厚的不锈钢，速度可达 100～130m/h。

(4) 切割质量高　等离子弧切割时，能得到比较狭窄、光洁、整齐、无粘渣、接近于垂直的切口，而且切口的变形和热影响区较小，其硬度变化也不大，切割质量好。

等离子弧切割的不足之处是：设备比氧-乙炔气割复杂、投资较大；电源的空载电压较高，要注意安全；气割时产生的气体会影响人体健康，操作时应注意通风。此外，还必须注意防弧光辐射、防噪声、防高频等。

(三) 等离子弧焊接

1. 等离子弧焊原理

等离子弧焊接是借助水冷喷嘴对电弧的拘束作用，获得较高能量密度的等离子弧进行焊接的一种方法。按焊缝成形原理，等离子弧焊接有穿透型等离子弧焊、熔透型等离子弧焊、微束等离子弧焊三种基本方法。

2. 等离子弧焊电源、电极及工作气体

等离子弧焊电源绝大多数为陡降外特性，一般采用直流正接，镁、铝薄板时可采用直流反接电源。等离子弧焊的电极材料一般采用铈钨极或钍钨极。等离子弧焊的工作气体分为离子气和保护气，均为氩、氮或其与氢的混合气体。大电流等离子弧焊时，离子气和保护气成分应相同；小电流焊接时，离子气一律用氩气，保护气可用氩气也可以选用其他成分气体，如 $Ar+H_2$ 等。

3. 等离子弧焊特点

等离子弧焊与钨极氩弧焊相比有下列特点。

① 由于等离子弧的温度高，能量密度大（即能量集中），熔透能力强，对于大于8mm或更厚的金属焊接可不开坡口，不加填充金属焊接。可用比钨极氩弧焊高得多的焊接速度施焊，不仅提高了焊接生产率，而且还可减小热影响区宽度和焊接变形。

② 由于等离子弧的形态近似于圆柱形，挺直度好，几乎在整个弧长上都具有高温。因此，当弧长发生波动时，熔池表面的加热面积变化不大，对焊缝成形的影响较小，容易得到均匀的焊缝成形。

③ 由于等离子弧的稳定性好，特别是用联合型等离子弧时，使用很小（大于0.1A）的焊接电流，也能保持稳定的焊接过程。因此，可焊超薄的工件。

④ 由于钨级是内缩在喷嘴里面的，焊接时不会与工件接触。因此，不仅可减少钨极损耗，并可防止焊缝金属产生夹钨等缺陷。

复习思考题

1. 什么是焊条电弧焊？其原理和特点是什么？
2. 焊条电弧堆焊时应注意哪些工艺方法？
3. 为什么焊条电弧焊要采用具有陡降外特性电源？
4. 焊条电弧焊电源分为哪几类？各有什么特点？
5. 解释弧焊电源型号的意义：BX3-300、ZX5-400、ZX7-400。
6. 什么是焊接工艺参数？焊条电弧焊工艺参数主要包括哪些？
7. 什么是预热？预热有何作用？什么是后热和焊后热处理？
8. 气体保护电弧焊的原理及主要特点是什么？其分类如何？
9. 什么是CO_2气体保护焊？有哪些特点？
10. CO_2气体保护焊可能产生什么气孔？如何防止？
11. 为什么CO_2焊容易产生飞溅？减少飞溅的主要措施是什么？
12. CO_2气体保护焊有哪些焊接工艺参数？如何选择焊接电流和回路电感？
13. 钨极氩弧焊时，为什么通常采用直流正接？在焊接铝、镁及其合金时应采用什么电源？
14. 药芯焊丝气体保护电弧焊的原理及特点是什么？什么是MAG焊？它有何特点？
15. 氧-乙炔焰按混合比不同可分为几种火焰？它们的性质及应用范围如何？
16. 什么是气焊？气焊的原理和特点是什么？气焊工艺参数包括哪些？
17. 气割的原理是什么？金属用氧气气割的条件是什么？
18. 气割工艺参数包括哪些？应如何选择？
19. 什么是埋弧自动焊？其特点是什么？
20. 什么是钎焊？其特点是什么？
21. 什么是电渣焊？电渣焊有何特点？
22. 碳弧气刨的原理及特点是什么？主要应用在哪些方面？
23. 等离子弧焊接、切割的原理及特点是什么？

第六章 常用金属材料的焊接

第一节 金属的焊接性和焊接性试验

一、金属焊接性的概念

1. 焊接性

金属焊接性是指材料在施工条件下焊接成按规定设计要求的构件，并满足预定服役要求的能力。焊接性受材料、焊接方法、构件类型及使用要求四个因素的影响。所以金属焊接性是指材料对焊接加工的适应性，即指材料在一定的焊接工艺条件下获得优质焊接接头的难易程度。根据上述定义，优质的焊接接头应具备两个条件：即接头中不允许存在超过质量标准规定的缺陷；同时具有预期的使用性能。根据讨论问题的着眼点不同，焊接性又分为工艺焊接性和使用焊接性。

(1) 工艺焊接性 是指在一定的焊接工艺条件下能否获得优质致密、无缺陷焊接接头的能力。它不是金属本身所固有的性能，而是随着焊接方法、焊接材料和工艺措施的不断发展而变化的，某些原来不能焊接或不易焊接的金属材料，可能会变得能够焊接和易于焊接。

(2) 使用焊接性 是指焊接接头或整体结构满足技术条件中所规定的使用性能的程度。显然，使用焊接性与产品的工作条件有密切关系。

2. 影响焊接性的因素

影响焊接性的因素很多，对于钢铁材料来讲，主要有材料因素、工艺因素、设计因素及服役环境因素四类。

(1) 材料因素 材料因素有钢的化学成分、冶炼轧制状态、热处理状态、组织状态和力学性能等。其中化学成分（包括杂质的分布）是主要的影响因素。对焊接性影响较大的有碳、硫、磷、氢、氧和氮。对钢中合金元素来说，还有锰、硅、铬、镍、钼、钛、钒、铌、铜和硼等，主要是为了满足钢的强度而加入的，然而却不同程度地增加了焊接热影响区的淬硬倾向和各种裂纹的敏感性。为了分析和研究钢的焊接性问题，建立"碳当量"的概念。如下文所述。

(2) 工艺因素 包括施工时所采用的焊接方法、焊接工艺规程和焊后热处理等。对于同一母材，当采用不同的焊接方法和工艺措施时，会表现出不同的焊接性。如钛合金对氧、氮、氢较为敏感，用气焊和焊条电弧焊不可能焊好，而用氩弧焊或真空电子束焊，因能防止氧、氮、氢的侵入，则容易焊接。

(3) 设计因素 是指焊接结构的安全性不但受材料的影响，而且在很大程度上还受到结构形式的影响。焊接接头的结构设计会影响应力状态，从而对焊接性也发生影响。结构的刚度过大，接口的断面突然变化，焊接接头的缺口效应等，均会不同程度地产生脆性破坏的条件。此外，在某些部位焊缝过度集中和多向应力状态也会对结构的安全性有不良影响。

（4）服役环境因素　是指焊接结构的工作温度、负荷条件和工作环境。如在高温下工作时有可能发生蠕变；在低温或冲击载荷下工作时，会发生脆性破坏；在腐蚀介质中工作时，接头会发生腐蚀等。

二、金属焊接性试验

1. 焊接性试验内容

从焊接性定义而言，评价金属焊接性试验主要有：评定金属在经焊接加工时对缺陷的敏感性，一般情况下，主要是评估对裂纹的敏感性，即进行抗裂纹试验；评定焊接接头能否满足结构使用性能的要求。对于评价接头中结构使用性能的试验内容复杂，具体项目取决于结构的工作条件和设计上提出的技术要求，通常为常规力学性能（拉伸、弯曲、冲击等）试验。对于高温、腐蚀、磨损和动载疲劳等不同环境中的工作的结构，则应根据不同的要求分别进行相应的高温性能、低温性能、脆断、抗腐蚀、耐磨损和动载疲劳等试验；对有时效敏感性的被焊金属，还应进行焊接接头的热应变时效脆化试验。

焊接性与焊接过程中很多因素有关，没有一种简单的试验方法能确切地评价出金属的焊接性。因为有很多参数，诸如拘束度、装配状态等不易预测，所以试验常带有某些局限性。但焊接性试验仍可为正确选择焊接方法和焊接材料提供有用的依据。评定焊接性试验方法很多，不论工艺焊接性还是使用焊接性，大体上都可分为直接试验和间接试验两种类型。

直接试验：是在一定条件下通过直接施焊来评定焊接性的方法，主要是针对在焊接过程所出现的缺陷以及焊接后的接头性能变化而提出的。它可在生产条件下施焊、检查焊接接头裂纹及其他缺陷的敏感性或测定其力学性能；或在规定条件下在一定尺寸试件上施焊，再作各种检查。前者不需特殊装置，后者尚需特殊装置。

属于此类试验方法有实际产品结构试验、各种裂纹试验以及抗气孔和热应变时效试验等。

间接试验：一是以热模拟组织和性能、焊接SHCCT图和断口分析，以及焊接热影响区的最高硬度等来判断焊接性；二是根据被焊金属的化学成分和其他条件（如拘束度、焊缝金属扩散含量等），通过理论和经验计算来评估热裂、冷裂倾向大小；三是焊缝和接头各种性能试验，如高温蠕变试验、疲劳试验、耐蚀试验等。

值得提出，在大量试验基础上利用电子计算机建立数据库，再利用相应的数学模型建立专家系统，利用这一现代化的工具来评定钢材的焊接性和优化焊接工艺是评价焊接性的新发展。

2. 焊接性试验方法的分类

评价焊接性的试验方法是多种多样的，每一种试验方法都是从某一特定的角度来考核或说明焊接性的某一方面。因此，往往需进行一系列的试验才可能全面地说明焊接性，从而有助于确定焊接方法、焊接材料、工艺规范及必要的工艺措施等。具体分类如图6-1所示。

三、常用焊接性试验方法

由前述可知，焊接性试验方法种类很多，因抗裂性能是衡量金属焊接性的主要标志，所以在生产中还是常用焊接裂纹试验来表征材料的焊接性。常用的工艺焊接性的试验方法有斜

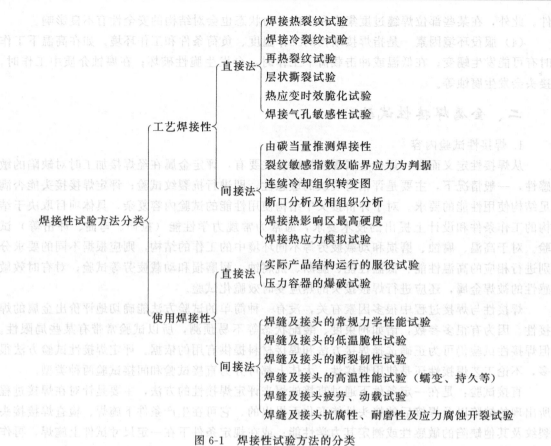

图 6-1 焊接性试验方法的分类

Y 形坡口焊接裂纹试验方法、焊接热影响区最高硬度试验方法、插销试验方法等。以下主要介绍几种常用的焊接性试验方法。

1. 碳当量公式法

碳当量公式法是一种最简便而实用的间接法。所谓碳当量是指钢中包括碳在内和其他合金元素对淬硬、冷裂纹及脆化等的影响折合成碳的相当含量。这是由于焊接热影响区的淬硬及冷裂纹倾向与钢种的化学成分直接有关,所以可用化学成分来评估其冷裂纹敏感性。

由于各国和各研究单位所采用的试验方法和钢材的合金体系不同,所以都各自建立了许多碳当量公式。其中以国际焊接学会推荐的 CE(IIW) 和日本焊接协会的 C_{eq}(JIS) 应用较为广泛。

$$CE(IIW) = C + Mn/6 + (Cr + Mo + V)/5 + (Ni + Cu)/15 \quad (6-1)$$

$$C_{eq}(JIS) = C + Mn/6 + Si/24 + Ni/40 + Cr/5 + Mo/4 + V/14 \quad (6-2)$$

上式中元素符号都表示该元素在钢中的质量分数,在计算含量时均取其成分范围的上限。式 (6-1) 主要适用于中高强度的非调质低合金钢 ($\sigma_b = 500 \sim 900 MPa$);式 (6-2) 主要适用于强度级别较高的低碳调质低合金高强度钢 ($\sigma_b = 500 \sim 1000 MPa$)。但两式均仅适用于 $w_C \geqslant 0.18\%$ 的钢种。对于焊接冷裂纹,可用式 (6-1)、式 (6-2) 作为判据,碳当量越大,被焊材料淬硬倾向越大,冷裂纹敏感性也越大。根据经验:板厚小于 20mm,当 CE(IIW) < 0.4% 时,钢的淬硬倾向不大,焊接性优良,焊接时不必预热;CE(IIW) =

0.4%～0.6%时，特别是大于0.5%时，钢的淬硬倾向逐渐明显，需要采取适当预热、控制焊接热输入等工艺措施，才能防止裂纹；当CE(IIW)>0.6%时，淬硬倾向更强，属于较难焊的材料，需采取较高的预热温度和严格的工艺措施，才能防止冷裂纹的产生。

由于计算碳当量时没有考虑残余应力、扩散氢含量、焊缝受到的拘束等影响，故只能粗略地估计焊接性。

近年来为适应工程上的需要，又建立了一些新的碳当量公式，可查阅有关参考文献及相关网页。

2. 斜Y形坡口焊接裂纹试验方法

这一方法广泛用于评定碳钢和低合金高强度钢焊接热影响区对冷裂纹的敏感性，其试验规定应遵从GB/T 4675.1—1984《焊接性试验——斜Y形坡口焊接裂纹试验方法》。

试件的形状和尺寸如图6-2所示，试件坡口采用机械加工。试验所用焊条原则上与试验钢材匹配，焊前应严格烘干。

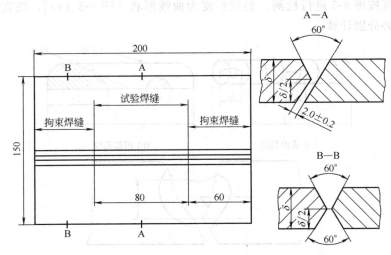

图6-2 试件的形状和尺寸

拘束焊缝采用双面焊接，注意不要产生角变形和未焊透。试件达到试验温度后，原则上以标准的规范进行试验焊缝的焊接。

试验时按图6-2组装试件，然后焊接试验拘束焊缝和试验焊缝。当采用焊条电弧焊时，试验焊缝按图6-3所示方法焊接。当采用焊丝自动送进装置焊接时，按图6-4所示进行。焊完的试件经48h以后才能进行裂纹的检测和解剖。

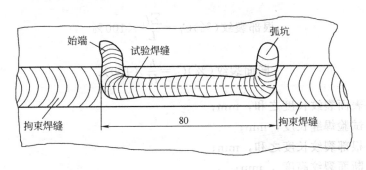

图6-3 采用焊条电弧焊时试验焊缝位置

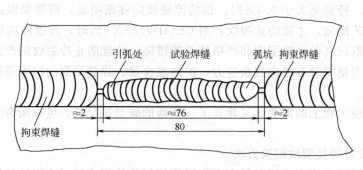

图 6-4　采用焊条自动送进装置焊接试验焊缝位置

检测裂纹的计算方法，可采用肉眼或其他适当的方法检查焊接接头的表面和断面是否有裂纹，并分别计算表面裂纹率、根部裂纹率和断面裂纹率。以裂纹率作为评定标准。

裂纹的长度按图 6-5 进行检测。裂纹长度为曲线形状［图 6-5（a）］，按直线长度检测。裂纹重叠时不必分别计算。

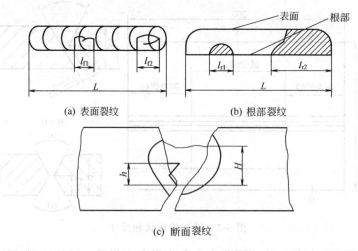

图 6-5　试样裂纹长度计算图

采用下列公式计算裂纹率：

$$表面裂纹（\%）C_f = \frac{\sum l_f}{L} \times 100\% \tag{6-3}$$

$$根部裂纹（\%）C_r = \frac{\sum l_r}{L} \times 100\% \tag{6-4}$$

$$断面裂纹（\%）C_s = \frac{h}{H} \times 100\% \tag{6-5}$$

式中　$\sum l_f$ ——表面裂纹长度之和，mm；

　　　L ——试验焊缝长度，mm；

　　　$\sum l_r$ ——根部裂纹长度之和，mm；

　　　h ——断面裂纹高度，mm；

　　　H ——试样焊缝的最小厚度，mm。

由于斜 Y 形坡口焊接裂纹试验接头的拘束度比实际结构大，根部尖角又有应力集中所以试验条件比较苛刻。一般认为，在这种试验中若裂纹率不超过 20%，在实际结构焊接时就不致发生裂纹。

如果保持焊接参数不变，而采用不同预热温度进行试验，可以测出防止冷裂纹的临界预热温度，另外可以将斜 Y 形坡口改为直 Y 形坡口，用来检验焊条的抗裂性能。

这种试验方法的优点是，试件易加工，无需特殊装置，试验结果可靠；缺点是试验周期比较长。

3. 焊接热影响区最高硬度试验方法

焊接热影响区最高硬度试验是以热影响区最高硬度来评价钢材冷裂纹倾向的试验方法。详见 GB/T 4675.5—1984《焊接性试验——焊接热影响区最高硬度试验方法》。该标准适用于低合金钢焊接热影响区由于马氏体转变而引起的裂纹试验，也适用于碳素钢。

试件的形状和尺寸分别见图 6-6 和表 6-1。焊接前采取适当方法去除试件表面水分、铁锈、油污及氧化皮等污物。焊条原则上应适合于所焊的试件，直径为 4mm。焊接时，在试件两端要支撑架空，试件下面留有足够的空间。表 6-1 中 1 号试件在室温下，2 号试件在预热温度下进行焊接。如图 6-6 所示，取平焊位置沿试件轧制表面的中心线焊出长 (125±10) mm 的焊缝。焊接参数为：焊接电流 (170±10)A，焊接速度为 (150±10)mm/min。试件焊后在静止的空气中自然冷却，不进行任何热处理。

表 6-1 试件尺寸

试件名称	长 L/mm	宽 B/mm	焊缝长 l/mm
1 号试件	200	75	125±10
2 号试件	200	150	125±10

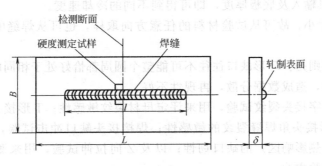

图 6-6 试件形状

最高硬度试验评定标准，最早是由国际焊接学会（IIW）提出，当 $HV_{max} \geqslant 350HV$ 时，即表示钢材的焊接性恶化。这是以不允许热影响区出现马氏体为依据。近年来大量实践证明，对不同钢种，在不同工艺条件下上述的统一标准是不够科学的。因为，首先焊接性除与钢的成分组织有关外，还受应力状态、含氢量等因素的影响；其次，对低碳合金钢来说，即使热影响区有一定量的马氏体组织存在，仍然具有较高的韧性及塑性。因此，对不同强度等级和不同含碳量的钢种，应确定出不同的 HV_{max} 许可值。例如，14MnMoV 允许的 HV_{max} 为 420HV，14MnMoNbB 允许的 HV_{max} 为 450HV。

4. 插销试验

插销试验是使用专门设备（插销试验机）评定焊接冷裂纹敏感性的一种试验方法。详见

GB/T 9446—1988《焊接用插销冷裂纹试验方法》。

插销冷裂纹试验采用圆柱形试样。试样由被试钢材加工而成，并插入底板的孔中，使带缺口一端的端面与底板表面平齐。底板上熔敷一焊道，尽量使焊道中心线通过插销端面中心。该焊道的熔深应保证缺口位于热影响区的粗晶区中。焊后在完全冷却以前，给插销施加一拉伸静载荷，如图 6-7 所示。试验既可用启裂也可用断裂作为判断准则。将试验所得的结果，可用以评定在选用的试验条件下被试钢材的冷裂纹敏感性，可进行相同条件下的材料焊接性对比。

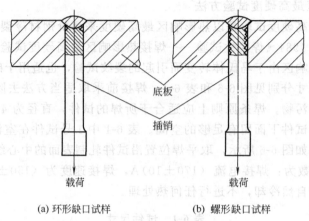

图 6-7　插销试验示意

插销试验法具有以下优点。

① 试件尺寸小，底板与插销材料又不必相同，而且底板可重复使用，节约材料。

② 改变焊接热输入及底板厚度，即可得到不同的冷却速度。

③ 因插销尺寸小，故可从试验材料的任意方向取样，也可从焊缝中取样来研究焊缝金属的裂纹敏感性。

它的主要缺点则是：环形缺口往往不可能整个圆周都恰好处于相同的温度下，这就影响试验结果的准确性，造成数据分散，再现性不好。

另外，还有十字接头裂纹试验，用来评定母材裂纹敏感性；T形接头焊接裂纹试验，用来评定碳素钢 T 形接头角焊缝裂纹的敏感性；焊接接头缺口冲击试验，用来检测焊接接头不同部位（焊缝、热影响区）的缺口韧性；以及 Z 向拉伸试验，用来测定钢的层状撕裂倾向等其他焊接性试验方法。

第二节　碳素钢的焊接

碳钢又称碳素钢，具有较好的力学性能和各种工艺性能，而且冶炼工艺比较简单，价格低廉，因而在焊接结构制造上得到了广泛应用。

碳钢由于分类角度不同而有多种名称。按碳含量可分为低碳钢、中碳钢、高碳钢；按用途常分为结构钢及工具钢。在焊接结构用碳钢中，常采用按碳含量的高低来分类的方法，因为某一碳含量范围内的碳钢其焊接性比较接近，因而焊接工艺的编制原则也基本相同。

碳钢以铁为基础，以碳（$w_C \leqslant 1.3\%$）为合金元素。其他常存元素因含量较低皆不作为合金元素。低碳钢，$w_C \leqslant 0.25\%$；中碳钢，$w_C = 0.25\% \sim 0.6\%$；高碳钢，$w_C \geqslant 0.6\%$。碳素钢是工业应用最广的金属材料。碳素钢的焊接性主要取决于碳含量的高低，随着碳含量的增加，焊接性逐渐变差，见表 6-2。

表 6-2 碳钢焊接性与碳含量的关系

名 称	$w_C/\%$	典型硬度	典型用途	焊接性
低碳钢	≤0.15	60HBS	特殊板材和型材薄板、带材、焊丝	优
	0.15~0.25	90HBS	结构用型材、板材和棒材	良
中碳钢	0.25~0.60	25HRC	机器零部件和工具	中(通常需要预热和后热，推荐使用低氢焊接方法)
高碳钢	≥0.60	40HRC	弹簧、模具、钢轨	劣(必须低氢焊接、预热和后热)

一、低碳钢的焊接

1. 低碳钢的焊接特点

低碳钢的碳含量较低，且除 Mn、Si、S、P 等常规元素外，很少有其他合金元素，因而焊接性良好。焊接时有以下特点。

① 可装配成各种不同的接头，适应各种不同位置施焊，且焊接工艺和技术较简单，容易掌握。

② 焊前一般不需预热。

③ 塑性较好，焊接接头产生裂纹的倾向小，适合制造各类大型结构件和受压容器。

④ 不需要使用特殊和复杂的设备，对焊接电源没有特殊要求，交直流弧焊机都可以焊接。对焊接材料也无特殊要求，酸性、碱性都可。

⑤ 低碳钢焊接时，如果焊条直径或工艺参数选择不当，也可能出现热影响区晶粒长大或时效硬化倾向。焊接温度越高，热影响区在高温停留时间越长，晶粒长大越严重。

2. 低碳钢的焊接工艺

低碳钢几乎可采用各种焊接方法进行焊接，并均能获得良好的焊接质量。常用的焊接方法有气焊、焊条电弧焊、埋弧自动焊、电渣焊及二氧化碳气体保护焊等。

（1）焊条电弧焊　焊条电弧焊是应用最多的一种焊接方法，其焊前准备、焊接材料的选用、焊接参数的选取等工艺内容中，关键是选择焊条，而焊条的选择主要是根据母材的强度等级及焊接结构的工作条件来确定的。焊条电弧焊及其他焊接方法焊接材料的选择见表 6-3。

表 6-3 焊接低碳钢所用的焊接材料

焊接方法	焊接材料	应用情况
焊条电弧焊	E4303(J422)、E4315(J427)	焊接强度等级较低的低碳钢结构或一般的低碳钢结构
	E5016(J506)、E5015(J507)	焊接强度等级较高的低碳钢结构、重要的低碳钢结构或在低温下工作的结构
埋弧焊	H08、H08A、HJ430、HJ431	焊接一般的结构
	H08MnA、HJ431	焊接重要的低碳钢结构
电渣焊	H10Mn2、H08Mn2Si、HJ431、HJ360	
CO_2 气体保护焊	H08Mn2Si、H08Mn2SiA	

当焊接材料牌号、直径确定后,焊接电流、电压以及焊接速度就可依此确定。各焊接工艺参数的选取,主要考虑焊接过程的稳定、焊缝成形良好及在焊缝中不产生缺陷。当母材的厚度较大或周围环境温度较低时,由于焊缝金属及热影响区的冷却速度很快,也有可能出现裂纹,这时需要对焊件进行适当预热。如在寒冷地区室外焊接、温度小于或者等于0℃的情况下均需要预热;直径大于或等于ϕ3000mm、且壁厚大于或等于50mm的情况下,以及壁厚大于或等于90mm的产品的第一层焊道的焊接,焊前都应进行预热。预热温度可视具体情况而定,一般为80~150℃。

对于焊接受压件,当壁厚大于或等于20mm时,应考虑采取焊后热处理或相应的消除应力措施;壁厚大于30mm时,必须进行焊后热处理,温度为600~650℃;壁厚大于200mm时,待焊至工件厚度的1/2时,应进行一次中间热处理后,再继续焊接。中间热处理温度为550~600℃,焊后热处理温度为600~650℃。

(2) 埋弧焊 低碳钢的埋弧焊选用的焊丝和焊剂见表6-3。与焊条电弧焊相比,埋弧焊可以采用较大的热输入,生产效率较高,熔池也较大。在生产中,采用埋弧焊焊接较厚工件时,可以用一道或多道焊完成。多层埋弧焊焊第一道焊缝时,母材的熔入比例大,若母材的碳含量较高时,焊缝金属的碳含量就会升高,同时,第一道的埋弧焊容易形成不利的焊缝断面(如所谓的O形截面),易产生热裂纹。因此在多层埋弧焊焊接厚板时,要求在坡口根部焊第一道焊缝时采用的热输入要小些。如采用焊条电弧焊打底的埋弧焊,上述情况基本可以避免。

(3) 电渣焊 大厚度工件的焊接可采用电渣焊。低碳钢的电渣焊的焊丝和焊剂的选用见表6-3。

电渣焊时,由于电渣焊本身的特点决定了焊接熔池体积大,焊缝金属冷却速度慢,焊缝金属的组织比较粗大,热影响区组织有过热现象,这些显著地降低了焊缝及热影响区的强度和韧性。为了使焊接接头的性能满足产品的使用要求,一般焊后需进行正火+回火的热处理。

(4) CO_2气体保护焊 低碳钢采用CO_2气体保护焊,为使焊缝金属具有足够的力学性能和良好的抗裂纹及气孔的能力,采用含Mn和含Si焊丝,如H08Mn2Si、H08Mn2SiA等。除选择适当的焊丝外,起保护作用的CO_2气体质量也很重要。若在CO_2气体中N和H的含量过高,焊接即使焊缝被保护得很好,Mn和Si的数量也足够,还是有可能在焊缝中出现气孔。CO_2气体保护焊时,为使电弧燃烧稳定,要求采用较高的电流密度,但电弧电压不能过高,否则焊缝金属的力学性能会降低,焊接时会出现飞溅及电弧燃烧不稳定等情况。

二、中碳钢的焊接

1. 中碳钢的焊接特点

中碳钢的碳含量为0.25%~0.6%,与低碳钢相比,碳含量较高。随着钢中碳的质量分数的增加,钢材的强度和硬度增加,塑性和韧性下降,焊接性变差。主要焊接缺陷是热裂纹、冷裂纹、气孔和接头脆性,有时热影响区的强度还会下降。当钢中的杂质较多,焊件刚性较大时,焊接问题会更加突出。

2. 中碳钢的焊接工艺

中碳钢焊接时,为了保证焊后不产生缺陷和得到满意的力学性能,采用如下焊接工艺。

(1) 焊接方法 中碳钢焊接时,焊条电弧焊是最恰当的焊接方法,采用相应强度等级的碱性焊条。在焊前不能预热的条件下，可以采用不锈钢焊条。焊条的选择见表 6-4。

表 6-4 中碳钢焊接用焊条的选择

钢　　号	焊　　条		
	要求等强的构件	不要求等强的构件	特殊情况
35、ZG270-500	J506、J507、J556、J557	J422、J423、J426、J427	A102、A302、A307、A402、A407
45、ZG310-570	J556、J557、J606、J607	J422、J423、J426、J427、J506、J507	
55、ZG340-640	J606、J607		

（2）坡口制备　中碳钢焊接时，为了限制焊缝中的碳含量，减少熔合比，一般采用 U 形或 V 形坡口，并将坡口两侧的油污和铁锈等清除干净。

（3）预热　大多数情况下，中碳钢焊接需要预热和控制层间温度，预热温度取决于碳当量、母材厚度、结构刚性、焊条类型和工艺方法。通常 35、45 钢预热温度可为 150～250℃。刚性很大时，可将预热温度提高到 250～400℃。

（4）焊接电源　一般选用直流弧焊电源的反极性，这样可以使熔深减少，起到降低裂纹倾向和气孔的敏感性的作用。

（5）焊后热处理　焊后尽量立即进行消除应力热处理，特别是厚度大或刚性大的工件。消除应力热处理的温度一般为 600～800℃。如果焊后不能进行消除应力热处理，也要采取保温、缓冷措施，以减少裂纹的产生。

第三节　合金结构钢的焊接

一、合金结构钢概述

用于制造工程结构和机器零件的钢统称为结构钢。合金结构钢是在碳钢的基础上加入一种或几种合金元素冶炼而成的。在研究焊接结构用合金结构钢的焊接性和焊接工艺时，在综合考虑化学成分、力学性能及用途等因素的基础上，将合金结构钢分为高强度钢（强度用钢）（GB/T 13304—1991 规定，屈服点 $\sigma_s \geqslant 295$MPa、抗拉强度 $\sigma_b \geqslant 390$MPa 的钢均称为高强度钢）和专业用钢两大类。

1. 高强度钢

高强度钢的种类很多，强度差别也很大，在讨论焊接性时，按照钢材供货的热处理状态将其分为热轧及正火钢、低碳调质钢和中碳调质钢三类。采用这样的分类方法，是因为钢的供货热处理状态是由其合金系统、强化方式、显微组织所决定的，而这些因素又直接影响钢的焊接性与力学性能，所以同一类的钢其焊接性是比较接近的。

（1）热轧及正火钢　以热轧或正火供货和使用的钢称为热轧及正火钢。这类钢的屈服点 $\sigma_s = 295\sim490$MPa，主要包括 GB/T 1591—1994《低合金结构钢》中的 Q295～Q460 钢。这类钢通过合金元素的固溶强化和沉淀强化而提高强度，属非热处理强化钢。它的冶炼工艺比较简单，价格低廉，综合力学性能良好，具有优良的焊接性，同时也是品种和质量发展最快的一类钢。

（2）低碳调质钢　这类钢在调质状态下供货和使用，属于热处理强化钢。它的屈服点

$\sigma_s=441\sim980\text{MPa}$，具有较高的强度、优良的塑性和韧性，可直接在调质状态下焊接，焊后不需再进行调质处理。在焊接结构中，低碳调质钢越来越受到重视，是具有广阔发展前途的一类钢。

(3) 中碳调质钢　这类钢属于热处理强化钢，其碳含量较高，屈服点 $\sigma_s=880\sim1170\text{MPa}$，与低碳钢相比，合金系统比较简单。碳含量高可有效地提高调质处理后的强度，但塑性、韧性相应下降，而且焊接性变差。一般需要在退火状态下进行焊接，焊后要进行调质处理。这类钢主要用于制造大型机器上的零件和要求强度高而自重小的构件。

2. 专业用钢

把满足某些特殊工作条件的钢种总称为专业用钢。按用途的不同，其分类品种很多，常用于焊接结构制造的有如下几种。

(1) 珠光体耐热钢　这类钢主要用于制造工作温度在 500～600℃ 范围内的设备，具有一定高温强度和抗氧化能力。

(2) 低温用钢　用于制造在 -20～-196℃ 低温下工作的设备。主要特点是韧脆性转变温度低，具有良好的低温韧性。目前应用最多的是低碳的含镍钢。

(3) 低合金耐蚀钢　主要用于制造在大气、海水、石油、化工产品等腐蚀介质中工作的各种设备，除要求钢材具有合格的力学性能外，还应对相应的介质有耐蚀能力。耐蚀钢的合金系统随工作介质不同而不同。

二、合金结构钢的焊接

1. 热轧及正火钢的焊接

热轧及正火钢属于非热处理强化钢，其冶炼工艺简单，价格较低，综合力学性能良好，具有优良的焊接性，应用广泛。但是受其强化方式的限制，这类钢只有通过热处理强化，才能在保证综合力学性能的基础上进一步提高强度。

热轧及正火钢包括热轧钢和正火钢。正火钢中的含钼钢需在正火＋回火条件下才能保证良好的塑性和韧性。因此，正火钢又可分为在正火状态下使用和正火＋回火状态下使用两类。

(1) 热轧及正火钢的焊接性　热轧及正火钢属于非热处理强化钢，碳及合金元素的含量都比较低，总体来看焊接性较好。但随着合金元素的增加和强度的提高，焊接性也会变差，使热影响区母材性能下降，产生焊接缺陷。

① 粗晶区脆化　热影响区中被加热到 1100℃ 以上的粗晶区是焊接接头的薄弱区。热轧及正火钢焊接时，如热输入过大或过小都可能使粗晶区脆化。

② 冷裂纹　热轧钢虽然含少量的合金元素，但其碳当量比较低，一般情况下其冷裂倾向不大。

③ 热裂纹　一般情况下，热轧及正火钢的热裂倾向小，但有时也会在焊缝中出现热裂纹。

④ 层状撕裂　大型厚板焊接结构如在钢材厚度方向承受较大的拉伸应力，可能沿钢材轧制方向发生阶梯状的层状撕裂。

(2) 热轧及正火钢的焊接工艺　热轧及正火钢的焊接性较好，表现在对焊接方法的适应性强，工艺措施简单，焊接缺陷敏感性低且较易防止，产品质量稳定。

① 焊接方法的选择　热轧及正火钢可以用各种焊接方法焊接，不同的焊接方法对产品

质量无显著影响。通常根据产品的结构特点、批量、生产条件及经济效益等综合效果选择焊接方法。生产中常用的焊接方法有焊条电弧焊、埋弧焊、CO_2 气体保护焊和电渣焊等。

热轧及正火钢可以用各种切割方法下料，如气割、电弧气刨、等离子弧切割等。强度级别较高的钢，虽然在热切割边缘会形成淬硬层，但在后续的焊接时可熔入焊缝而不会影响焊接质量。因此，切割前一般不需预热，割后可直接焊接而不必加工。

热轧及正火钢焊接时，对焊接质量影响最大的是焊接材料和焊接参数。

② 焊接材料的选用 热轧及正火钢主要用于制造受力构件，要求焊接接头具有足够的强度、适当的屈强比、足够的韧性和低的时效敏感性，即具有与产品技术条件相适应的力学性能。因此，选择焊接材料时，必须保证焊接金属的强度、塑性、韧性等力学性能指标不低于母材，同时还要满足产品的一些特殊要求，如中温强度、耐大气腐蚀等，并不要求焊缝金属的合金系统或化学成分与母材相同。常用的热轧及正火钢常用焊接材料见表 6-5。

表 6-5 热轧及正火钢焊接材料选用举例

钢 号	焊条型号	埋弧焊 焊丝	埋弧焊 焊剂	电渣焊 焊丝	电渣焊 焊剂	CO_2 气体保护焊
Q295	E43××型	H08, H10MnA	HJ430 SJ301			H10MnSi H08Mn2Si
Q345	E50××型	不开坡口对接：H08A 中板开坡口对接：H08MnA H10Mn2 厚板深坡口对接：H10Mn2	HJ431 SJ101 SJ102 HJ350	H08MnMoA	HJ431 HJ360	H08Mn2Si
Q390	E50××型 E50××-G 型	不开坡口对接：H08MnA 中板开坡口对接：H10Mn2 H10MnSi 厚板深坡口对接：H08MnMoA	HJ431 SJ101 SJ102 HJ250 HJ350	H08Mn2MoVA	HJ431 HJ360	H08Mn2SiA
Q420	E55××型 E60××型	H08MnMoA H04MnVTiA	HJ431 HJ350	H10Mn2MoVA	HJ431 HJ350	
18MnMoNb	E60××型 E70××型	H08Mn2MoA H08Mn2MoVA	HJ431 HJ350	H08Mn2MoA H08Mn2MoVA	HJ431 HJ360	
X60	E4311 型	H08Mn2MoVA	HJ431 SJ101 SJ102			

③ 预热温度的确定 焊前预热可以控制焊接冷却速度，减少或避免热影响区淬硬马氏体的产生，降低热影响区硬度，降低焊接应力，并有助于氢从焊接接头中逸出。但预热常常恶化劳动条件，使生产工艺复杂化，尤其是不合理的、过高的预热还会损害焊接接头的性能。预热温度受母材成分、焊件厚度与结构、焊条类型、拘束度以及环境温度等因素的影响。因此，焊前是否需要预热以及合理的预热温度，都需要认真考虑或通过实验确定。

④ 焊后热处理 热轧及正火钢常用的热处理制度有消除应力退火、正火或正火＋回火

等。通常要求热轧及正火钢进行焊后热处理的情况较多，如母材屈服点≥490MPa，为了防止延迟裂纹，焊后要立即进行消除应力退火或消氢处理。

厚壁压力容器为了防止由于焊接时在厚度方向存在温差，而形成三向应力场所导致的脆性破坏，焊后要进行消除应力退火；电渣焊接头为了细化晶粒，提高接头韧性，焊后一般要求进行正火或正火＋回火处理；对可能发生应力腐蚀开裂或要求尺寸稳定的产品，焊后要进行消除应力退火。同时焊后要进行机械加工的构件，在加工前还应进行消除应力退火。

在确定退火温度时，应注意退火温度不应超过焊前的回火温度，以保证母材的性能不发生变化。对有回火脆性的钢，应避开回火脆性的温度区间。

2. 低碳调质钢的焊接

低碳调质钢属于热处理强化钢。这类钢强度高，具有优良的塑性和韧性，可直接在调质状态下焊接，焊后不需再进行调质处理。但低碳调质钢生产工艺复杂，成本高，进行热加工（成形、焊接等）时对焊接参数限制比较严格。然而，随着焊接技术的发展，在焊接结构制造中，低碳调质钢越来越受到重视，具有广阔的发展前景。

（1）低碳调质钢的焊接性　由于冷却速度较高引起的冷裂纹；由于成分（如Cr、Mo、V等元素）引起的消除应力裂纹；在焊接热影响区，还会产生脆化和软化现象。一般低碳调质钢的热裂纹的倾向较小。

（2）低碳调质钢的焊接工艺　低碳调质钢多用于制造重要焊接结构，对焊接质量要求高。同时，这类钢的焊接性对成分变化与[H]都很敏感，如同一牌号钢而炉号不同时，合金成分不同，所需的预热温度不同；当[H]上升时，预热温度亦需相应提高。为了保证焊接质量，防止焊接裂纹或热影响区性能下降，从焊前准备到焊后热处理的各个环节都需进行严格控制。

① 接头与坡口形式设计　对于σ_s≥600MPa的低碳调质钢，焊缝布置与接头的应力集中程度都对接头质量有明显影响。合理的接头设计应使应力集中系数尽可能小，且具有好的可焊性，便于焊后检验。一般来说，对接焊缝比角焊缝更为合理，同时更便于进行射线或超声波探伤。坡口形式以U形或V形为佳，单边V形也可采用，但必须在工艺规程中注明要求两个坡口面必须完全焊透。为了降低焊接应力，可采用双V形或双U形坡口。对强度较高的低碳调质钢无论用何种形式的接头或坡口，都必须要求焊缝与母材交界处平滑过渡。

低碳调质钢的坡口可用气割切制，但切割边缘的硬化层，要通过加热或机械加工消除。板厚<100mm时，切割前不需预热；板厚≥100mm，应进行100～150℃预热。强度等级较高的钢，最好用机械切割或等离子弧切割。

② 焊接方法选用　为了使调质状态的钢焊后的软化降到最低程度，应采用比较集中的焊接热源。对于σ_s≥600MPa的钢，可用焊条电弧焊、埋弧焊、钨极或熔化极气体保护焊等方法焊接，其中σ_s≥686MPa的钢最好用熔化极气体保护焊；σ_s≥980MPa的钢，则必须采用钨极氩弧焊或电子束焊等方法。如果由于结构形式的原因必须采用大焊接热输入的焊接方法（如多丝埋弧焊或电渣焊），焊后必须进行调质处理。

③ 焊接材料的选用　低碳调质钢焊接材料的选用，一般按等强原则。低碳调质钢在调质状态下进行焊接时，选用的焊接材料应保证焊缝金属与调质状态的母材具有相同的力学性能。在接头拘束度很大时，为了防止冷裂纹，可选用强度略低的填充金属。具体焊接材料选用举例见表6-6。

表 6-6 低碳调质钢焊接材料选用举例

焊法 牌号	焊条电弧焊	埋弧焊	气体保护焊	电渣焊
14MnMoVN	J707 J857	H08Mn2MoA、 H08Mn2NiMoVA 配合 HJ350； H08Mn2NiMoA 配合 HJ250	H08Mn2Si H08Mn2Mo	
14MnMoNbB	J857	H08Mn2MoA、 H08Mn2NiCrMoA 配合 HJ350		H10Mn2MoA、 H08Mn2Ni2CrMoA 配合 HJ360、HJ431
WCF-62	新 607CF CHE62CF(L)		H08MnSiMo Mn-Ni-Mo 系	
HQ70A HQ70B	E7015		H08Mn2NiMo Mn2-Ni2-Cr-Mo 保护气体：CO_2 或 $Ar+20\%CO_2$	

焊接低碳调质钢时，氢的危害更加突出，必须严格控制。随着母材强度的提高，焊条药皮中允许的含水量降低。如焊接 $\sigma_b \geqslant 850$MPa 的钢所用的焊条，药皮中允许的含水量 $\leqslant 0.2\%$，而焊接 $\sigma_b \geqslant 980$MPa 的钢，规定含水量 $\leqslant 0.1\%$。因此，一般低氢型焊条在焊前必须按规定烘干，烘干后放置在保温筒内。耐吸潮低氢型焊条在烘干后，可在相对湿度 80% 的环境中放置 24h 以内，药皮含水量不会超过规定标准。

④ 预热温度 对低碳调质钢预热的目的主要是防止冷裂，对改善组织没有明显作用。为了防止高温时冷却速度过低而产生脆性组织，预热温度不宜过高，一般不超过 200℃。预热温度过高，将使韧性下降。

3. 中碳调质钢的焊接

中碳调质钢也是热处理强化钢，虽然其较高的碳含量可以有效提高调质处理后的强度，但塑性、韧性相应下降，焊接性能变差，所以这类钢需要在退火状态下焊接，焊后还要进行调质处理。为保证钢的淬透性和防止回火脆性，这类钢含有较多的合金元素。

中碳调质钢在调质状态下具有良好的综合性能，常用于制造大型齿轮、重型工程机械的零部件、飞机起落架及火箭发动机外壳等。

(1) 中碳调质钢的焊接性

① 焊接热影响区的脆化和软化 中碳调质钢由于碳含量高、合金元素多，钢的淬硬倾向大，在淬火区产生大量脆硬的马氏体，导致严重脆化。

② 冷裂纹 中碳钢的淬硬倾向大，近缝区易出现的马氏体组织，增大了焊接接头的冷裂倾向，在焊接中常见的低合金钢中，中碳调质钢具有最大的冷裂纹敏感性。

③ 热裂纹 中碳调质钢的碳及合金元素含量高，偏析倾向也较大，因而焊接时具有较大的热裂纹敏感性。

(2) 中碳调质钢的焊接工艺 由于中碳调质钢的焊接性较差，对冷裂纹很敏感，热影响区的性能也难以保证。因此，只有在退火（正火）状态下进行焊接，焊后整体结构进行淬火和回火处理，才能比较全面的保证焊接接头的性能与母材相匹配。中碳调质钢主要用于要求高强度而对塑性要求不太高的场合，在焊接结构制造中应用范围远不如热轧及正火钢或低碳调质钢那样广泛。

① 中碳调质钢在退火状态下的焊接工艺要点

a. 焊接材料的选用。为了保证焊缝与母材在相同的热处理条件下获得相同的性能，焊接材料应保证熔敷金属的成分与母材基本相同。同时，为了防止焊缝产生裂纹，还应对杂质和促进金属脆化元素（如S、P、C、Si等）更加严格限制。对淬硬倾向特别大的材料，为了防止裂纹或脆断，必要时采用低强度填充金属，常用焊接材料见表6-7。

表6-7 中碳调质钢焊接材料举例

牌 号	焊条电弧焊	气体保护焊		埋弧焊		备 注
		CO_2焊焊丝	氩弧焊焊丝	焊丝	焊剂	
30CrMnSiNi2A	HT-3（H18CrMoA焊芯） HT-4（HGH41焊芯） HT-4（HGH30焊芯）		H18CrMoA	H18CrMoA	HJ350-1 HJ260	HJ350-1为80%~82%的HJ350与18%~20%黏结焊剂1号的混合物
30CrMnSiA	E8515-G E10015-G HT-1（H08A焊芯） HT-1（H08CrMoA焊芯） HT-3（H08A焊芯） HT-3（H08CrMoA焊芯） HT-4（HGH41焊芯） HT-4（HGH30焊芯）	H08Mn2SiMoA H08Mn2SiA	H18CrMoA	H20CrMoA H18CrMoA	HJ431 HJ431 HJ260	HT型焊条为航空用牌号，HT-4（HGH41）和HT-4（HGH30）为用于调质状态下焊接的镍基合金焊条
40CrMnSiMoVA	J107-Cr HT-3（H18CrMoA焊芯） HT-2（H18CrMoA焊芯）					
35CrMoA	J107-Cr		H20CrMoA	H20CrMoA	HJ260	
35CrMoVA	E5515-B2-VNb E8815-G J107-Cr		H20CrMoA			
34CrNi3MoA	E8515-G E11MoVNb-15		H20Cr3MoNiA			

b. 焊接工艺要点。在焊接方法选用上，由于不强调焊接热输入对接头性能的影响，因而基本上不受限制。采用较大的焊接热输入并适当提高预热温度，可以有效地防止冷裂。一般预热温度及层间温度可控制在250~300℃之间。

为了防止延迟裂纹，焊后要及时进行热处理。若及时进行调质处理有困难时，可进行中间退火或在高于预热的温度下保温一段时间，以排除扩散氢并软化热影响区组织。中间退火还有消除应力的作用。对结构复杂、焊缝较多的产品，为了防止由于焊接时间过长而在中间发生裂纹，可在焊完一定数量的焊缝后，进行一次中间退火。

Cr-Mn-Si钢具有回火脆性，这类钢焊后回火温度应避开回火脆性的温度范围（250~400℃），一般采用淬火+高温回火，并在回火时注意快冷，以避免第二类回火脆性。在强度要求较高时，可进行淬火+低温回火处理。

② 中碳调质钢在调质状态下的焊接工艺要点　在调质状态下焊接，要全面保证焊接质量比较困难，而同时解决冷裂纹、热影响区脆化及软化三方面的问题，所采用的工艺措施相互间有较大矛盾。因此，只有在保证不产生裂纹的前提下尽量保证接头的性能。

一般采用热量集中、能量密度高的焊接热源，在保证焊透的条件下尽量用小焊接热输入，以减小热影响区的软化，如选用氩弧焊、等离子弧焊或电子束焊效果较好。预热温度、层间温度及焊后回火温度均应低于焊前回火温度 50℃ 以上。同时为了防止冷裂纹，可以用奥氏体不锈钢焊条或镍基焊条。

4. 珠光体耐热钢的焊接

高温下具有足够强度和抗氧化性的钢称为耐热钢。珠光体耐热钢是以铬、钼为主要合金元素的低合金钢，由于它的基体组织是珠光体（或珠光体+铁素体），故称珠光体耐热钢。

(1) 珠光体耐热钢的性能

① 高温强度　普通碳素钢长时间在温度超过 400℃ 情况下工作时，在不太大的应力作用下就会破坏，因此不能用来制造工作温度大于 400℃ 的容器等设备。铬和钼是组成珠光体耐热钢的主要合金元素，其中钼本身的熔点很高，因而能显著提高金属的高温强度，就是在 500~600℃ 时仍保持有较高的强度。衡量高温强度的指标有蠕变强度和持久强度。

② 高温抗氧化性　在钢中加入铬，则由于铬和氧的亲和力比铁和氧的亲和力大，高温时，在金属表面首先生成氧化铬，由于氧化铬非常致密，这就相当于在金属表面形成了一层保护膜，从而可以防止内部金属受到氧化，所以耐热钢中一般都含有铬。

耐热钢中还可加入钨、铌、铝、硼等合金元素以提高高温强度。

(2) 珠光体耐热钢的焊接性

① 淬硬性　主要合金元素铬和钼等都显著地提高了钢的淬硬性，在焊接热循环决定的冷却条件下，焊缝及热处理区易产生冷裂纹。

② 再热裂纹　由于含有铬、钼、钒等合金元素，焊后热处理过程中易产生再热裂纹，再热裂纹常产生于热影响区的粗晶区。

③ 回火脆性　铬钼钢及其焊接接头在 350~500℃ 温度区间长期运行过程中发生剧烈脆变的现象称为回火脆性。

(3) 珠光体耐热钢的焊接工艺

① 焊接方法　一般的焊接方法均可焊接珠光体耐热钢，其中焊条电弧焊和埋弧自动焊的应用较多，CO_2 气体保护焊也日益增多，电渣焊在大断面焊接中得到应用。在焊接重要的高压管道时，常用钨极氩弧焊封底，然后用熔化极气体保护焊或焊条电弧焊盖面。

② 焊接材料　选配低合金耐热钢焊接材料的原则是焊缝金属的合金成分与强度性能应基本上与母材相应指标一致或应达到产品技术条件提出的最低性能指标。焊条的选择见表 6-8。使用焊条时应严格遵守碱性焊条的各项规则。主要是：焊条的烘干、焊件的仔细清理、使用直流反接电源、用短弧焊接等。另外焊件焊后不能进行热处理，而铬含量又高时，可以选用奥氏体不锈钢焊条焊接。

铬钼耐热钢埋弧焊时，可选用与焊件成分相同的焊丝配焊剂 HJ350 进行焊接。

③ 预热　焊接珠光体耐热钢一般都需要预热。预热是焊接珠光体耐热钢的重要工艺措施。为了确保焊接质量。不论是在点固焊或焊接过程中，都应预热并保持在 150~300℃ 温度范围内，见表 6-8。

表 6-8 常见珠光体耐热钢的焊条的选用及预热、焊后热处理

材料牌号	焊接工艺		焊后热处理/℃
	预热温度/℃	电焊条	
16Mo	200～250	E5015-A1	690～710
12CrMo	200～250	E5515-B1	680～720
15CrMo	200～250	E5515-B2	680～720
20CrMo	250～350	E5515-B2	650～680
12Cr1MoV	200～250	E5515-B2-V	710～750
13Cr3MoVSiTiB	300～350	E5515-B3-VNb	740～760
12Cr2MoWVB	250～300	E5515-B3-VWB	760～780
12MoVWBSiRe(无铬 8 号)	250～300	E5515-B2-V	750～770

④ 焊后缓冷　这是焊接珠光体耐热钢必须严格遵循的原则，即使在炎热的夏季也必须做到这一点。一般是焊后立即用石棉布覆盖焊缝及近缝区，小的焊件可以直接放在石棉灰中。覆盖必须严实，以确保焊后缓冷。

⑤ 焊后热处理　焊后应立即进行焊后热处理，其目的是为了防止冷裂纹、消除应力和改善组织。对于厚壁容器及管道，焊后常进行高温回火，即将焊件加热至 700～750℃。保温一定时间，然后在静止空气中冷却，见表 6-8。

另外，在整个焊接过程中，应使焊件（焊缝附近 30～100mm 范围）保持足够的温度。实行连续焊和短道焊，并尽量在自由状态下焊接。

5. 低温用钢的焊接

(1) 低温用钢的成分和性能　低温用钢主要用于低温下，即在 -20～-273℃ 之间工作的容器、管道和结构，因此要求这种钢：低温下有足够的强度，特别是它的屈服点；低温下具有足够的韧性；对所容纳物质有耐蚀性；低温用钢的绝大部分是板材，都要经过焊接加工，所以焊接性十分重要。此外，为保证冷加工成形，还要求钢材有良好的塑性，一般碳钢中低温用钢的伸长率不低于 11%，合金钢不低于 14%。

低温用钢大部分是接近铁素体型的低合金钢，因此从化学成分来看，其明显特点是低碳或超低钢（<0.06%），主要通过加入铝、钡、铌、钛、稀土等元素固溶强化，并经过正火、回火处理获得细化晶粒均匀的组织，从而得到良好的低温韧性。为保证低温韧性，还应严格限制磷、硫等杂质含量。

低温用钢可按韧性可达到的最低使用温度分类；低温韧性与合金化及显微组织密切相关，因此也常按显微组织来分类。低温用钢按显微组织又可分为铁素体型、低碳马氏体型和奥氏体型等多种。

(2) 低温用钢的焊接性　低温用钢的碳含量低，硫磷含量也限制在较低范围内，其淬硬倾向和冷裂倾向小，具有良好的焊接性。焊接主要问题是防止焊缝和过热区出现粗晶过热组织，保证焊缝和过热区（粗晶区）的低温韧性；其次由于镍能促成热裂，所以焊接含镍钢，特别是 9%Ni 钢要注意液化裂纹问题。

(3) 低温用钢的焊接工艺

① 焊接材料　低温用钢对焊接材料的选择必须保证焊缝含有害杂质硫、磷、氧、氮最少，尤其含镍钢更应严格控制杂质含量，以保证焊缝金属良好的韧性。由于对低温条件要求不同，应针对不同类型低温钢选择不同的焊接材料。焊接低温用钢的焊条见表 6-9，焊接 -40℃级 16Mn 低温用钢可采用 E5015-G 或 E5016-G 高韧性焊条。

表 6-9 低温用钢焊条

焊条牌号	焊条型号	焊缝金属合金系统	主 要 用 途
W707		低碳 Mn-Si-Cu 系	焊接−70℃工作的 09Mn2V 及 09MnTiCuRE 钢
W707Ni	E5515-C$_1$	低碳 Mn-Si-Ni 系	焊接−70℃工作的低温钢及 2.5%Ni 钢
W907Ni	E5515-C$_2$	低碳 Mn-Si-Ni 系	焊接−90℃工作的 3.5%Ni 钢
W107Ni		低碳 Mn-Si-Ni -Mo-Cu 系	焊接−100℃工作的 06MnNb、06AlNbCuN 及 3.5%Ni 钢

注：1. 焊条牌号前加"W"，表示低温用钢焊条。

2. 焊条牌号第一、第二位数字，表示低温用钢焊条的工作温度等级，如 W707 的低温温度等级为−70℃。

3. 表中焊条为低氢钠型药皮，采用直流电源。

埋弧焊时，可用中性熔炼焊剂配合 Mn-Mo 焊丝或碱性熔炼焊剂配合含 Ni 焊丝；也可采用 C-Mn 钢焊丝配合碱性非熔炼焊剂，由焊剂向焊缝渗入微量 Ti、B 合金元素，以保证焊缝金属获得良好的低温韧性。

② 低温用钢焊接工艺要点

a. 焊前预热。板厚和刚性较大时，焊前要预热，3.5%Ni 钢要求 150℃，9%N 钢 100～150℃，其余低温用钢均不需预热。

b. 严格控制热输入。焊接热输入如过大，会使焊缝金属韧性下降，为最大限度减少过热应采用尽量小的热输入。

c. 适当增加坡口角度和焊缝焊道数目。采用无摆动快速多层、多道焊，控制层间温度，减轻焊道过热，通过多层焊的重热作用细化晶粒。

d. 在焊接结构制造过程中减少应力集中。采取种种措施，尽量防止在接头的过热区和工件上应力集中，例如填满弧坑、避免咬边、焊缝表面圆滑过渡、产品各种角焊缝必须焊透等；工件表面装配用的定位块和楔子去除后所留的焊疤均应打磨。

e. 焊后消除应力处理。镍钢及其他铁素体型低温用钢，当板厚或其他因素造成残余应力较大时，需进行消除应力热处理，有利于改善焊接接头的低温韧性，其余不考虑。

6. 低合耐腐蚀钢的焊接

低合耐腐蚀钢包括的范围很广，根据用途可分为耐大气腐蚀钢、耐海水腐蚀钢和石油化工中用的耐硫和硫化物腐蚀钢。这里只对前两种耐腐蚀钢的焊接作简单介绍。

（1）耐大气腐蚀钢、耐海水腐蚀钢的成分和性能　许多建筑、桥梁、铁路、车辆、矿山机械等结构长期暴露在室外，受自然大气和工业大气作用，特别是受潮湿空气侵蚀，因此要求它们应有良好耐大气腐蚀性能，也称为耐候钢；又如船舶、码头建筑、海上勘探设备、海上石油平台、海底电缆设施等，则要求耐海水浸蚀和耐海洋性气氛腐蚀。这两种耐蚀钢既要有足够的强度，又要求良好耐大气、海水腐蚀的性能，这就需要在低合金高强钢的基础上添加上些能提高抗腐蚀能力的元素。铜和磷是提高钢材耐大气、海水腐蚀最有效的合金元素，加入铬也能有效提高钢耐海水腐蚀的能力。为了降低含磷钢的冷脆敏感性和改善焊接性，要限制钢中的碳含量（C≤0.16%）。

（2）耐大气腐蚀钢、耐海水腐蚀钢的焊接特点　铜、磷耐蚀钢对焊接热循环不敏感，焊接性良好，其焊接工艺与强度较低（σ_s=343～392MPa）的热轧钢相同。

焊接耐候腐蚀钢和耐海水腐蚀钢的焊条见表 6-10，埋弧焊时，采用 H08MnA、H10Mn2 焊丝配合 HJ431 焊剂。

表 6-10　焊接耐候及耐海水腐蚀用钢的焊条

牌　号	型　号	药皮类型	焊接电流	主要用途
J422CrCu	E4303	钛钙型	交直流	焊接 12CrMoCu 等
J502CuP		钛钙型	交直流	焊接 Cu-P 系耐候耐海水腐蚀钢 10MnPNbRE、08MnP、09MnCuPTi 等
J502NiCu	E5003-G	钛钙型	交直流	焊接耐候铁道车辆 09MnCuPTi 及日本 SPA 钢
J502WCr	E5003-G	钛钙型	交直流	焊接耐候铁道车辆 09MnCuPTi
J502CrNiCu	E5003-G	钛钙型	交直流	焊接耐候及近海工程结构
J506WCu	E5016-G	低氢钾型	交直流	焊接耐候钢 09MnCuPTi
J506NiCu	E5016-G	低氢钾型	交直流	焊接耐候钢
J507NiCu	E5015-G	低氢钾型	直流反接	焊接耐候钢
J507CrNi	E5015-G	低氢钾型	直流反接	焊接耐海水腐蚀钢的海洋重要结构

第四节　不锈钢、耐热钢的焊接

一、不锈钢、耐热钢的类型及性能特点

这里只涉及高合金钢，并且只简要归纳一下与焊接性有关的某些要点。详见金属学与热处理教材或有关手册。

1. 不锈钢及耐热钢类型

（1）按用途分类

① 不锈钢　包括高铬钢（Cr13 之类）、铬镍钢（Cr18Ni9Ti，Cr18Ni12Mo3Ti 等）、铬锰氮钢（Cr17Mn13Mo2N）。主要用于有侵蚀性的化学介质（主要是各类酸），要求能耐腐蚀，对强度要求不高。

② 热稳定钢　主要用于高温下要求抗氧化或耐气体介质腐蚀的一类钢，也称为抗氧化不起皮钢。对于高温强度并无特别要求。常用的有铬镍钢（Cr25Ni20、Cr25Ni20Si2 之类）、高铬钢（Cr17、Cr25Ti 等）。

③ 热强钢　在高温下既要能抗氧化或耐气体介质腐蚀，又必须具有一定的高温强度。主要是高铬镍钢（Cr18Ni9Ti、4Cr25Ni20、4Cr14Ni14W2Mo）。多元合金化的以 Cr12 为基的马氏体钢（如 1Cr12MoWV）也用作热强钢。

习惯上将热稳定钢和热强钢称为耐热钢。

（2）按组织分类　各种不锈钢都具有良好的化学稳定性，将不锈钢加热到 900~1100℃ 淬火后，按空冷后室温所得到的组织不同，可分为五大类。

① 奥氏体钢　是应用最广的一种。高铬镍钢及高铬锰钢均属此类，其中，铬镍奥氏体钢是最通用的钢种。以 Cr18Ni8 为代表的系列（简称 18-8），主要用于耐蚀条件下；以 Cr25Ni20 为代表的系列（简称 25-20），则主要用作热稳定钢，提高碳含量则可用作热强钢。

② 双相钢　主要是指奥氏体-铁素体双相钢，如Cr21Ni5Ti、00Cr18Ni5Mo3Si2，具有很优异的耐蚀性能，尤其是耐应力腐蚀开裂性能。

③ 铁素体钢　含Cr为17%～28%的高铬钢属此类，主要用作热稳定钢，也可用作耐蚀钢。

④ 马氏体钢　Cr13系列及以Cr12为基的多元合金化的钢均属马氏体钢。

⑤ 沉淀硬化型不锈钢　将18-8钢的Ni量适当降低并稍加调整成分，可获得一种能够经沉淀强化处理的不锈钢，不仅具有很好的耐蚀性，而且具有很高的强度。有代表性的钢号有00Cr17Ni7Al（17-7PH）及00Cr17Ni4Cu4Nb（17-7PH）。

2. 不锈钢的耐腐蚀性

不锈钢的耐腐蚀性是基于其主加元素铬在钢表面形成致密氧化膜对钢的钝化作用。金属受介质的化学及电化学作用而破坏的现象称为腐蚀，不锈钢的腐蚀形式主要有以下几种。

（1）均匀腐蚀　是指接触腐蚀介质的金属整个表面产生腐蚀的现象，称为均匀腐蚀，也称整体腐蚀。它是一种表面腐蚀。如图6-8（a）所示。不锈钢具有良好的耐腐蚀性能，它的均匀腐蚀量并不大。

（2）晶间腐蚀　奥氏体不锈钢在450～850℃加热时，会由于沿晶界沉淀出铬的碳化物，致使晶粒周边形成贫铬区，在腐蚀介质作用下即可沿晶粒边界深入金属内部，产生在晶粒之间的一种腐蚀称为晶间腐蚀。如图6-8（b）所示。此类腐蚀在金属外观未有任何变化时就造成破坏，因此是不锈钢最危险的一种破坏形式。

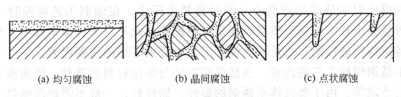

(a) 均匀腐蚀　　　(b) 晶间腐蚀　　　(c) 点状腐蚀

图6-8　腐蚀的破坏形式

（3）点状腐蚀　腐蚀集中于金属表面的局部范围，并迅速向内部发展，最后穿透。如图6-8（c）所示。不锈钢表面与氯离子接触时，因氯离子容易吸附在钢的表面个别点上，破坏了该处的氧化膜，就很容易发生点状腐蚀。不锈钢的表面缺陷，也是引起点状腐蚀的重要原因之一。

（4）应力腐蚀开裂　是一种金属在腐蚀介质和表面拉伸应力联合作用下产生的脆性开裂现象。它的一个最重要的特点是腐蚀介质与金属材料的组合有选择性，即一定的金属只有在一定的介质当中才会发生此种腐蚀。奥氏体钢焊接接头最易于出现这一问题。

3. 耐热钢的高温性能

（1）抗氧化性　耐热钢中一般均含有Cr、Al或Si，可形成致密完整的氧化膜，因而均可具有很好的抗氧化性能。

（2）热强性　所谓热强性，指在高温下长时工作时对断裂时的抗力（即持久强度），或在高温下长期工作时抗塑性变形的能力（即蠕变抗力）。

（3）高温脆性　耐热钢在热加工或长期高温工作中，可能产生脆化现象。除了如Cr13钢在550℃附近的回火脆性、高铬铁素体钢的晶粒长大脆化以及奥氏体钢沿晶界析出碳化物所造成的脆化之外，值得注意的还有所谓475℃脆性及σ相脆化。

二、不锈钢的焊接

焊接不锈钢时，如果焊接工艺不当或焊接材料选用不正确，会产生一系列的缺陷。这些缺陷主要有耐蚀性的下降和焊接裂纹的形成，这将直接影响焊接接头的力学性能和焊接接头的质量。

1. 奥氏体不锈钢的焊接

(1) 奥氏体不锈钢的焊接性　不锈钢中以奥氏体不锈钢最为常见，奥氏体不锈钢的塑性和韧性很好，具有良好的焊接性，焊接时一般不需要采取特殊的工艺措施。如果焊接材料选用不当或焊接工艺不合理时，会使焊接接头产生如下问题。

① 晶间腐蚀　受到晶间腐蚀的不锈钢，从表面上看来没有痕迹，但在受到应力时即会沿晶界断裂，几乎完全丧失强度。奥氏体不锈钢在焊接不当时，会在焊缝和热影响区造成晶间腐蚀，有时在焊缝和基本金属的熔合线附近发生如刀刃状的晶间腐蚀，称为刃状腐蚀。

② 应力腐蚀　不锈钢在静应力（内应力或外应力）作用下，在腐蚀性介质中发生的破坏。

③ 热裂纹　是奥氏体不锈钢焊接时比较容易产生的一种缺陷，特别是含镍量较高的奥氏体不锈钢更易产生。因此，奥氏体不锈钢产生热裂纹的倾向要比低碳钢大得多。

④ 焊接接头的脆化　奥氏体不锈钢的焊缝在高温（375～875℃）加热一段时间后，常会出现冲击韧性下降的现象，称为脆化。常见的脆化有：475℃脆化，σ相脆化。

对奥氏体不锈钢结构，多数情况下都有耐蚀性的要求。因此，为保证焊接接头的质量，需要解决的问题比焊接低碳钢或低合金钢时要复杂得多，在编制工艺规程时，必须考虑备料、装配、焊接各个环节对接头质量可能带来的影响。此外，奥氏体钢导电、导热性差，线膨胀系数大等特殊物理性能，也是编制焊接工艺时必须考虑的重要因素。

奥氏体不锈钢焊接工艺的内容，包括焊接方法与焊接材料的选择、焊前准备、焊接参数的确定及焊后处理等。由于奥氏体不锈钢的塑性、韧性好，一般不需焊前预热。

(2) 焊接方法的选择　奥氏体不锈钢具有较好的焊接性，可以采用焊条电弧焊、埋弧焊、惰性气体保护焊和等离子弧焊等熔焊方法，并且焊接接头具有相当好的塑性和韧性。因为电渣焊的热过程特点，会使奥氏体不锈钢接头的抗晶间腐蚀能力降低，并且在熔合线附近易产生严重的刀蚀，所以一般不应用电渣焊。

(3) 焊接材料的选择　奥氏体不锈钢焊接材料的选用原则，应使焊缝金属的合金成分与母材成分基本相同，并尽量降低焊缝金属中的碳含量和S、P等杂质的含量。奥氏体不锈钢焊接材料的选用见表6-11。

表6-11　奥氏体不锈钢焊接材料的选用

钢的牌号	焊条型号(牌号)	氩弧焊焊丝	埋弧焊焊丝	埋弧焊焊剂
1Cr18Ni9	E308-16(A101) E308-15(A107)	H1Cr19Ni9	—	—
1Cr18Ni9Ti	E308-16(A101) E308-15(A107)	H1Cr19Ni9	H1Cr19Ni9 H0Cr20Ni10Ti	HJ260 HJ172
Y1Cr18Ni9Se 1Cr18Ni9Si3	E316-15(A207) E316-16(A202)	H0Cr19Ni12Mo2	—	—
00Cr17Ni14Mo2	E316-16(A202)	H00Cr19Ni12Mo2	H00Cr19Ni12Mo2	HJ260

(4) 焊前准备

① 下料方法的选择　奥氏体不锈钢中有较多的铬，用一般的氧-乙炔切割有困难，可用机械切割、等离子弧切割及碳弧气刨等方法进行下料或坡口加工，机械切割最常用的有剪切、刨削等。

② 坡口的制备　在设计奥氏体不锈钢焊件坡口形状和尺寸时，应充分考虑奥氏体不锈钢的线膨胀系数会加剧接头的变形，应适当减小V形坡口角度。当板厚大于10mm时，应尽量选用焊缝截面较小的U形坡口。

③ 焊前清理　为了保证焊接质量，焊前应将坡口两侧20～30mm范围内的焊件表面清理干净，如有油污，可用丙酮或酒精等有机溶剂擦拭。对表面质量要求特别高的焊件，应在适当范围内涂上用白垩调制的糊浆，以防飞溅金属损伤表面。

④ 表面防护　在搬运、坡口制备、装配及定位焊过程中，应注意避免损伤钢材表面，以免使产品的耐蚀性降低。如不允许用利器划伤钢板表面，不允许随意到处引弧等。

(5) 焊接工艺参数的选择　焊接奥氏体不锈钢时，应控制焊接热输入和层间温度，以防止热影响区晶粒长大及碳化物析出。下面对几种常用焊接方法的工艺参数加以说明。

① 焊条电弧焊　由于奥氏体不锈钢的电阻较大，焊接时产生的电阻热较大，同样直径的焊条，焊接电流值应比低碳钢焊条降低20%左右。焊接工艺参数见表6-12。焊条长度亦应比碳素钢焊条短，以免在焊接时由于药皮的迅速发红而失去保护作用。奥氏体不锈钢焊条即使选用酸性焊条，最好也采用直流反接施焊，因为此时焊件是负极，温度低，受热少，而且直流电源稳定，也有利于保证焊缝质量。此外，在焊接过程中，应注意提高焊接速度，同时焊条不进行横向摆动，这样可有效地防止晶间腐蚀、热裂纹及变形的产生。

表6-12　不锈钢焊条电弧焊工艺参数

焊件厚度/mm	焊条直径/mm	焊接电流/A		
		平焊	立焊	仰焊
<2	2	40～70	40～60	40～50
2～2.5	2.5	50～80	50～70	50～70
3～5	3.2	70～120	70～95	70～90
5～8	4.0	130～190	130～145	130～140
8～12	5.0	160～210		

② 钨极氩弧焊　对于钨极氩弧焊一般采用直流正接，这样可以防止因电极过热而造成焊缝中渗钨的现象。钨极氩弧焊工艺参数见表6-13。

表6-13　不锈钢钨极氩弧焊工艺参数

板厚/mm	钨极直径/mm	焊接电流/A	焊丝直径/mm	氩气流量/(L/min)
0.3	1	18～20	1.2	5～6
1	2	20～25	1.6	5～6
1.5	2	25～30	1.6	5～6
2	2	35～45	1.6～2.0	5～6
2.5	3	60～80	1.6～2.0	6～6
3	3	70～85	1.6～2.0	6～6
4	3	75～90	2	6～6
6～8	4	100～140	2	6～6
>8	4	100～140	3	6～6

③ 熔化极氩弧焊　一般采用直流反接法。为了获得稳定的喷射过渡形式，要求电流大于临界电流值。焊接工艺参数见表 6-14。

表 6-14　奥氏体不锈钢熔化极氩弧焊工艺参数

板厚/mm	焊丝直径/mm	焊接电流/A	电弧电压/V	焊接速度/(m/h)	氩气流量/(L/min)
2.0	1.0	140～180	18～20	20～40	6～8
3.0	1.6	200～280	20～22	20～40	6～8
4.0	1.6	220～320	22～25	20～40	7～9
6.0	1.6～2.0	280～360	23～27	15～30	9～12
8.0	1.6～2.0	300～380	24～28	15～30	11～15
10.0	2.0	320～440	25～30	15～30	12～17

④ 埋弧焊　由于埋弧焊时热输入大，金属容易过热，对不锈钢的耐蚀性有一定的影响。因此，在奥氏体不锈钢焊接中，埋弧焊的应用不如在低合金钢焊接中那样普遍。

⑤ 等离子弧焊　对于等离子弧焊焊接参数调节范围很宽，可用大电流（200A 以上），利用小孔效应，一次焊接厚度可达 12mm，并实现单面焊双面成形。用很小的电流，也可焊很薄的材料，如在微束等离子弧焊时，用 100～150mA 的电流可焊厚度为 0.01～0.02mm 的薄板。

(6) 奥氏体不锈钢的焊后处理　为增加奥氏体不锈钢的耐蚀性，焊后应对其进行表面处理，处理的方法有表面抛光、酸洗和钝化处理。

① 表面抛光　不锈钢的表面如有刻痕、凹痕、粗糙点和污点等，会加快腐蚀。将不锈钢表面抛光，就能提高其抗腐蚀能力。表面粗糙度值越小，抗腐蚀性能就越好。因为粗糙度值小的表面能产生一层致密而均匀的氧化膜，这层氧化膜能保护内部金属不再受到氧化和腐蚀。

② 酸洗　经热加工的不锈钢和不锈钢热影响区都会产生一层氧化皮，这层氧化皮会影响耐蚀性，所以焊后必须将其除去。

酸洗时，常用酸液酸洗和酸膏酸洗两种方法。酸液酸洗又有浸洗和刷洗两种。酸液和酸膏的配方见相关资料。

③ 钝化处理　钝化处理是在不锈钢的表面用人工方法形成一层氧化膜，以增加其耐蚀性。钝化是在酸洗后进行的，经钝化处理后的不锈钢，外表全部呈银白色，具有较高的耐蚀性。钝化液的配方见相关资料。

(7) 焊后检验　奥氏体不锈钢一般都具有耐蚀性的要求，所以焊后除了要进行一般焊接缺陷的检验外，还要进行耐蚀性试验。

耐蚀性试验应根据产品对耐蚀性能的要求而定。常用的方法有不锈钢晶间腐蚀试验、应力腐蚀试验、大气腐蚀试验、高温腐蚀试验、腐蚀疲劳试验等。不锈耐酸钢晶间腐蚀倾向试验方法已纳入国家标准，可用于检验不锈钢的晶间腐蚀倾向。

2. 铁素体、马氏体钢的焊接

(1) 铁素体不锈钢的焊接工艺　铁素体不锈钢焊接时热影响区晶粒急剧长大而形成粗大的铁素体。由于铁素体钢加热时没有相转变发生，这种晶粒粗大现象会造成明显脆化，而且也使冷裂纹倾向加大。此外，焊接时，在温度高于 1000℃ 的熔合线附近快速冷却时会产生晶间腐蚀，但经 650～850℃ 加热并随后缓冷就可以加以消除。

铁素体不锈钢的焊接工艺要点如下。

① 铁素体不锈钢只采用焊条电弧焊进行焊接，为了减小475℃脆化，避免焊接时产生裂纹，焊前可以预热，预热温度为70～150℃。

② 焊接时，尽量缩短在430～480℃之间的加热或冷却时间。

③ 为防止过热，尽量减少热输入，例如焊接时采用小电流、快速焊，焊条最好不要摆动，尽量减少焊缝截面，不要连续焊，即待前道焊缝冷却到预热温度时再焊下一道焊缝，多层焊时要控制层间温度。

④ 对于厚度大的焊件，为减少焊接应力，每道焊缝焊完后，可用小锤轻轻敲击。

⑤ 焊后常在700～750℃之间退火处理，这种焊后热处理可以改善接头韧性及塑性。

焊接铁素体不锈钢用焊条见表6-15。

表6-15　焊接铁素体不锈钢用焊条

钢的牌号	对接头性能的要求	选用焊条型号（牌号）	预热及热处理
00Cr12	耐硝酸及耐热	E430-16(G302)	预热120～200℃,焊后750～800℃回火
1Cr15 1Cr17Mo	提高焊缝塑性	E308-15(A107) E316-15(A207)	不预热,不热处理
Y1Cr17	抗氧化性	E309-15(A307)	不预热,焊后760～780℃回火
1Cr17	提高焊缝塑性	E310-16(A402) E310-15(A407) E310 Mo-16(A412)	不预热,不热处理

(2) 马氏体不锈钢的焊接工艺　马氏体不锈钢在焊接时有较大的晶粒粗化倾向，特别是多数马氏体钢其成分特点使其组织往往处在马氏体-铁素体的边界上。在冷却速度较小时近缝区会出现粗大的铁素体和碳化物组织，使其塑性和韧性显著下降；冷却速度过大时，由于马氏体不锈钢具有较大的淬硬倾向，会产生粗大的马氏体组织，使塑性和韧性下降。所以，焊接时冷却速度的控制很重要。并且因其导热性差，马氏体不锈钢焊接时的残余应力也大，容易产生冷裂纹。有氢存在时，马氏体不锈钢还会产生更危险的氢致延迟裂纹。钢中碳含量越高，冷裂纹倾向也越大。此外，马氏体不锈钢也有475℃脆化，但马氏体不锈钢的晶间腐蚀倾向很小。

预热和控制层间温度是防止裂纹的主要手段，焊后热处理可改善接头性能。

马氏体不锈钢的焊接工艺要点如下。

① 为保证马氏体不锈钢焊接接头不产生裂纹，并具有良好的力学性能，在焊接时，应进行焊前预热，一般预热温度在100～400℃之间。

② 焊后热处理是防止延迟裂纹和改善接头性能的重要措施，通常在700～760℃之间加热空冷。

③ 常用的焊接方法是焊条电弧焊，焊条的选用见表6-16。

表6-16　焊接马氏体不锈钢用焊条

钢种	对接头性能的要求	选用焊条型号（牌号）	预热及热处理
1Cr13	抗大气腐蚀及汽蚀	E410-16(G202) E410-15(G207)	焊前预热150～350℃,焊后700～730℃回火

续表

钢种	对接头性能的要求	选用焊条型号(牌号)	预热及热处理
1Cr13Mo	耐有机酸腐蚀、耐热	E410-16(G202)	焊前预热150~350℃,焊后700~730℃回火
	要求焊缝有良好的塑性	E308-15,E308-16 E316-15,E316-16 E310-16,E310-15	焊前不预热(对厚大件可预热至200℃)

马氏体不锈钢的焊接，还可以采用埋弧焊、氩弧焊和 CO_2 气体保护焊等方法。采用这些焊接方法时，可采用与母材成分相近的焊丝，如焊接1Cr13钢用H1Cr13焊丝（埋弧焊时配合HJ431焊剂）。

第五节　异种钢的接焊

在化工、电站、航空、矿山机械等行业制造中，有时为了满足不同工作条件下对材料的要求，常需要将不同种类的金属焊接起来。工程上常见的异钢焊接可归纳为：不同珠光体钢间的焊接（低碳钢Q235与中碳调质钢40Cr焊接）；不同奥氏体钢焊接（如奥氏体不锈钢00Cr18Ni10与奥氏体耐热钢0Cr23Ni18焊接）；珠光体钢与奥氏体钢焊接（如珠光体耐热钢15CrMo和奥氏体不锈钢0Cr18Ni9焊接）。其中以珠光体钢与奥氏体钢的焊接最为常见。常温受力构件由珠光体钢制造，高温或与腐蚀介质接触的部件采用奥氏体钢制造，然后再将二者焊接起来。这样不仅可以节约大量的高合金钢，而且能够最大限度地发挥材料的潜力，全面满足产品的使用要求，做到物尽其用。

一、珠光体钢与奥氏体钢的焊接

1. 珠光体钢与奥氏体钢的焊接性

珠光体钢与奥氏体钢由于成分差异大，所以它们之间的焊接实际上是异种材料的焊接。异种材料的焊接，除了金属本身物理、化学性能对焊接带来影响外，两种材料在成分与性能上的差异，更大程度上会影响其焊接性，所以异种材料的焊接时存在以下几个主要问题。

（1）稀释和合金化　稀释是异种金属焊接的普遍问题。在异种钢中，由于珠光体钢与奥氏体钢化学成分差异大，因此低合金的珠光体钢母材对焊缝的冲淡（即稀释作用）是最为突出的。

（2）在熔合区会生成马氏体脆化层　即使采用奥氏体化能力强的高铬-镍型焊接材料，使焊缝可获得韧性很好的全部奥氏体组织，但在熔合区还是不可避免会生成马氏体组织。由于马氏体硬度高，在焊接时或使用中可能形成裂纹。

焊接时采用镍含量较高的填充金属，提高焊缝金属的镍含量，可以使脆化层的宽度明显降低。此外，在其他条件不变时，熔合比越小脆化层越窄。

（3）熔合区碳的扩散　除了熔合区会产生低塑性的马氏体组织外，在焊接时还会由于焊缝与母材成分差异较大而导致元素扩散的现象，尤其是碳的扩散。碳从珠光体母材通过熔合区向焊缝扩散，从而在靠近熔合区的珠光体母材上形成了一个软化的脱碳层，而在奥氏体焊缝中形成了硬度较高的增碳层。

焊缝中碳化物形成元素（如铬、钛、铌等）的含量越多，碳的扩散越严重；相反，适当增加珠光体母材中的碳化物形成元素，可有效地抑制珠光体钢中碳的扩散。此外，镍是石墨化元素，能降低碳化物的稳定性，因此，适当增加焊缝中镍的含量，有助于抑制碳的扩散。

（4）接头复杂的应力状态　在珠光体钢与奥氏体钢焊接时，接头在焊后除了产生由于局部加热而引起的热应力外，还有因两种材料线膨胀系数不同而产生的附加残余应力，这种由于线膨胀系数不同所产生的残余应力，经过热处理是无法消除的。由于接头应力的增加，降低了高温持久强度和塑性，易导致沿熔合线断裂。

2. 珠光体钢与奥氏体钢的焊接工艺

（1）焊接方法的选择　焊接方法对珠光体钢与奥氏体钢焊接接头最主要的影响是熔合比，亦即稀释率。通常，珠光体钢与奥氏体钢焊接时，希望稀释率越低越好，应注意选用熔合比小的焊接方法，如焊条电弧焊、钨极氩弧焊、熔化极气体保护焊都比较合适。目前，焊条电弧焊以其操作方便、成本低和可获得较小的稀释率而广泛应用于异种钢的焊接。

（2）焊接材料的选用　由前面的焊接性分析可知，为了减少熔合区马氏体脆性组织的形成，抑制碳的扩散，应选用含镍较高的填充金属。但随着焊缝中镍含量的增加，使焊缝热裂倾向加大。为了防止热裂纹的形成，最好使焊缝中含有体积分数为3%~7%的铁素体组织或形成奥氏体＋碳化物的双相组织。焊条电弧焊时通常选用A302焊条。

（3）焊接工艺要点　为了减小熔合比，珠光体钢与奥氏体钢焊接时坡口角度应大一些，焊接时采用小直径的焊条或焊丝，小电流、长弧、快速焊的方法。如果为了防止珠光体钢产生冷裂纹而需要预热，则其预热温度应比珠光体钢同种材料焊接时略低一些。

珠光体钢与奥氏体钢焊接接头，焊后一般不进行热处理。因为焊后热处理不但不会消除由于两种材料线膨胀系数不同而引起的附加应力，而且焊后的加热还会使扩散层加宽，因此，异种材料焊后一般不宜进行热处理。

二、不锈钢复合钢板的焊接

1. 不锈钢复合钢板简介

不锈钢复合钢板由复层（不锈钢）和基层（碳钢、低合金）组成。由复层不锈钢保证耐腐蚀性，基层保证结构钢获得强度。复层只占总厚度的10%~20%，比单体不锈钢可节省60%~70%的不锈钢，具有很大的经济意义。不锈钢复合钢板热导率比单体不锈钢高1.5~2倍，因此特别适用于既要求耐腐蚀又要求传热效率高的设备。可用来制造化工、石油等工业部门的容器和管道。由于焊接时存在珠光体钢与奥氏体钢（也可是铁素体钢或马氏体钢）两种母材，因此，不锈钢复合钢板的焊接属于不同组织异种钢的焊接。

2. 不锈钢复合钢板的焊接性

为保证复合钢板原有的性能，对复层和基层应分别进行焊接。

当用结构钢焊条焊接基层时，可能熔化到不锈钢复层，由于合金元素渗入焊缝，焊缝硬度增加，塑性降低，易导致裂纹产生；当用不锈钢焊条焊接复层时，可能熔化到结构钢基层，使焊缝合金成分稀释而降低焊缝的塑性和耐蚀性。

为防止上述两种不良后果，在基层和复层的焊接之间必须采用施焊过渡层的方法。

3. 焊接工艺

（1）坡口形式和尺寸　不锈钢复合钢板焊接接头的坡口形式如图6-9所示。较薄的复合钢板（总厚度小于8mm）可以采用I形坡口，如图6-9（a）和（b）所示。较厚的复合钢板则可采用 U 形、V 形、X 形或组合坡口，如图 6-9（c）～（h）所示。为防止第一道基层焊缝中熔入奥氏体钢，可以预先将接头附近的复层金属加工掉一部分，如图 6-9（b）、（d）、(f)、(g) 和 (h) 所示。

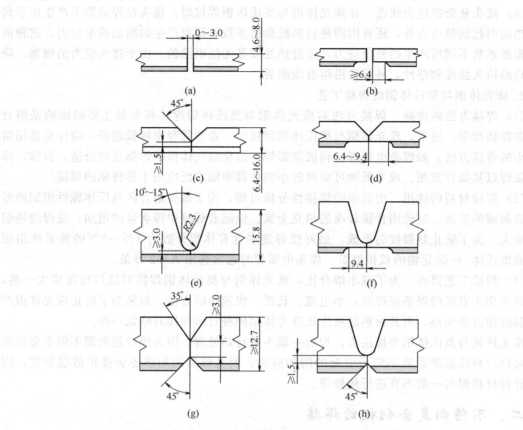

图 6-9 不锈钢复合钢板焊接接头的坡口形式和尺寸

（2）焊接材料的选用　基层和复层各自的焊接属于同种金属焊接，而只有过渡层的焊接属于不同组织异种钢的焊接。因此，过渡层焊接材料的选择，就成为不锈钢复合钢板焊接的关键。为了防止基层对过渡层焊缝金属的稀释作用造成脆化，过渡层应采用合金含量（尤其是镍含量）比较高的奥氏体钢填充金属。不锈钢复合钢板焊条电弧焊焊接材料选用见表 6-17。

表 6-17　不锈钢复合钢板焊接材料选用

复合钢板的组合	基　层	交界处	复　层
0Cr13＋Q235A	E4303 E4315	E1-23-13-16 E1-23-13-15	E0-19-10-16 E0-19-10-15
0Cr13＋16Mn 0Cr13＋15MnV	E5003 E5015 (E5515G)	E1-23-13-16 E1-23-13-15	E0-19-10-16 E0-19-10-15
0Cr13＋12CrMo	E5515-B1	E1-23-13-16 E1-23-13-15	E0-19-10-16 E0-19-10-15
1Cr18Ni9Ti＋Q235A	E4303 E4315	E1-23-13-16 E1-23-13-15	E0-19-10Nb-16 E0-19-10 Nb-15

续表

复合钢板的组合	基 层	交界处	复 层
1Cr18Ni9Ti+16Mn 1Cr18Ni9Ti+15MnV	E5003 E5015 (E5515G)	E1-23-13-16 E1-23-13-15	E0-19-10Nb-16 E0-19-10Nb-15
Cr18Ni12Mo2Ti+Q235A	E4303 E4315	E1-23-13Mo2-16	E0-18-12Mo2Nb-16
Cr18Ni12Mo2Ti+16Mn Cr18Ni12Mo2Ti+15MnV	E5003 E5015 (E5515G)	E1-23-13Mo2-16	E0-18-12Mo2Nb-16

(3) 焊接顺序 复合钢板对接接头的焊接顺序如图6-10所示,即先焊基层焊缝,再焊交界处的过渡层焊缝,最后焊复层焊缝。应尽量减少复层一侧的焊接量,并避免复层焊缝的多次重复加热,从而提高焊缝质量。

(a) 装配　　(b) 焊基层　　(c) 修焊根　　(d) 焊过渡层　　(e) 焊复层

图 6-10 复合钢板焊接顺序

(4) 应注意的问题
① 当点固焊焊点靠近复层时,需适当控制电流小些为好,以防止复层增碳现象。
② 严格防止碳钢焊条或过渡层焊条用于复层焊接。
③ 碳钢焊条的飞溅落到复层的坡口面上时,要仔细清除干净。
④ 焊接电流应严格按照工艺参数中的规定,不能随意变更。

复层不锈钢焊接时,宜采用小电流、直流反接、多道焊,焊接时焊条不宜进行横向摆动。焊接后仍要进行酸洗和钝化处理,或复层焊缝区进行局部酸洗,进行去掉氧化膜的化学处理。

第六节　铝及铝合金的焊接

铝具有密度小,耐腐蚀性好,导电性及导热性良好等性能。铝的资源丰富,特别是在纯铝中加入各种合金元素而成的铝合金,强度显著提高,使用非常广泛。常用的铝及铝合金主要如下。

(1) 工业纯铝 工业纯铝的铝含量高,其纯度为 $w_{Al}=98.8\% \sim 99.7\%$,工业纯铝中还含有少量的Fe和Si等其他杂质。工业纯铝有很好的耐腐蚀性,其塑性好,但强度不高。

(2) 铝合金 纯铝的强度比较低,不能用来制造承受载荷很大的结构,所以使用受到限制。纯铝中加入少量的合金元素,能大大改善铝的各项性能,如Cu、Mg和Mn能提高强度,Ti能细化晶粒,Mg能防止海水的腐蚀,Ni能提高耐热性,所以在工业上大量使用铝合金。铝合金的分类如下：

$$\text{铝合金}\begin{cases}\text{变形铝合金}\begin{cases}\text{非热处理强化铝合金：防锈铝合金}\begin{cases}\text{铝镁合金}\\\text{铝锰合金}\end{cases}\\\text{热处理强化铝合金：硬铝合金、锻造铝合金、超硬铝合金}\end{cases}\\\text{铸造铝合金}\end{cases}$$

非热处理强化变形铝合金（铝镁合金、铝锰合金），通过加工硬化和固溶强化来提高力学性能。其特点是强度中等、塑性及抗蚀性好、焊接性良好，是目前铝合金焊接结构中应用最广的两种铝合金。

热处理强化变形铝合金可通过淬火＋时效等热处理工艺提高力学性能，其特点是强度高、焊接性差。熔焊时焊接裂纹倾向较大，焊接接头耐蚀性和力学性能下降严重。

铸造铝合金中，铝硅合金应用较广。其特点是有足够的强度，耐腐蚀和耐热性良好，焊接性尚好，主要进行铸造铝合金零件的补焊修复。

铝合金种类繁多，其中 5A02（LF2）、5A03（LF3）、5A05（LF5）、5A06（LF6）、3A21（LF21）等铝合金，由于强度中等，塑性和耐腐蚀性好，特别是焊接性好，而广泛用来作为焊接结构的材料。其他铝合金因其焊接较差，在焊接结构中应用较少。

一、铝及铝合金的焊接特点

铝及铝合金有易氧化、导热性高、热容量和线膨胀系数大、熔点低以及高温强度小等特点，因而给焊接工艺带来了一定困难。铝及铝合金的焊接存在的主要问题如下。

1. 氧化

铝和氧的化学结合力很强，常温下表面就能被氧化而在表面生成一层致密的氧化膜（Al_2O_3），氧化膜的熔点可达 2050℃（而铝只有 600℃）。在焊接过程中，这层难熔的氧化膜容易在焊缝中造成夹渣；氧化膜不导电，影响焊接电弧的稳定性；同时氧化膜还吸附一定量的结晶水，使焊缝产生气孔。因此，焊前必须清除氧化膜，但在焊接过程中铝会在高温下继续氧化，因而必须采取措施破坏和清除氧化膜，如气焊时加气焊粉、TIG 焊时采用交流焊等。

2. 气孔

液态铝及铝合金溶解氢的能力强，在焊接高温下熔池会熔入大量的氢，加上铝的导热性好，熔池很快凝固，气体来不及析出而形成氢气孔。因此，焊接时应加强保护。

3. 热裂纹

铝的热膨胀系数比钢大一倍，而凝固收缩率比钢大两倍，焊接时会产生较大的焊接应力，当成分中的杂质超过规定范围时，在熔池凝固过程中将形成较多的低熔共晶体，两者共同作用的结果，使焊缝容易产生热裂纹。为了防止热裂纹，焊前有时应进行预热。

4. 塌陷

铝及铝合金的熔点低，高温强度低，而且熔化时没有显著的颜色变化，因此焊接时常因温度过高无法察觉而导致塌陷。为了防止塌陷，可在焊件坡口下面放置垫板，并控制好焊接工艺参数。

5. 接头不等强

铝及铝合金焊接时，由于热影响区受热而发生软化，强度降低而使焊接接头和母材不能达到等强。为了减小不等强，焊接时可采用小的热输入，或焊后进行热处理。

二、铝及铝合金的焊接工艺

1. 焊接方法的选择

由于铝及铝合金多用于化工设备上，要求焊接接头不但有一定强度而且具有耐腐蚀性，因而目前常用的焊接方法主要有钨极氩弧焊、熔化极氩弧焊、脉冲焊等。氩气是惰性气体，保护效果好，接头质量高。虽然气焊从各方面都不如氩弧焊，但由于使用设备简单方便，因此在工地或修理行业还有一些应用。此外还有等离子弧焊、真空电子束焊、电阻焊、钎焊、激光焊等。焊条电弧焊由于铝焊条容易吸潮，已逐渐被淘汰。铝及铝合金的焊接方法的选择见表 6-18。

表 6-18　铝及铝合金常用焊接方法的特点及适用范围

焊接方法	焊接特点	适用范围
气焊	氧乙炔火焰功率低，热量分散，热影响区及工件变形大，生产率低	用于厚度 0.5～10mm 的不重要结构，铸铝件焊补
焊条电弧焊	电弧稳定性较大，飞溅大，接头质量较差	用于铸铝件焊补和一般焊件修复
钨极氩弧焊	电弧热量集中，燃烧稳定，焊缝成形美观，接头质量较好	广泛用于厚度 0.5～2.5mm 的重要结构焊接
熔化极氩弧焊	电弧功率大，热源集中，焊件变形及热影响区小，生产效率高	用于≥3mm 中厚板焊接
电子束焊	功率密度大，焊缝深宽比大，热影响区及焊件变形极小，生产效率高，接头质量好	用于厚度 3～75mm 的板材焊接
电阻焊	利用工件内部电阻产生热量，焊缝在外压下凝固结晶，不需要焊接材料，生产率高	用于焊接 4mm 以下的铝薄板
钎焊	靠液态钎料与固态焊件之间相互扩散而形成金属间牢固连接，应力变形小，接头强度低	用于厚度≥0.15mm 薄板的搭接、套接

2. 焊接材料的选择

铝及铝合金的焊接材料包括铝焊丝、铝气焊熔剂以及铝焊条等。

(1) 铝焊丝　铝焊丝通常分为以下几种。

① 专用焊丝　是专用于焊接与其成分相同或相近的母材，可根据母材成分选用。若无现成焊丝，也可从母材上切下窄条作为填充金属。

② 通用焊丝　其中 HS311（铝硅焊丝）是一种通用焊丝，主要成分为 Al+Si5%。用这种焊丝焊接时，焊缝金属流动性好，抗裂性能好，并能保证一定的接头性能。但用它焊接铝镁合金时，焊缝中会出现脆性相，降低接头的塑性和耐腐蚀性，因此用来焊接除铝镁合金以外的其他各种铝合金。

③ 特种焊丝　是为焊接各种硬铝、超硬铝而专门冶炼的焊丝，这类焊丝的成分与母材相近。与专用焊丝相比，焊缝金属既有良好的抗裂性，又有较高强度和塑性。常用铝及铝合金焊丝见表 6-19。

表 6-19 铝及铝合金焊丝

名称	型号	主要化学成分（质量分数）/%	牌号	用途及特性
纯铝焊丝	SAl-1	Al≥99.0,Fe≤0.25,Si≤0.20	HS301	焊接纯铝及对接头性能要求不高的铝合金,塑性好,耐蚀,强度较低
	SAl-2	Al≥99.7,Fe≤0.30,Si≤0.30		
	SAl-3	Al≥99.5,Fe≤0.30,Si≤0.35		
铝镁合金焊丝	SAlMg-1	Mg2.4～2.8,Mn0.50～1.0,Fe≤0.4,Si≤0.4,Al余量	HS331	焊接铝镁合金和铝锌镁合金,焊补铝镁合金铸件,耐蚀,抗裂,强度高
	SAlMg-2	Mg3.1～3.9,Mn0.01,Fe≤0.5,Si≤0.5,Al余量		
	SAlMg-3	Mg4.3～5.2,Mn0.50～1.0,Fe≤0.4,Si≤0.5,Al余量		
	SAlMg-5	Mg4.7～5.7,Mn0.2～0.6,Fe≤0.4,Si≤0.4,Ti0.2～0.6,Al余量		
铝硅合金焊丝	SAlSi-1	Si4.5～6.0,Al余量	HS311	焊接除铝镁合金以外的铝合金,特别对易产生热裂纹的热处理强化铝合金更适合,抗裂
铝锰合金焊丝	SAlMn	Mn1.0～1.6,Al余量	HS321	焊接铝锰及其他铝合金,耐蚀,强度较高
铝铜合金焊丝	SAlCu	Cu5.8～6.8,Al余量		焊接铝铜合金

（2）气焊熔剂 气焊熔剂的主要作用是去除焊接时的氧化膜及其他杂质,改善熔池金属的流动性。铝及铝合金气焊熔剂的牌号、成分和使用要求见表 6-20。

表 6-20 铝及铝合金气焊熔剂的牌号、成分（质量分数）和使用要求/%

牌号	KCl	NaCl	NaF	LiCl	BaCl	Na_3AlF_6	使用要求
CJ401	50	28	8	14	—	—	（1）焊前将焊接部位擦刷干净
CJ402	30	45	15	10	—	—	（2）用水将熔剂调成糊状,涂于焊丝旋焊
CJ403	40	20	20	—	20	—	
CJ404	40	—	—	—	40	20	（3）焊后将残存工件表面熔剂用热水洗掉

3. 焊前准备及焊后清理

（1）焊前准备 铝及铝合金焊前准备包括焊前清理、设置垫板和预热。

① 焊前清理 去除坡口表面的油污和氧化膜等污物。氧化膜的清理有机械清理和化学清理两种方法。在清除氧化膜之前,应先用有机溶剂（丙酮或酒精）将坡口及其两侧（各约 30mm 内）的油污、脏物清洗干净。

机械清理是采用机械切削、喷砂处理、细钢丝刷或锉刀等将坡口两侧 30～40mm 范围内的氧化膜去除,直到露出金属光泽为止。另外也可以用刮刀清理。一般不宜用砂轮打磨,因为砂粒留在金属表面,焊接时会产生缺陷。

化学清理是用酸或碱溶液来溶解金属表面的氧化膜,最常用的方法是,用 5%～10% 体积的 NaOH 溶液（约 70℃）,浸泡坡口两侧各 100mm 范围,30～60s 后先用清水冲洗,然后在约 15% 的 HNO_3 水溶液（常温）中浸泡 2min,用温水冲洗后再用清水洗干净,最后进行干燥处理。

氧化膜清除后,通常应在 2h 之内焊接,否则会有新的氧化膜生成。氩弧焊时可在 24h

之内焊接,因为新生成的氧化膜极薄,可利用氩弧焊的"阴极清理"作用将其清除。

② 设置垫板　垫板由铜或不锈钢板制成,用以控制焊缝根部形状和余高量。垫板表面开有圆弧形或方形槽,垫板及槽口尺寸如图6-11所示。

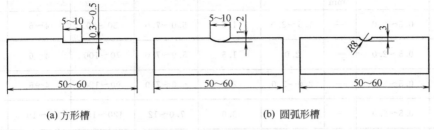

图6-11　垫板及槽口尺寸

③ 预热　由于铝的导热性好,为了防止焊缝区热量的大量流失,焊前应对焊件进行预热。薄、小铝件可不预热;厚度超过5～8mm的铝件焊前应预热至150～300℃;多层焊时,注意控制层间温度不低于预热温度。

(2) 焊后清理　焊后残留在焊缝及邻近区域的熔剂和焊渣,在空气、水分的参与下会腐蚀焊件,因此必须及时清理干净。一般的清理方法可将焊件放在10%的硝酸溶液中浸洗。处理温度为15～20℃,时间为15～20min;或处理温度为60～65℃,时间为5～15min。浸洗后用冷水冲洗一次然后用热空气吹干或在100℃的干燥箱内烘干。

4. 焊接工艺要点

(1) 电源极性　熔化极氩弧焊一律采用直流反接。钨极氩弧焊一般采用交流焊。因为铝及铝合金易氧化,表面总会有氧化膜,焊接过程中也应注意清除。当采用直流反接时,工件为阴极,质量较大的正离子向工件运动,撞击工件表面将氧化膜撞碎,具有阴极破碎作用,但直流反接时,钨极为正极,发热量大,钨极易熔化,影响电弧稳定,并容易使焊缝夹渣,所以铝及铝合金钨极氩弧焊时一般采用交流焊。在电流方向变化时,有一个半周相当于直流反接(工件为阴极),具有阴极破碎作用。而另一个半周相当于直流正接(钨极为阴极),钨极发热量小,防止钨极熔化,造成夹钨。

(2) 焊接工艺参数　交流手工钨极氩弧焊焊接铝及铝合金的工艺参数见表6-21。

(3) 焊接操作　钨极氩弧焊焊前应检查阴极破碎作用,即引弧燃电弧后,电弧在工件上面垂直不动,熔化点周围呈乳白色,即有阴极破碎作用。焊接操作时采用左向焊法。焊接时钨不要触及熔池以免钨极熔化造成夹钨。焊接结束时,注意填满弧坑,防止弧坑裂纹。填充焊丝与工件间应保持一定的角度,如图6-12所示,焊丝倾角越小越好,一般约为10°～25°,倾角太大容易扰乱电弧及气流的稳定性。室外焊接时,应注意在焊接区周围采取防风措施。

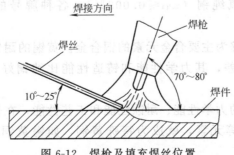

图6-12　焊枪及填充焊丝位置

表 6-21 铝及铝合金交流手工钨极氩弧焊工艺参数

板厚/mm	坡口尺寸 形式	坡口尺寸 间隙/mm	坡口尺寸 钝边/mm	焊丝直径/mm	钨板直径/mm	喷嘴直径/mm	焊接电流/A	氩气流量/(L/min)	焊接层数（正/反）
≤1	I	0.5~2.0	—	1.5~2.0	1.5	5.0~7.0	50~80	4~6	1
1.5	I	0.5~2.0	—	2.0	1.5	5.0~7.0	70~100	4~6	1
2	I	0.5~2.0	—	2.0~3.0	2.0	6.0~7.0	90~120	4~6	1
3	I	0.5~2.0	—	3.0	3.0	7.0~12	120~150	6~10	1
4	I	0.5~2.0	—	3.0~4.0	3.0	7.0~12	120~150	6~10	1/1
5	V	1.0~3.0	2	4.0	3.0~4.0	12~14	120~150	9~12	1~2/1
6	V	1.0~3.0	2	4.0	4.0	12~14	180~240	9~12	2/1
8	V	2.0~4.0	2	4.0~5.0	4.0~5.0	12~14	220~300	9~12	2~3/1
10	V	2.0~4.0	2	4.0~5.0	4.0~5.0	12~14	260~320	12~15	3~4/1~2
12	V	2.0~4.0	2	4.0~5.0	5.0~6.0	14~20	280~340	12~15	3~4/1~2
16	V	2.0~4.0	2	5.0	6.0	16~20	340~380	16~20	4~5/1~2
20	V	2.0~4.0	2	5.0	6.0	16~20	340~380	16~20	5~6/1~2

第七节 铜及铜合金的焊接

铜及铜合金具有优良的导电性能、导热性能及在某些介质中优良的抗腐蚀性能，某些铜合金还具有较高的强度，因而应用十分广泛，仅次于钢铁和铝。

(1) 工业纯铜　工业纯铜呈紫色，故又称紫铜。纯铜中氧含量高时还会使接头的裂纹和气孔倾向增大，焊接性变差，故用焊接结构的纯铜应严格控制水含量和氧含量，无氧铜和脱氧铜中氧含量少，多用于制造焊接结构。

纯铜根据其氧含量不同可分为普通工业纯铜（$w_O=0.02\%\sim0.10\%$）、磷脱氧纯铜（$w_O\leqslant0.10\%$）和无氧纯铜（$w_O\leqslant0.003\%$），各种牌号的化学成分可见相关国家标准。

(2) 黄铜　黄铜是以锌为主要合金元素的铜合金。黄铜的耐蚀性高，冷热加工性能好，但导电、导热性能比纯铜差，其力学性能和铸造性能比纯铜好，价格也便宜，因此应用广泛。

为了进一步提高黄铜的力学性能、耐蚀性能和工艺性能，在普通黄铜中加入少量的锡、锰、铅、硅、铝、镍、铁等元素，就成为特殊黄铜，如锡黄铜、锰黄铜、铅黄铜、硅黄铜等。

(3) 青铜 不以锌或镍为主要合金元素的铜合金统称为青铜,如锡青铜、铝青铜、铍青铜、硅青铜、铅青铜等。

青铜具有较高的力学性能、耐磨性能、铸造性能和耐蚀性能,常用来铸造各种耐磨、耐蚀的零件,如轴、轴套、阀体、泵壳、蜗轮等。

一、铜及铜合金的焊接性

1. 焊缝成形能力差

熔化焊焊接铜及大多数铜合金时容易出现基材难于熔合、坡口焊不透和表面成形差的外观缺陷。原因与铜的热物理性能有关。铜和大多数铜合金的热导率比普通碳钢大 7~11 倍,焊接时大量的热量从基材散失,加热范围扩大,焊接区难于达到熔化温度。铜在熔化温度时表面张力比铁小 1/3,流动性比钢大 1~1.5 倍,表面成形能力较差。

2. 焊缝及热影响区热裂倾向大

产生裂纹的主要原因:首先是铜在高温液态下很容易与空气中的氧发生反应,生成 CuO_2,它在固态铜中是不溶解的,但可溶于液态的铜,且溶解度随温度的升高而增大,生成熔点略低于铜的低熔共晶;其次是铜和很多的铜合金在加热过程无同素异构转变,粗晶倾向严重;再次是铜及铜合金的线膨胀系数和收缩率较大,增加了焊接接头的应力,更增大了接头的热裂倾向。

3. 气孔倾向严重

铜及铜合金产生气孔的倾向远比钢严重。其中一个原因是铜导热性好,焊接熔池凝固速度快,液态熔池中气体上浮的时间短来不及逸出,形成气孔。但根本原因是:气体溶解度随温度下降而急剧下降及化学反应产生气体所致。铜合金的气孔分两种类型,即氢造成的扩散气孔和水蒸气造成的反应气孔。

4. 接头性能下降

铜及铜合金在熔焊过程中,由于晶粒严重长大,杂质和合金元素的掺入,使合金元素氧化、蒸发,接头性能发生了很大变化,如塑性严重变坏,导电性下降,耐蚀性能下降。

二、铜及铜合金的焊接工艺

1. 焊前准备和焊后清理

铜及铜合金焊接的焊前准备和焊后清理与铝及其合金焊接时相似,如对工件焊丝在焊前的清理,焊接过程中需要加强对熔池的保护及预热等,在此不再赘述。

2. 焊接方法的选择

铜及铜合金焊接时可选用的焊接方法很多,铜及铜合金导热性好,一般需要大功率、高能量的焊接方法,必须根据被焊材料的成分、厚度和结构特点综合考虑。不同厚度的材料对不同的焊接方法有其适应性,如薄板焊接以钨极氩弧焊、焊条电弧焊和气焊为宜;中板采用埋弧焊、熔化极氩弧焊和电子束焊较为理想;厚板则建议使用熔化极氩弧焊和电渣焊。

3. 焊接工艺要点

由于纯铜的密度很大,熔化后铜液流动很快,极易烧穿及形成焊瘤。为了防止铜液从焊缝背面流失,保证反面成形良好,在焊接时需加(铜、石墨、石棉等)垫板。由于铜的导热性很强,焊接时通常预热温度也较高,一般在 300℃ 以上。铜焊接时尽量少用搭接、角接及 T 形等增加散热速度的接头,一般应采用对接接头。

(1) 气焊 在纯铜结构件修理、制造中,气焊用得比较多,常用于焊接厚度比较小、形状复杂和对焊接质量要求不高的焊件。气焊焊接黄铜,可以防止锌的蒸发、烧损,这是其他焊接方法无法相比的优点,因此应用较广。

① 纯铜的气焊 气焊纯铜时可选用纯铜丝 HS201、HS202 或母材切条作为填充焊丝,熔剂选用"CJ301"。火焰采用中性焰,为了保证熔透,宜选用比较大的火焰能率,一般比焊碳钢时大 1~1.5 倍。焊接时需要预热,对中、小件,预热温度取 400~500℃;厚大件预热温度取 600~700℃。为防止接头晶粒粗大,焊后对焊件应进行局部或整体退火处理。局部退火处理一般是在焊件接头附近 100mm 处,用氧-乙炔加热到 550~650℃,然后放在水中急冷。10mm 厚的纯铜气焊接头,经上述退火处理后其性能与基本金属相近。

② 黄铜的气焊 黄铜气焊时填充金属可选用 1 号黄铜丝 HS221,2 号黄铜丝 HS222 或 4 号黄铜丝 HS224。气焊熔剂可采用硼砂 20%+硼酸 80%,或硼酸甲酯 75%+甲醇 25%,配方自制。气焊火焰适宜采用轻微的氧化焰,以使熔池表面形成一层氧化锌薄膜,由这层薄膜防止锌进一步蒸发和氧化。焊接薄板时一般不预热;板厚大于 5mm 时,预热温度为 400~500℃;板厚大于 15mm 时,预热温度为 550℃。为防止应力腐蚀,焊后需进行 275~560℃ 的退火处理,以消除焊接应力。

(2) 氩弧焊

① 手工钨极氩弧焊 手工钨极氩弧焊操作灵活方便,焊接质量高,特别适用于铜及铜合金中薄板的焊接。

手工钨极氩弧焊的焊接材料主要有氩气、钨极和焊丝。纯铜可采用纯铜焊丝(HS201),接头不要求导电性能时也可选用青铜焊丝(HS211)。黄铜常用焊丝牌号为 4 号黄铜丝(HS224),但考虑氩弧焊电弧温度高,黄铜焊丝在焊接过程中锌的蒸发量大,烟雾多,且锌蒸气有毒,故也可用无锌的青铜焊丝,如 HS211 焊丝。纯铜、黄铜钨极氩弧焊的工艺参数见表 6-22。

表 6-22 纯铜、黄铜钨极氩弧焊的工艺参数

母材	板厚/mm	坡口形式	焊丝材料	焊丝直径/mm	钨极材料	钨极直径/mm	焊接电流种类	电流/A	气体种类	流量/(L/min)	预热温度/℃
纯铜	≤1.5	I	纯铜	2	钍钨极	2.5	直流反接	140~180	Ar	6~8	—
	2~3	I		3		2.5~3		160~280		6~10	—
	4~5	V		3~4		4		250~350		8~12	100~150
	6~10	V		4~5		5		300~400		10~14	100~150
黄铜	1.2	端接	青铜	—	钍钨极	3.2	直流正接	185	Ar	7	不预热
	1.2	V	黄铜			3.2		180		7	

② 熔化极氩弧焊 由于熔化极氩弧焊的电弧功率大,焊接热影响区小,预热温度较低,且接头质量及焊接生产率高,因此,国内已应用于纯铜的厚板件焊接中。

熔化极氩弧焊焊接纯铜时,为了更有效地防止气孔,最好选用含有脱气剂的焊丝,一般选用 HS201 焊丝。

(3) 埋弧焊 采用埋弧焊焊接纯铜时,由于熔化金属与外界隔离,并且焊接电流较大,可获得较大的熔深,焊件变形小,接头质量好,焊接生产率高,还可在一定程度上降低预热温度。因此,埋弧焊用于纯铜焊接有一定的优越性,特别适用于中厚度工件规则的长焊缝的焊接。铜及铜合金埋弧焊工艺参数见表 6-23。

表 6-23 铜及铜合金埋弧焊工艺参数

材料	板厚/mm	焊丝牌号	焊剂牌号	预热温度/℃	电流极性	焊丝直径/mm	焊接层数	焊接电流/A	电弧电压/V	焊接速度/(m/h)	备注
纯铜	8～10	HS201 HS202	HJ431	不预热	直流反极性	5	1	500～550	30～34	18～23	用垫板单面单层焊,反面焊透
	16	HS201	HJ150 或 HJ431	不预热	直流反极性	6	1	950～1000	50～54	13	
	20～24	HS201	HJ150 或 HJ431	260～300	直流反极性	4	3～4	650～700	40～42	13	用垫板单面多层焊,反面焊透
62黄铜	6	HS221	HJ431	不预热	直流反极性	1.2	1	290～300	20	40	焊接接头塑性差,700℃退火可明显改善

(4) 焊条电弧焊 焊条电弧焊焊接铜及铜合金是一种简便的焊接方法,它的生产率比气焊高,但焊接时金属的飞溅和烧损严重,并且焊接烟雾大,劳动条件差,因此一般只用于对力学性能要求不高的焊件。

焊纯铜时采用的焊条有 T107、T207 两种。一般交直流焊机都可用来焊接纯铜,但采用直流焊机时必须采用反极性接法。焊接电流应根据焊件的厚度、焊件外形尺寸、焊条直径和预热温度选择,随预热温度的提高,焊接电流相应减小。为了改善焊接接头的性能,同时减小焊接应力,焊后可对焊缝和接头进行热态和冷态锤击。

复习思考题

1. 什么是金属的焊接性?工艺焊接性与使用焊接性有什么不同?
2. 为什么说金属的焊接性不属于金属材料的固有性能?"凡是能够获得优质焊接接头的金属,焊接性都是很好的"这种说法对吗?为什么?
3. 什么是碳当量法?如何利用碳当量法评定金属材料的焊接性?它的适用范围如何?
4. 为什么热影响区的最高硬度可以说明金属材料的冷裂纹敏感性?
5. 低碳钢焊接时应注意哪些问题?
6. 中碳钢焊接时可能会出现哪些主要问题?应如何解决?
7. 一材质为 Q235A,板厚 $\delta=20$mm,施工时的环境温度为 -20℃,两块钢板对接采用焊条电弧焊进行焊接,试制定其焊接工艺。
8. 与低碳钢相比,低合金钢在焊接时,主要出现的问题是什么?是什么原因造成的?
9. 为什么低碳调质钢在调质后进行焊接可以保证焊接质量,而中碳调质钢一般要求焊后进行调质处理?
10. 某厂生产 16MnR 钢的薄板结构(约 6mm),按规定应采用 E5015、E5016 焊条,但当时只有 E4303 焊条,试考虑能否应用。
11. 试制定 Q345 钢的焊接工艺。

12. 焊接珠光体耐热钢和低温用钢时分别可能会出现哪些主要的问题？它们的焊接工艺要点各有哪些？
13. 不锈钢按组织不同可分为哪几类？它主要的腐蚀形式有哪几种？
14. 简述奥氏体不锈钢产生晶间腐蚀的原因及防止办法。
15. 奥氏体钢焊接接头产生热裂纹的原因是什么？如何防止？
16. 珠光体钢与奥氏体钢焊接时易产生哪些问题？
17. 不锈钢复合钢板焊接时应怎样选择焊接材料？
18. 铝及铝合金焊接时有何特点？焊前准备和焊后清理的目的是什么？常用哪些方法？
19. 手工钨极氩弧焊和气焊焊接铝及铝合金时主要工艺要点有哪些？
20. 焊接铜及铜合金时产生裂纹的原因有哪些？如何防止？

第七章 焊接缺陷的产生及防止

在焊接生产中,由于焊接缺陷的存在,可能会造成焊件在生过程中的返修或报废,大部分类型的焊接缺陷都会造成焊接产品力学性能和抗腐蚀性能降低,缩短焊接产品的使用寿命,严重的焊接缺陷会引发事故。因此,要提高焊接质量,就要最大限度减少或杜绝焊接缺陷。

第一节 焊接缺陷的种类及特征

一、焊接缺陷的类型

焊接缺陷的种类很多,广义的焊接缺陷是指焊接接头中的不连续性、不均匀性以及其他不健全等的缺陷,特指那些不符合设计或工艺要求,或具体焊接产品使用性能要求的焊接缺陷。焊接缺陷的分类方法较多且不统一,通常可按以下几种方法划分。

(一) 按缺陷在焊缝中的位置

常见的缺陷按其在焊缝中位置的不同可分为两类,即外部缺陷和内部缺陷。

外部缺陷:位于焊缝表面,用肉眼或低倍放大镜就可以观察到,如焊缝外形尺寸不符合要求、咬边、焊瘤、下陷、弧坑、表面气孔、表面裂纹及表面夹渣等。

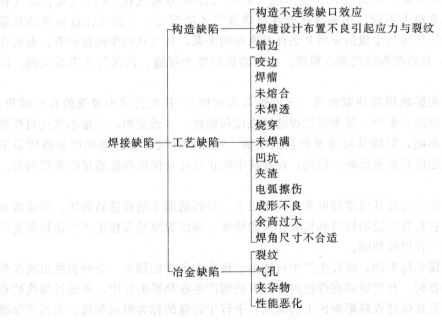

图 7-1 缺陷的分类(按主要成因分)

内部缺陷：位于焊缝内部，必须通过无损探伤才能检测到，如焊缝内部的夹渣、未焊透、未熔合、气孔、裂纹等。

（二）按焊接缺陷产生的成因

按焊接缺陷的成因，焊接缺陷可分为图 7-1 所示的几种类型。

（三）按焊接缺陷的分布或影响断裂的机制等

在 GB 6417—86《金属熔化焊缝缺陷分类及说明》中根据缺陷的分布或影响断裂机制等，将焊接缺陷分为了六大类，其中：

第一类为裂纹，包括微观裂纹、纵向裂纹、横向裂纹、放射状裂纹、弧坑裂纹等；

第二类为孔穴，主要指各种类型的气孔，如球形气孔、均布气孔、条形气孔、虫形气孔空、表面气孔等；

第三类为固体夹杂，包括夹渣、焊剂或熔剂夹渣、氧化物夹杂、金属夹杂等；

第四类为未熔合和未焊透，包括未熔合与未焊透两类缺陷；

第五类为形状缺陷，包括焊缝超高、下塌、焊瘤、错边、烧穿、未焊满等；

第六类为其他焊接缺陷，不能包括在第一类到第五类缺陷中的所有缺陷，如电弧擦伤、飞溅、打磨过量等。

二、常见焊接缺陷的特征及危害

常见的焊接缺陷类型有气孔、裂纹和一些工艺缺陷（如咬边、烧穿、焊缝尺寸不足、未焊透等）。

（一）气孔

焊接时，熔池中的气体在金属凝固以前未能来得及逸出，而在焊缝金属中残留下来所形成的孔穴，称为气孔。气孔是焊缝中常见的缺陷之一。

气孔按形状可分为球形气孔、虫状气孔、条形气孔、针状气孔等；按其分布分为单个气孔、均布气孔、局部密集、链状气孔；按形成气孔的气体分为氢气孔、CO 气孔、氮气孔等。气孔的大小也有很大不同，小的气孔要在显微镜下才能看见，大的气孔直径可达几毫米。气孔的分布特征往往与生成的原因和条件有密切的关系，从气孔的生成部位看，有的在表面（表面气孔），有的在焊缝内部或根部，也有的贯穿整个焊缝。内部气孔不易发现，因而有更大的危害。

气孔的存在首先影响焊缝的紧密性（气密性与水密性），其次将减小焊缝的有效面积。此外，气孔还将造成应力集中，显著降低焊缝的强度和韧性。实践证明，少量小气孔对焊缝的力学性能无明显影响，但随其尺寸及数量的增加，焊缝的强度、塑性和韧性都将明显下降，对结构的动载强度有显著影响。因此，在焊接中防止气孔是保证焊缝质量的重要内容。

（二）裂纹

裂纹是指在焊接应力及其他致脆因素共同作用下，材料的原子结合遭到破坏，形成新界面而产生的缝隙。它具有尖锐的缺口和长宽比大的特征。焊接裂纹是焊接生产中比较常见而且危害十分严重的一种焊接缺陷。

由于母材和焊接结构不同，焊接生产中可能会出现各种各样的裂纹。有的裂纹出现在焊缝表面，肉眼就能看到，有的隐藏在焊缝内部，有的则产生在热影响区中，不通过探伤检查就不能发现。不论是在焊缝或热影响区上的裂纹，平行于焊缝的称为纵向裂纹，垂直于焊缝的称为横向裂纹，而产生在收尾弧坑处的裂纹，称为火口裂纹或弧坑裂纹。根据裂纹产生的情况，焊接裂纹可以归纳为热裂纹、冷裂纹、再热裂纹和层状撕裂。焊接裂纹分布形态如图 7-2 所示。

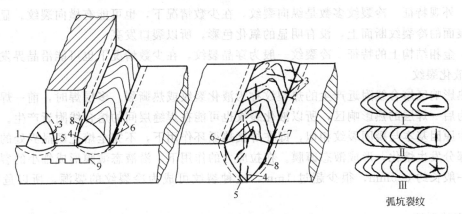

图 7-2 焊缝裂纹分布形态示意

Ⅰ—弧坑纵向裂纹；Ⅱ—弧坑横向裂纹；Ⅲ—弧坑星形裂纹
1—焊缝中的纵向裂纹与弧形裂纹（多为结晶裂纹）；2—焊缝中的横向裂纹（多为延迟裂纹）；
3—熔合区附近的横向裂纹（多为延迟裂纹）；4—焊缝根部裂纹（延迟裂纹、热应力裂纹）；
5—近缝区根部裂纹（延迟裂纹）；6—焊趾处纵向裂纹（延迟裂纹）；7—焊趾处纵向裂纹
（液化裂纹）；8—焊道下裂纹（延迟裂纹、液化裂纹、高温低塑性裂纹）；9—层状撕裂

1. 热裂纹

焊接过程中，焊缝和热影响区金属冷却到固相线附近高温区产生的裂纹称为热裂纹。热裂纹可分为结晶裂纹（凝固裂纹）和液化裂纹等。

热裂纹的主要特征如下。

(1) 产生的温度和时间 热裂纹一般产生在焊缝的结晶过程中，在焊缝金属凝固后的冷却过程中，还可能继续发展。所以，它的发生和发展都处在高温下，从时间上来说，是处于焊接过程中。

(2) 产生的部位 热裂纹绝大多数产生在焊缝金属中，有的是纵向，有的是横向，发生在弧坑中的热裂纹往往呈星状。有时热裂纹也会发展到母材中去。

(3) 外观特征 热裂纹或者处在焊缝中，或者处在焊缝两侧的热影响区，其方向与焊缝的波纹线相垂直，露在焊缝表面的有明显的锯齿形状，也常有不明显的锯齿形状。凡是露出焊缝表面的热裂纹，由于氧在高温下进入裂纹内部，所以裂纹断面上都可以发现明显的氧化色彩。

(4) 金相结构上的特征 从焊接裂纹处的金相断面看，热裂纹都发生在晶界上，由于晶界就是交错生长的晶粒的轮廓线，因此，热裂纹的外形一般呈锯齿形状。

2. 冷裂纹

冷裂纹是焊接接头冷却到较低温度下（对钢来说 M_s 温度以下）时产生的裂纹。

冷裂纹的主要特征如下。

(1) 产生的温度和时间 产生冷裂纹的温度通常在马氏体转变温度范围，约为 200～300℃以下。它的产生时间，可以在焊后立即出现，也可以在延迟几小时、几周，甚至更长的时间以后产生，所以冷裂纹又称为延迟裂纹。由于这种延时产生的裂纹在生产中难以检测，其危害更为严重。

(2) 产生的部位　冷裂纹大多产生在母材或母材与焊缝交界的熔合线上。最常见的部位即如图7-2中所示的焊道下裂纹、焊趾裂纹和焊根裂纹。

(3) 外观特征　冷裂纹多数是纵向裂纹，在少数情况下，也可能有横向裂纹。显露在接头金属表面的冷裂纹断面上，没有明显的氧化色彩，所以裂口发亮。

(4) 金相结构上的特征　冷裂纹一般为穿晶裂纹，在少数情况下也可能沿晶界发展。

3. 液化裂纹

在热影响区熔合线附近产生的热裂纹称为液化裂纹或热撕裂。多层焊时，前一焊层的一部分即为后一焊层的热影响区，所以液化裂纹也可能在焊缝层间的熔合线附近产生。液化裂纹的产生原因基本与凝固裂纹相似，即在焊接热循环作用下，不完全熔化区晶界处的易熔杂质有一部分发生熔化，形成液态薄膜。在拉应力的作用下，沿液态薄膜形成细小的裂纹。液化裂纹一般长约0.5mm，很少超过1mm，这种裂纹可成为冷裂纹的裂源，所以危害性也很大。

4. 再热裂纹

焊件焊后在一定温度范围再次加热时，由于高温、残余应力及共同作用而产生的晶间裂纹，称为再热裂纹，也称为消除应力裂纹。

5. 层状撕裂

层状撕裂是指焊接时，在焊接构件中沿钢板轧层形成的呈阶梯状的一种裂纹。

裂纹是最重要的焊接缺陷，是焊接结构发生破坏事故的主要原因。据统计，焊接结构所发生的各种事故中，除少数是由设计不当和产品运行不规范而造成的之外，绝大多数是由焊接裂纹而引起的断裂。究其原因，不仅是因为裂纹会造成接头强度降低，还因为裂纹两端的缺口效应造成了严重的应力集中，很容易使裂纹扩展而形成宏观开裂或整体断裂。因此，在焊接生产中，裂纹一般是不允许存在的。

下面就焊接生产中一些常见的缺陷作较为详细的讨论。

第二节　焊缝中的气孔与夹杂物

一、焊缝中的气孔

(一) 形成气孔的气体

在焊接过程中遇到气孔的问题是相当普遍的，几乎稍不留意就有产生气孔的可能。例如，焊条、焊剂的质量不好（有较多的水分和杂质），烘干不足，被焊金属的表面有锈蚀、油、其他杂质，焊接工艺不够稳定（电弧电压偏高、焊速过大和电流过小等），以及焊接区域保护不良等，都会不同程度地出现气孔。此外焊接过程中冶金反应时产生的气体，由于熔池冷却速度过快未能及时逸出也会产生气孔。

由此可见焊接过程中能够形成气孔的气体主要来自以下两个方面。

(1) 周围介质　在高温时能大量溶于液体金属，而在凝固过程中，由于温度降低溶解度突然下降的气体，如 H_2、N_2。

(2) 化学冶金反应的产物　在熔池进行化学冶金反应中形成的，而又不溶解于液体金属中的气体，如 CO、H_2O。

例如，焊接低碳钢和低合金钢时，形成气孔的气体主要是 H_2 和 CO，即通常所说的氢气孔和一氧化碳气孔。前者来源于周围介质（空气），后者是由冶金反应生成的，两者的来源与化学性质都均不同，形成气泡的条件与气孔的分布特征也不一样。

(二) 气孔形成过程

虽然不同的气体所形成的气孔不仅在外观与分布上各有特点，而且产生的冶金与工艺因素也不尽相同。但任何气体在熔池中形成气泡都是在液相中形成气相的过程，即服从于新相形成的一般规律，由形核与长大两个基本过程所组成。气孔形成的全过程分为四个阶段，即：熔池中吸收了较多的气体而达到过饱和状态→气体在一定条件下聚集形核→气泡核心长大为具有一定尺寸的气泡→气泡上浮受阻残留在凝固后的焊缝中而形成气孔。

可见，气孔的形成是由气体被液态金属吸收、气泡的生核、气泡的长大和气泡的浮出四个环节共同作用的结果。

1. 气体被液态金属吸收

在焊接过程中，熔池周围充满着成分复杂的各种气体，这些气体主要来自于空气；药皮和焊剂的分解及它们燃烧的产物；焊件上的铁锈、油漆、油脂受热后产生的气体等。这些气体的分子在电弧高温的作用下，很快被分解成原子状态，并被金属熔滴所吸附，不断地向液体熔池内部扩散和溶解，气体基本上以原子状态溶解到熔池金属中去。而且温度越高，金属中溶解气体的量越多。氢和氮在不同温度在铁中的溶解度曲线可参见图 1-16。

在焊接钢材时，由于熔池温度可达到 1700℃ 左右，熔滴的温度会更高，因此在电弧空间如有氢和氮存在，便会溶入铁中。这种气体溶入金属中或冶金反应生成不溶于液态金属的气体，是形成气孔的前提条件。

2. 气泡的生核

气泡的生核至少要具备的两个条件是：

① 液态金属中要有过饱和的气体；

② 要有生核所需要的能量。

焊接时，在电弧高温的作用下，熔池与熔滴吸收的气体大大超过了其在熔点的溶解度。随着焊接过程中熔池温度的降低，气体在熔池中的溶解度也相应减小，使气体在金属中的溶解度达到过饱和状态。以铁为例，在采用直流正接时，熔池中氢的含量可以达到它在铁的熔点时溶解度的 1.4 倍，而 CO 在液态中是不溶解的。因此，焊接时，熔池中获得了形成气泡所必需的物质条件。同时，熔池中过饱和程度越大，气体从溶解状态析出所需要的能量越小。

在极纯的液体金属中形成气泡核心是很困难的，所需形核功很大。而在焊接熔池中，由于半熔化晶粒及悬浮质点等现成表面的存在，使气泡形核所需能量大大降低。因此，焊接熔池中气泡的形核率较高。

3. 气泡的长大

气泡核形成后要继续长大需要两个条件：

① 气泡的内压大于其所受的外压；

② 气泡长大要有足够的速度，以保证在熔池凝固前达到一定的宏观尺寸。

作用于气泡的外压，包括大气压力、液体金属与熔渣的静压力及表面张力所形成的附加压力等，其中影响较大的是附加压力。附加压力的作用使气泡表面积缩小，阻碍气泡长大，它的大小与气泡半径 r 成反比，即气泡半径 r 越小，附加压力就越大。例如，当 $r = 10^{-4}$ cm

时，附加压力可达大气压力的 20 倍左右。在这样大的外压作用下，气泡长大很困难。但当气泡依附于某些现成表面形核时，呈椭圆形，半径比较大，因而，附加压力大大减小。同时，形核的现成表面对气体有吸附作用，使局部的气体浓度大大提高，缩短了气泡长大所需的时间，为气泡长大提供了条件。

4. 气泡的上浮

熔池中的气泡长大到一定尺寸后，开始脱离吸附表面上浮。此时，焊缝中是否会形成气孔，取决于气泡能否从熔池中浮出，它由气泡上浮速度与熔池在液态停留的时间两个因素而定。

气泡的上浮由两个过程组成，首先气泡必须脱离所依附的现成表面，其难易程度与气泡和表面的接触情况有关。图 7-3 所示为气泡与表面两种不同的接触情况，显然图 7-3（a）中的气泡更容易脱离所依附的表面。决定接触情况的因素是气体的性质。形成气体的主要元素（如氧、氢、碳）都是可以改善接触情况的物质，对气泡脱离表面有利。

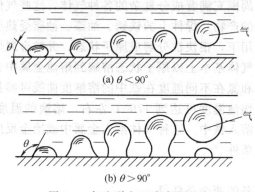

图 7-3 气泡脱离现成表面示意

气泡脱离现成表面后，上浮速度是决定能否形成气孔的最终条件。气泡浮出速度可按下式估算，即

$$v_{泡}=\frac{2(\rho_1-\rho_2)}{9\eta}gr^2 \tag{7-1}$$

式中　$v_{泡}$——气泡上浮速度，cm/s；
　　　ρ_1、ρ_2——熔池液体金属与气体密度，g/cm³；
　　　g——重力加速度，cm/s²；
　　　r——气泡半径，cm；
　　　η——液体金属黏度，Pa·s。

由式（7-1）可以看出，气泡上浮速度与下列因素有关。

① 气泡半径（r）。气泡浮出速度与 r^2 成正比，因此，当 r 增加时，气泡浮出速度迅速提高。

② 熔池金属的密度（ρ_1）。一般情况下，气体密度 ρ_2 远小于熔池金属的密度 ρ_1，因此，（$\rho_1-\rho_2$）的大小主要取决于 ρ_1。ρ_1 越大，气泡上浮的速度越高。所以在焊接轻金属（如 Al、Mg 及其合金）时，产生气孔的倾向比焊接钢时大得多。

③ 液体金属的黏度（η）。当温度下降时，特别是熔池开始凝固后，η 值急剧上升，这时气泡浮出的速度明显降低。因此，在凝固过程中形成的气泡浮出较困难。

气泡能否浮出还与熔池在液态停留的时间有关。液态停留时间越长,气泡越容易浮出,就越不易形成气孔,反之,则越容易形成气孔。熔池在液态停留时间的长短主要取决于焊接方法与焊接参数等因素。

通过以上得分析可知,焊缝中形成气孔的主要原因可以归纳为以下几个方面:

① 熔池中溶入或冶金反应产生大量的气体是形成气孔的先决条件之一。

② 当熔池底部出现气泡核并逐渐长大到一定程度时,如阻碍气泡长大的外界压力大于或等于气泡内压力时,气泡便不再长大,而其尺寸大小不足以使气泡脱离结晶表面的吸附,无法上浮,此时便可能形成气孔。

③ 当气泡长大到一定尺寸并开始上浮时,如果上浮的速度小于金属熔池的结晶速度,那么气泡就可能残留在凝固的焊缝金属中成为气孔。

④ 如果在熔池金属中出现气体过饱和状态的温度过低,或在焊缝结晶后期才产生气泡,则容易形成气孔。

(三) 常见气孔产生的原因

焊缝中常见的气孔有氢气孔、氮气孔和一氧化碳气孔等。

1. 氢气孔

这类气孔主要是由氢引起的,故称氢气孔。氢是还原性气体且扩散能力很强,在低碳钢焊缝中,气孔大都分布于焊缝表面,断面为螺钉状,内壁光滑,上大下小呈喇叭口形。在焊条药皮组成物中含有结晶水,或焊接密度较小的轻金属时,氢气孔也会残留在焊缝内部。

由于氢在液态金属(如 Fe、Al)中溶解度很高,在高温时熔池和熔滴就有可能吸收大量的氢。而当温度下降时,溶解度随之下降,熔池开始凝固后,氢的溶解度要发生突变。随着固相增多,液相中氢的浓度必然增大,并聚集在结晶前沿的液体中。这样,树枝晶前沿,特别是在相邻晶粒间的低谷处的液体金属中,氢的浓度不仅超过了熔池中的平均浓度,而且超过了饱和浓度。氢在枝晶间浓度分布情况如图 7-4 所示,最大浓度可达到平均浓度的 2.2 倍。随着凝固的继续,氢在液相中的浓度将不断上升。当谷底处氢的浓度高到难以维持过饱和溶解状态时,就会形成气泡。如在谷底部形成的气泡,由于各种阻力的作用未能在熔池完全凝固前浮出,则形成气孔。

综上所述,氢气孔是在结晶过程中形成的,首先在枝晶间谷底部形成气泡。气泡形成后,一方面氢本身的扩散能力促使其浮出,另一方面又受到晶粒的阻碍与液态金属黏度的阻力,二者综合作用的结果,气孔就形成了上大下小的喇叭口形,并往往呈现于焊缝表面。

2. 氮气孔

一般认为,氮气孔形成的过程与氢气孔相似,气孔的类型也多在焊缝表面,但多数情况下是成堆出现的,类似蜂窝状。在正常的焊接生产条件下,由于进入焊接区的氮气很少,不足以形成气孔。氮气孔一般产生于保护不良的情况下。

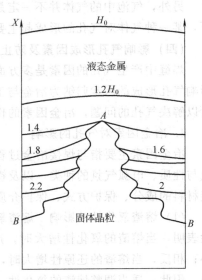

图 7-4 熔池凝固中某瞬时氢的分布

3. 一氧化碳气孔

这类气孔主要是钢（特别是碳钢）在焊接过程中进行冶金反应产生了大量的CO时，在结晶过程中来不及逸出而残留在焊缝内部形成的气孔。

在焊接过程中，CO主要由下列冶金反应生成：

$$[C]+[O] \Longrightarrow CO \tag{7-2}$$

$$[FeO]+[C] \Longrightarrow CO+[Fe] \tag{7-3}$$

$$[MnO]+[C] \Longrightarrow CO+[Mn] \tag{7-4}$$

$$[SiO_2]+2[C] \Longrightarrow 2CO+[SiO] \tag{7-5}$$

上述反应是在高温下进行的，可以发生在熔滴过渡过程中，也可以发生在熔池里熔渣与金属相互作用的过程中。由于CO不溶解于液态铁中，在高温形成后很容易形成气泡并快速逸出。这样不仅不会形成CO气孔，而且由于气泡析出时使熔池沸腾，还有助于其他气体和杂质排出。

但是，随着焊接热源的离开，熔池温度下降，在熔池开始结晶时，液体金属中的碳和FeO的浓度随固相增多而加大，造成二者在液体金属某一局部富集，碳和FeO浓度的增加促进了式（7-3）反应的进行，从而生成一定数量的CO。这时形成的CO，由于熔池温度下降、液体金属黏度增加及冷却速度快等原因，难于从熔池中逸出，而被围困在晶粒之间，特别是处在树枝状晶粒间的CO更不易逸出。此外，由于该反应是一吸热过程，促使结晶速度加快，对气体的逸出更加不利。上述原因造成了冶金反应后期产生的CO气体来不及逸出，从而产生CO气孔。由于CO气泡浮出的速度小于结晶速度，所以CO气孔多在焊缝内部，沿结晶方向分布，呈条虫状，内壁有氧化颜色。

以上分析是在比较正常的情况下形成的气孔特征。各种气孔的分布特点不是固定不变的，在某些情况下也会有例外情况（例如，二氧化碳气体保护焊时，随着焊丝脱氧能力的降低，CO气孔会由内气孔转为外气孔）。但上述规律可作为判断气孔成因的参考。

另外，气泡中的气体并不一定是单一的，往往是几种气体并存。可以认为，在一定条件下，某一种气体对气孔的形成起主要作用，而在各种气体共同作用下气泡得以迅速长大。

（四）影响气孔形成因素及防止措施

焊缝中产生气孔的因素是多方面的，有时是几种因素共同作用的结果。在生产中一般将影响气孔形成的因素归纳为冶金与工艺两方面，而工艺因素往往是通过冶金反应来起作用，所以解决气孔的问题，冶金因素的作用更为重要。

1. 冶金因素对气孔的影响

冶金因素主要指与焊接冶金过程有关的因素，如被焊金属与填充金属的成分、熔渣的组成与性质、电弧气氛的种类，以及铁锈、吸附水的有无等。对一定的产品来说，则主要是焊接材料的成分、保护方式、保护介质的性质、铁锈及水分等。

（1）熔渣氧化性的影响　熔渣氧化性的大小对焊缝产生气孔有着重要的影响。大量的实验表明，当熔渣的氧化性增大时，产生CO气孔的倾向增加；同时，产生氢气孔的倾向减小；相反，当熔渣的还原性增大时，则产生氢气孔的倾向增加，而使产生CO气孔的倾向减小。因此，适当调整熔渣的氧化性，可以有效地消除焊缝中任何类型的气孔。不同类型焊条试验的结果见表7-1。

表 7-1 不同类型焊条的氧化性对气孔倾向的影响

焊条类型		焊缝中含量			氧化性	气孔倾向
		$w_O/\%$	$w_{C\times O}/10^{-6}$	$H_2/(mL/100g)$		
酸性焊条	J427-1	0.0046	4.37	8.8	↓ 增加	较多气孔(H_2)
	J424-2	—	—	6.82		较多气孔(H_2)
	J424-3	0.0271	23.03	5.24		无气孔
	J424-4	0.0048	31.36	4.53		无气孔
	J424-5	0.0743	46.07	3.47		较多气孔(CO)
	J424-6	0.1113	57.88	2.70		更多气孔(CO)
碱性焊条	J507-1	0.0035	3.32	3.90	↓ 增加	个别气孔(H_2)
	J507-2	0.0024	2.16	3.17		无气孔(H_2)
	J507-3	0.0047	4.04	2.80		无气孔
	J507-4	0.0161	12.16	2.61		无气孔
	J507-5	0.0390	27.30	1.99		更多气孔(CO)
	J507-6	0.1680	94.08	0.80		密集大量气孔(CO)

从表 7-1 可以看出，无论是酸性焊条焊缝中，还是碱性焊条焊缝中，产生气孔的倾向都是随氧化性的增加而出现一氧化碳气孔，并随氧化性的减小（或还原性的增加）达到一定程度时，又出现由氢引起的氢气孔。

综合氧化性对产生气孔的影响，可以看出其中的辩证关系。因此，只要对不同类型焊条药皮所形成熔渣的氧化性作合理调整，就可以有效降低产生气孔的倾向。

从表 7-1 中还可以看出，酸、碱性熔渣对气孔的敏感性不同。与酸性焊条相比碱性焊条对 CO 气孔与氢气孔都更为敏感。因此，在用碱性焊条焊接时，应更严格控制气体的来源。

（2）焊条药皮与焊剂组成物的影响　焊条药皮与焊剂的组成都比较复杂，依被焊材料不同而异。现仅对焊接低碳钢、低合金钢的焊条药皮与焊剂为例，对形成气孔影响较大的组成物加以分析。

CaF_2（氟石）是碱性焊条与焊剂中常用的原材料之一。碱性焊条药皮中加入一定的 CaF_2 在焊接时可与氢、水蒸气反应，产生稳定的化合物气体氟化氢（HF），将游离氢转化为化合氢，氟化氢不溶于液体金属而直接从电弧空间扩散到空气中。从而，减少了氢气的来源，有效地防止了氢气孔。

高锰高硅焊剂（如 HJ431）中加入一定的 CaF_2，焊接时 CaO_2 与 SiO_2 作用后，生成 SiF_4 亦可起到脱氢作用。

CaF_2 对防止氢气孔是很有效的，但 CaF_2 的含量增加时会影响电弧稳定性，同时还会产生不利于焊接人员健康的可溶性氟（NaF、KF 等）。

对不含 CaF_2 的酸性焊条，一般在药皮中加入一定的强氧化性组成物，如 SiO_2、MnO、FeO、MgO 等。氧化物分解后与氢化合，生成稳定性仅次于 HF 的自由氢氧基（OH），也可起到防止氢气孔的作用。

在含有 CaF_2 的焊条药皮或焊剂中，为了稳定电弧而需加入 K、Na 等低电离电位物质，如 Na_2CO_3、K_2CO_3、$KHCO_3$、水玻璃等。但这也会使产生氢气孔的倾向加大，应引起注意。

（3）铁锈及水分等的影响　焊接生产中有时会遇到因母材或焊接材料表面不清洁而产生气孔的现象。焊件或焊接材料表面的氧化铁皮、铁锈、水分、油渍以及焊接材料中的水分是导致气孔产生的重要原因，其中以母材表面的铁锈的影响最大。

铁锈是金属腐蚀以后的产物，一般钢铁材料很难避免。铁锈与一般氧化皮不同，氧化皮的主要成分是 Fe_3O_4，有时也含有一定的 Fe_2O_3。而铁锈由于形成条件不同，其成分一般表达为 $mFe_2O_3 \cdot nH_2O$，其中 Fe_2O_3 含量约为 83.3%，并含有一定的结晶水。加热时氧化皮和铁锈中的高价氧化物及结晶水都要分解，即

$$3Fe_2O_3 \rightleftharpoons 2Fe_3O_4 + O \tag{7-6}$$

$$2Fe_3O_4 + H_2O \rightleftharpoons 3Fe_2O_3 + H_2 \tag{7-7}$$

$$Fe + H_2O \rightleftharpoons FeO + H_2 \tag{7-8}$$

高价氧化铁与铁作用还可生成 FeO，即

$$Fe_3O_4 + Fe \rightleftharpoons 4FeO \tag{7-9}$$

$$Fe_2O_3 + Fe \rightleftharpoons 3FeO \tag{7-10}$$

结晶水分解后可产生 H_2、H、O 及 OH 等。上述反应的结果，既增强了氧化作用，又分解出了氢，因而使 CO 气孔与氢气孔的倾向都有可能增大。焊接材料中残存的水分和金属表面的油渍在高温时分解后，也要增加气孔倾向。

由此可见，铁锈是一个极其有害的杂质，对于两种气孔均具有敏感性。

对酸性焊条来说，少量的铁锈或氧化皮影响不大，这是因为酸性熔渣中 FeO 容易形成复化物，活度较低，不易向熔池中过渡。此外，酸性熔渣的氧化性比较强，所以对氢气孔也不很敏感。为此，酸性焊条焊前烘干温度比较低，一般规定为 150~200℃。

碱性焊条对铁锈及氧化皮等比较敏感，这主要是因为碱性熔渣中 FeO 活度较大，熔渣中 FeO 稍有增加，焊缝中的 FeO 就明显增多。因此，用碱性焊条焊接时，为了防止气孔，要求对工件表面进行较严格的清理。此外，碱性焊条对水分也很敏感，因为这类焊条熔池脱氧比较完全，不具有 CO 气泡沸腾而排除氢气的能力，熔池中一旦溶解了氢就很难排出。

一般称碱性焊条为低氢型焊条，这是因为焊条药皮中含有较多的碳酸盐，而且不含有机物，焊接时弧柱气氛中氢的含量很低，从而保证了焊缝中扩散氢含量也很低；但这并不表示碱性焊条具有较强的脱氢能力。如果由于某种原因使弧柱区氢含量增加，还是要产生氢气孔。为了防止由水分而引起的气孔，碱性焊条要求在 350~400℃ 下烘干，这样不仅可清除吸附水，还可除去某些药皮组成物中的结晶水。

2. 工艺因素对气孔的影响

工艺因素主要是指焊接工艺规范、电流种类、操作技术等。工艺因素内容很多，对气孔影响较大的因素有以下几个。

(1) 焊接工艺规范的影响　焊接工艺规范主要影响熔池存在时间，熔池存在时间越短，气体越不容易逸出，形成气孔的倾向越大。熔池存在时间与主要焊接工艺参数之间的关系为

$$t_s = \frac{KUI}{v} \tag{7-11}$$

式中　t_s——熔池存在时间，s；

K——与被焊金属物理性能有关的系数；

U——电弧电压，V；

I——焊接电流，A；

v——焊接速度，cm/s。

由上式可以看出，当电弧的功率（UI）不变，焊接速度（v）增大时，则熔池存在的时间变短，因而增加了产生气孔的倾向，若焊速不变，增加功率时，则可以使熔池的存在时间增长，有利于气体的逸出，可减小气孔倾向。但实际上增大电流之后，有时反而增大了气孔的倾向，这是因为电流增大时，熔滴变细使表面积增大，熔滴吸收氢气增多，使熔池的含氢量上升，故反而增加了气孔倾向。

因此，通过调节焊接电流、电压和焊接速度（即线能量）的方法来防止气孔并不是有效的。

实践证明，当提高电弧电压时，由于电弧长增加，使熔滴过渡的距离加长，并影响气体保护的效果，同样也会吸收较多的氢（或氮），这样不仅增大了形成氢气孔的倾向，还可能引起氮气孔。

（2）电流的种类和极性　电流的种类和极性主要影响对氢气孔的敏感性。在使用未经烘干的焊条焊接时，采用交流电源最容易产生气孔。用直流正接，氢气孔较少；而用直流反接，氢气孔最少。

（3）点固焊或定位焊　实践表明，点固焊的部位很容易出现气孔，这主要是保护不好、冷却速度高所致。有时焊点上的气孔还可能成为正式焊缝上气泡的核心。为此，要求在点固焊时应使用与正式焊接完全相同的焊条，并且认真操作。

（4）其他操作上的因素　焊前清理、焊条（焊剂）的烘干、操作技术的熟练程度等都对气孔倾向有影响。

气孔是焊缝中常见缺陷之一，影响因素来自多方面，上面介绍了一些主要因素及控制途径，以利于生产中对质量进行全面控制。

实际生产中可从以下两方面采取措施来防止气孔的产生。

（1）从母材和焊接材料方面　焊前应清除焊件坡口面及两侧的水分、油污及防腐底漆。采用焊条电弧焊时，如果焊条药皮受潮、变质、剥落、焊芯生锈等，都会产生气孔。焊前烘干焊条，对防止气孔的产生十分关键。一般说，酸性焊条抗气孔性好，要求酸性焊条药皮的水含量不得大于4%。对于低氢型碱性焊条，要求药皮的水含量不得超过0.1%。气体保护焊时，保护气体的纯度必须符合要求。

（2）从焊接工艺方面　焊条电弧焊时，焊接电流不能过大，否则，焊条发红，药皮提前分解，保护作用将会失去。焊接速度不能太快。对于碱性焊条，要采用短弧进行焊接，防止有害气体侵入。当发现焊条有偏心时，要及时转动或倾斜焊条。焊接复杂的工件时，要注意控制磁偏吹，因为磁偏吹会破坏保护，产生气孔。焊前预热可以减慢熔池的冷却速度，有利于气体的浮出。选择正确的焊接规范，运条速度不应过快，焊接过程中不要断弧，保证引弧处、接头处、收弧处的焊接质量，在焊接时避免风吹雨打等均能防止气孔产生。焊接重要焊件时，为减小气孔倾向，可采用直流反接。

生产中在发现气孔后，应根据实际情况，找出引起气孔的具体原因，加以改进。

二、焊缝中的夹杂物

焊缝中的夹杂物，是指由于焊接冶金反应产生的、焊后残留在焊缝金属中的微粒非金属杂质，如氧化物、硫化物等。

焊缝或母材金属中有夹杂物存在时，会使塑性和韧性降低。同时，还会增加热裂纹和层状撕裂的敏感性。因此，在焊接生产中应设法防止焊缝中有夹杂物存在。

(一) 焊缝中夹杂物产生的原因

焊缝中存在夹杂物的组成及分布形式多种多样，其产生的原因与被焊母材成分、焊接方法与焊接材料有关。焊缝中常见的夹杂物主要有以下三种类型。

1. 氧化物夹杂

在焊接一般钢铁材料时，焊缝中或多或少存在了一些氧化物夹杂，其主要组成是 SiO_2，其次有 MnO、TiO_2 及 Al_2O_3 等，一般以硅酸盐的形式存在。这类夹杂物的熔点大都比母材低，在焊缝凝固时最后凝固，因而往往是造成热裂纹的主要原因。

氧化物夹杂主要是由熔池中的 FeO 与其他元素作用而生成的，只有少数是因工艺不当而从熔渣中直接混入。因此，熔池脱氧越完全，焊缝中氧化物夹杂就越少。

2. 硫化物夹杂

硫化物主要来自焊条药皮或焊剂原材料，经过冶金反应而过渡到熔池中。当母材或焊丝中含硫量偏高时，也会形成硫化物夹杂。

钢中的硫化物夹杂主要是以 MnS 和 FeS 形式存在，其中 FeS 的危害更大。硫在铁中的溶解度随温度下降而降低，当熔池中含有较多的硫时，在冷却过程中硫将从固溶体中析出并与 Mn、Fe 等反应而成为硫化物夹杂。

3. 氮化物夹杂

氮主要来源于空气，只有在保护不良时才会出现较多的氮化物夹杂。

在焊接低碳钢和低合金钢时，氮化物夹杂主要以 Fe_4N 的形式存在。Fe_4N 一般是在时效过程中从过饱和固溶体中析出的，以针状分布在晶内或晶界。当氮化物夹杂较多时，金属的强度、硬度上升，塑性、韧性明显下降。如低碳钢中 $w_N=0.15\%$ 时，因生成 Fe_4N 使伸长率只有 10%（正常情况应为 20%～24%）。

但钢中有少量氮化物存在时，弥散分布的细小氮化物质点可以起到沉淀强化的作用。例如，在 15MnVN、14MnMoVN 等钢中，人为加入 $w_N=0.015\%$ 左右的氮，与钢中的 V 元素形成弥散分布的 VN，使钢的强度有较大提高。

(二) 焊缝中夹杂物的防止措施

夹杂物的危害性与其分布状态有关。一般来说，分布均匀的细小显微夹杂物，对塑性和韧性影响较小，还可使焊缝的强度有所提高。所以，需采取措施加以防止的乃是宏观的大颗粒夹杂物。

防止夹杂物的主要措施是控制其来源，即应从冶金方面入手，正确选择焊条、焊剂的渣系，以保证熔池能进行较充分脱氧与脱硫。此外，对母材、焊丝及焊条药皮（或焊剂）原材料中杂质含量应严加控制，以杜绝夹杂物的来源。

工艺方面的措施主要是为夹杂物从熔池中浮出创造条件。具体措施主要如下。

① 选用合适的线能量，保证熔池有必要的存在时间。

② 多层焊时，每一层焊缝（特别是打底焊缝）焊完后，必须彻底清理焊缝表面的焊渣，以防止残留的焊渣在焊接下一层焊缝时进入熔池而形成夹杂物。

③ 焊条电弧焊时，焊条进行适当摆动以利于夹杂物浮出。

④ 施焊时注意保护熔池，包括控制电弧长度。埋弧焊时应保证焊剂有足够的厚度。气体保护焊时要有足够的气体流量等，以防止空气侵入。

此外，还应注意母材和焊接材料中的夹杂分布，特别是硫的含量及偏析程度。

第三节　焊接结晶裂纹

结晶裂纹是焊缝在凝固过程的后期所形成的裂纹，又称凝固裂纹，是最常见的热裂纹。焊缝结晶过程中，当焊缝冷却到固相线附近时，由于凝固金属的收缩，残余液体金属不足，而不能及时填充，在应力作用下发生的沿晶界开裂，如图 7-5 所示。

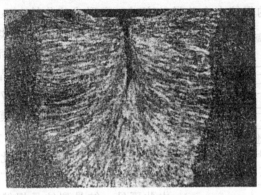

图 7-5　焊缝中的结晶裂纹

一、结晶裂纹的特征

结晶裂纹主要产生在含杂质（S、P、C、Si）偏高的碳钢、低合金钢以及单相奥氏体钢、镍基合金与某些铝合金焊缝中。一般沿焊缝树枝状晶的交界处发生和扩展（图 7-6）。常见于焊缝中心沿焊缝长度扩展的纵向裂纹（图 7-7），有时也分布在两个树枝晶粒之间。结晶裂纹表面无金属光泽，带有氧化颜色，焊缝表面的宏观裂纹中往往填满焊渣。

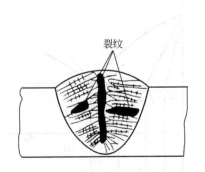

图 7-6　焊缝中结晶裂纹出现的地带

图 7-7　沿焊缝中心的纵向裂纹

结晶裂纹的上述特征说明，其形成温度是在焊缝金属凝固后期熔渣尚未凝固的高温阶段，裂纹沿晶界扩展表明，在此温度区间晶界是焊缝金属中的薄弱环节。

二、结晶裂纹产生的原因

裂纹是一种局部的破坏。要造成这种破坏必然有力的作用，且当作用力大于其抵抗能力时破坏才会发生。焊缝在凝固结晶过程中液态的焊缝金属变成固态时，体积要缩小，同时凝固后的焊缝金属在冷却过程中体积也会收缩，而焊缝周围金属阻碍了上述这些收缩，这样焊缝就受到了一定的拉应力的作用。在焊缝刚开始凝固结晶时，这种拉应力就产生了，但这时的拉应力不会引起裂纹，因为此时晶粒刚开始生长，液体金属比较多，流动性较好，可以在晶粒间自由流动，因而由拉应力造成的晶粒间的间隙都能被液体金属填满。金属在结晶过程中先结晶的金属比较纯，后结晶的金属含有较多的杂质，这些杂质会被不断生长的柱状晶体推向晶界，并聚集在晶界上。杂质中的S、P、Si、C等都能形成熔点较低的低熔点共晶体，如一般碳钢和低合金钢的焊缝在含硫量较高时，会形成硫化铁（FeS），而FeS与铁发生作用能够形成熔点只有988℃的低熔点共晶。当焊缝温度继续下降，大部分液态焊缝已凝固时，这些低熔点共晶由于熔点较低仍未凝固，从而在晶界间形成了一层液体夹层，即所谓的"液态薄膜"（图7-8）。由于液体金属本身不具有抗拉能力，这层液态薄膜使得晶粒与晶粒之间的结合力大为削弱。这样，在已增大了的拉应力的作用下，就使柱状晶体间的缝隙增大。此时仅靠低熔点共晶液体难以填充扩大了的缝隙，就产生了裂纹。

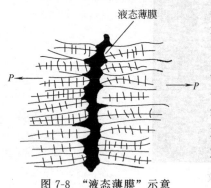

图7-8 "液态薄膜"示意

由此可见，结晶裂纹是焊缝中存在的拉应力通过作用在晶界上的低熔点共晶体而造成的。如果没有低熔点共晶体存在，或者数量很少，则晶粒与晶粒之间的结合比较牢固，虽然有拉应力的作用，仍不会产生裂纹。

三、影响结晶裂纹产生的因素

由上述分析可知，结晶裂纹产生的主要原因是在焊接过程中焊缝金属存在抗拉能力极差的"低熔点共晶体"和作用在其上的拉应力。其中，前者是由于冶金因素引起的，后者则取决于力的因素。因此，在分析结晶裂纹的影响因素时，应从冶金及力学两个因素着手。

（一）冶金因素对结晶裂纹的影响

冶金因素的影响可分为以下几个方面。

1. 合金相图的影响

结晶裂纹的产生与固液相温度差有密切联系。结晶裂纹的倾向随结晶温度区间的变化而变化，如图7-9所示。由图可以看出，随着合金成分的增加，结晶温度区间随之增大，结晶裂纹的倾向也随之增加，如图7-9（b）所示，一直到S点，此时结晶温度区间最大，结晶裂纹的倾向也最大。当合金元素进一步增加时，结晶温度区间反而变小，所以结晶裂纹的倾向也随之降低了，一直到共晶点，整个合金几乎在同一个温度下结晶，故结晶裂纹的倾向最小。在实际生产中，不平衡结晶时S点向左下方移到S'点，因此，实际的裂纹倾向变化规律如图7-9（b）中虚线所示。

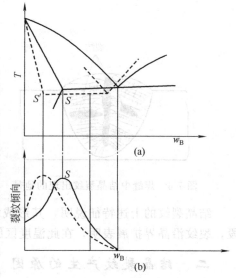

图7-9 结晶温度区间与裂纹倾向的关系

2. 常用合金元素的影响

合金元素对结晶裂纹敏感性影响的规律很复杂，其中既有元素本身单独的作用，也有各元素相互之间的作用。下面仅讨论低碳钢与低合金钢中常见合金素的影响。

(1) 硫和磷　硫和磷都是提高结晶裂纹敏感性的元素。它们的有害作用来自以下几方面：首先，当钢中含有微量的硫或磷时，结晶温度区间会明显加宽，如图 7-10 所示，其次，硫和磷能在钢中形成多种低熔点共晶，如硫与铁形成 FeS，FeS 与铁及 FeO 都能形成低熔点共晶体，FeS 与铁形成的低熔共晶体的熔点为 988℃，FeS 与 FeO 形成的低熔共晶体的熔点为 940℃。这些共晶体在焊缝金属凝固后期形成液态薄膜。在焊接含镍的高合金钢和镍基合金时，硫更是有害的元素，硫与镍能形成熔点更低的低熔点共晶，其熔点仅为 664℃。当硫含量超过 0.02% 时就有产生裂纹的危险。其次，硫和磷都是偏析度较大的元素，容易在局部富集，更有利于形成低熔点共晶或化合物。液态薄膜或偏聚的低熔点物质，都会使金属在凝固后期的塑性急剧下降。因此，硫和磷都是明显提高结晶裂纹的元素，对焊接质量危害极大。

(2) 碳　碳是钢中必不可少的元素，但在焊接时也是提高结晶裂纹敏感性的主要元素。

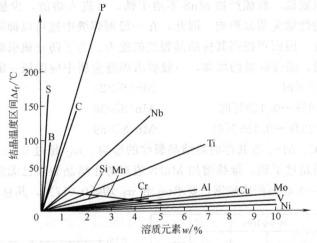

图 7-10　各种合金元素对结晶温度区间（Δt_f）的影响

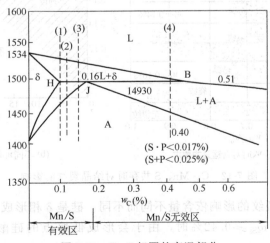

图 7-11　Fe-C 相图的高温部分

它不仅本身会造成不利影响，而且促使硫、磷的有害作用加剧。

由 Fe-C 相图的高温部分（图 7-11）可知，随着碳含量的增加，从液相中析出的初生相将发生变化。当 $w_C < 0.10\%$ 时为单一 δ 相，$w_C = 0.10\% \sim 0.16\%$ 时，由于在 1493℃ 发生了包晶反应，初生相为 δ+γ 相。当 $w_C = 0.16\% \sim 0.51\%$ 时，金属在进行了包晶反应后，剩余的液体直接转变为 γ 相，全部凝固后为单一的 γ 相。可见随着 w_C 的增加，初生相由单一的 δ 相→δ+γ→单一 γ 相。而硫、磷在 γ 相中的溶解度比在 δ 相中低得多（见表 7-2），初生相中的 γ 相越多，固相中能溶解的硫、磷就越少，残留在液相中的硫、磷就越多，并富集于晶界形成液态薄膜，使结晶裂纹倾向增大。

表 7-2 硫和磷在 δ 和 γ 相中的溶解度

元 素	最大溶解度 $w_C/\%$	
	在 δ 相	在 γ 相
硫	2.8	0.25
磷	0.18	0.05

（3）锰 锰可以脱硫，脱硫产物 MnS 不溶于铁，可进入熔渣，少量残留在焊缝金属中呈弥散分布，对钢的性能无明显影响。因此，在一般钢焊缝中锰可以抑制硫的有害作用，有助于提高焊缝的塑性，因而可提高其抗结晶裂纹的能力。为了防止硫引起的结晶裂纹，充分发挥 Mn 的有利作用，随含碳量的增加，一般要求焊缝金属中应保证一定的 Mn/S 值。

要求：$w_C \leqslant 0.10\%$ 时   Mn/S ≥ 22

$w_C = 0.10\% \sim 0.125\%$ 时   Mn/S ≥ 30

$w_C = 0.126\% \sim 0.155\%$ 时   Mn/S ≥ 59

图 7-12 所示为 C、Mn、S 共存时对结晶裂纹的影响。w_C 超过 0.16%（包晶成分）时，磷对结晶裂纹的作用超过了硫，继续增加 Mn/S 值对防止结晶裂纹已无意义，这时应严格控制磷的含量。如 $w_C = 0.40\%$ 的中碳钢，要求 w_S 和 w_P 均 ≤ 0.017%，其总和 $w_{S+P} \leqslant 0.025\%$。

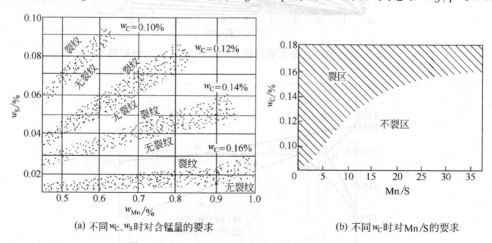

(a) 不同 w_C、w_S 时对含锰量的要求　　　(b) 不同 w_C 时对 Mn/S 的要求

图 7-12 C、Mn、S 共存时对结晶裂纹的影响

（4）硅 硅对结晶裂纹的影响依含量不同而不同。硅是 δ 相形成元素，含量较低时有利于防止结晶裂纹。但当 $w_{Si} \geqslant 0.42\%$ 时，由于会形成低熔点的硅酸盐，反而使裂纹倾向加大。

此外，一些可形成高熔点硫化物的元素，如 Ti、Zr 和一些稀土金属，都具有很好的脱硫效果，也能提高焊缝金属的抗结晶裂纹能力。一些能细化晶粒的元素，由于晶粒细化后可以扩大晶界面积，打乱柱状晶的方向性，也能起到抗结晶裂纹的作用。但 Ti、Zr 和稀土金属大都与氧的亲和力很强，焊接时通过焊接材料过渡到熔池中比较困难。

按照各元素对低碳钢和低合金钢焊缝结晶裂纹敏感性的影响，见表7-3。

表 7-3　合金元素对结晶裂纹倾向的影响

增加形成结晶裂纹	<时影响不大 >时促使开裂	降低焊缝的裂纹倾向	尚未取得一致意见
C、S、P Cu、Ni(当有 S,P 同时存在)	$w_{Si}(0.4\%)$ $w_{Mn}(0.8\%)$ $w_{Cr}(0.8\%)$	Ti 稀土 Al 等 $w_{Mn}<0.8\%$	N、O、As

最后要强调的是，同一合金元素在不同的合金系统中的影响不一定相同。以 Mn 为例，在多数情况下 Mn 是防止结晶裂纹有效的元素；但与 Cu 共存时，增加 Mn 反而不利，这是 Mn 与 Cu 相互作用促使晶间偏析严重发展所致。

3. 易熔相的影响

晶界存在易熔第二相是生成结晶裂纹的重要原因，但也与其分布形式有关。易熔相在凝固后期以液态薄膜形式存在时裂纹倾向明显增大；而若以球状分布时，则裂纹倾向显著减小。

此外，大量的实验发现，低熔点共晶在焊缝金属中的数量超过一定界限之后，不仅不会引起裂纹，反而具有"愈合"裂纹的作用。这是因为低熔点共晶较多时，它可以流动于晶界的任何部位，哪里有裂口就可以向哪里填充，起到了"愈合作用"，所以结晶裂纹反而减少了。

例如，焊接某些高强铝合金时，为了减少结晶裂纹的倾向，常采用含硅 5% 的铝硅合金焊丝，就是利用易熔共晶的"愈合作用"来消除裂纹的。

上述各冶金因素的影响归纳于表7-4。

表 7-4　影响结晶裂纹的冶金因素

影　响　因　素		增加裂纹倾向	降低裂纹倾向
结晶温度区间		大	小
碳当量(化学成分)		大	小
残液形态(表面张力)		薄膜状	球状
一次结晶组织	晶粒度	粗大	细小
	初生相	γ	δ

(二) 力的因素对产生结晶裂纹的影响

焊接拉应力是产生结晶裂纹的必要条件。焊接拉应力大小和许多因素有关，其中包括结构的几何形状、尺寸和复杂程度、焊接顺序、装配焊接方案以及冷却速度等。在产品结构一定时，可从工艺方面对力的因素加以控制。

冶金因素与力的因素是影响结晶裂纹形成的两个主要因素，二者之间既有内在联系，又有各自独立的规律。分析这些因素作用的主要目的就是要找到防止结晶裂纹的措施。

四、防止结晶裂纹的措施

由于结晶裂纹在焊接生产中的危害性很大,故应采取有效措施加以防止。在焊接生产中产生结晶裂纹的影响因素很多,但通过以上的分析,可以把其归结为两个主要因素,即冶金因素和力的因素。因此,防止结晶裂纹主要从冶金和工艺两个方面着手,其中冶金措施更为重要。

(一) 防止结晶裂纹的冶金措施

1. 控制焊缝中硫、磷、碳等有害元素的含量

硫、磷、碳等元素主要来源于母材与焊接材料,因此首先要杜绝其来源。具体的措施是:第一,对焊接结构用钢的化学成分在国家或行业标准中都做了严格的规定,如锅炉及压力容器用钢一般规定 w_S、w_P 均 $\geqslant 0.035\%$,强度级别较高的调质钢则要求更严;第二,为了保证焊缝中有害元素低于母材,对焊丝用钢、焊条药皮、焊剂原材料中的碳、硫、磷含量也做了更严格的规定,如焊丝中的碳、硫、磷含量均低于同牌号的母材。

2. 对熔池进行变质处理

通过变质处理细化晶粒,不仅可以提高焊缝金属的力学性能,还可提高抗结晶裂纹能力。

3. 调整熔渣的碱度

实验证明,焊接熔渣的碱度越高,熔池中脱硫、脱氧越完全,其中杂质越少,从而不易形成低熔点化合物,可以显著降低焊缝金属的结晶裂纹倾向。因此,在焊接较重要的产品时,应选用碱性焊条或焊剂。

(二) 防止结晶裂纹的工艺措施

合适的工艺措施不仅可以改善焊缝形状,而且可以有效减小焊接应力,防止结晶裂纹的产生。

1. 调整焊接参数以得到抗裂能力较强的焊缝成形系数

熔焊时,把单道焊缝横截面上焊缝宽度(B)与焊缝计算厚度(H)的比值(B/H),称为焊缝成形系 $\phi(\phi=B/H)$。ϕ 不同时,要影响柱状晶长大的方向和区域偏析的情况,如图 7-13 所示。一般来说,提高成形系数可以提高焊缝的抗裂能力。

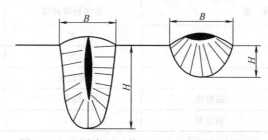

图 7-13 不同成形系数 (B/H) 时的结晶情况

从图 7-14 可以看出,当焊缝中 w_C 提高时,为防止结晶裂纹所需要的成形系数也相应提高,以保证枝晶呈人字形向上生长,避免因晶粒相对生长而在焊缝中心形成杂质聚集的脆弱面。为此,要求 $\phi>1$,但也不宜过大。如,当 $\phi>7$ 时,由于焊缝过薄,抗裂能力反而下降。

为了调整成形系数,必须合理选用焊接参数。一般情况下,成形系数随电弧电压升高而

第七章 焊接缺陷的产生及防止

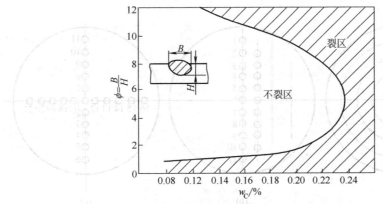

图 7-14 碳钢成形系数与结晶裂纹的关系

增加,随焊接电流的增加而减小。当线能量不变时,则焊速越大,裂纹倾向也越大。

2. 调整冷却速度

冷却速度越高,变形增长率越大,结晶裂纹倾向也越大。降低冷却速度可通过调整焊接参数或预热来实现。用增加线能量来降低冷却速度的效果是有限的,采用预热则效果较明显。但要注意,结晶裂纹形成于固相线附近的高温,需用较高的预热温度才能降低高温的冷却速度。高温预热将提高成本,恶化劳动条件,有时还会影响接头金属的性能,应用时要全面权衡利弊。实际生产中,只在焊接一些对结晶裂纹非常敏感的材料(如中碳钢、高碳钢或某些高合金钢)时,才用预热来防止结晶裂纹。

3. 合理安排焊接顺序,降低拘束应力

接头刚性越大,焊缝金属冷却收缩时受到的拘束应力也越大。在产品尺寸一定时,合理安排焊接顺序,对降低接头的刚度、减小内变形有明显效果,从而可以有效防止结晶裂纹。图 7-15 所示的钢板拼接,可选择不同的焊接顺序:方案 Ⅰ 是先焊焊缝 1,后焊焊缝 2、3;方案 Ⅱ 为先焊焊缝 2、3,后焊焊缝 1。方案 Ⅰ,则各条焊缝在纵向及横向都有收缩余地,内变形较小。方案 Ⅱ,则在焊接焊缝 1 时其横向和纵向收缩都受到上下两焊缝的限制,纵向收缩也较困难,很容易产生纵向裂纹。又如,锅炉管板上管束的焊接,若采用同心圆或平行线的焊接顺序,都会因刚度大而导致开裂,而采用放射交叉式的焊接顺序,就可获得较好的效果,如图 7-16 所示。

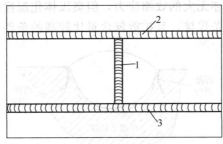

图 7-15 钢板拼接

上面结合影响结晶裂纹的因素介绍了一些主要的防止措施。生产中的实际情况比较复杂,必须根据具体条件(材料、产品结构、技术要求、工艺条件等)抓住主要问题,才能做到有针对性的采取措施。

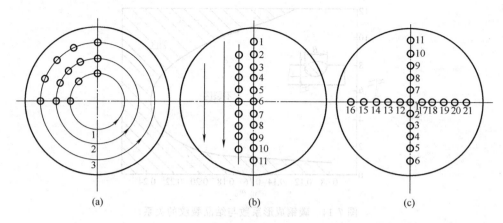

图 7-16　锅炉管板的管束焊接顺序

目前，结晶裂纹的形成与扩展规律已基本被人们所掌握，并在钢种设计、冶炼与焊接材料设计制造中采取了必要措施。因此，在焊接低碳钢和低合金可焊钢种时，只要做到选材正确、工艺合理和检验严格，结晶裂纹是完全可以避免的。

第四节　焊接冷裂纹

冷裂纹与热裂纹不同，它是在焊后较低温度下产生的。通常将焊接接头冷却到较低温度（对于钢来说在 M_s 温度以下）时产生的裂纹，统称为冷裂纹。由于大多数冷裂纹具有延迟性，焊后不易及时发现，因而，在由于焊接裂纹所引发的事故中，由冷裂纹所造成的事故约占 90%。

一、焊接冷裂纹的类型

根据焊接冷裂纹产生的部位不同，冷裂纹可分为三种类型。

(1) 焊道下裂纹　是在靠近堆焊焊道的热影响区所形成的焊接冷裂纹，如图 7-17 所示。走向与熔合线大体平行，但也有时垂直于熔合线。裂纹一般不显露于焊缝表面。裂纹产生的部位没有明显的应力集中，亦无大的收缩应力，但奥氏体化温度最高，晶粒粗化明显。焊道下裂纹多发生在用铁素体焊条焊接，且扩散氢含量比较高的条件下。

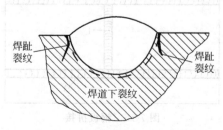

图 7-17　焊道下裂纹及焊趾裂纹

(2) 焊趾裂纹　焊缝表面与母材交界处称为焊趾。如图 7-17 中所示，沿应力集中的焊趾处所形成的焊接冷裂纹，即为焊趾裂纹。裂纹一般向热影响区粗晶区扩展，有时也向焊缝中扩展。

(3) 焊根裂纹 沿应力集中的焊缝根部所形成的焊接冷裂纹,称为焊根裂纹,也称根部裂纹,参见图 7-2。主要发生在含氢量较高、预热不足的条件下。它可能出现在热影响区的粗晶区,也可能出现在焊缝中,取决于母材和焊缝的强韧度及根部的状态。焊根裂纹的照片见图 7-18。

图 7-18 焊根裂纹照片

焊趾裂纹与焊根裂纹均属于缺口裂纹。缺口处应力集中严重,裂纹容易发生也容易扩展。

以上是焊接生产中经常遇到的三种不同形态的冷裂纹,实际上所遇到的当然比三种要多。例如根据引起冷裂纹的主要因素的不同,又可分为以下三类。

(1) 延迟裂纹 其主要特点是裂纹不在焊后立即出现,延迟现象的产生与扩散氢的活动有密切关系。上述三种裂纹均属于这类裂纹。

(2) 淬硬脆化裂纹(或称淬火裂纹) 主要出现于淬硬倾向很大的钢种,在应力作用下即使没有氢的诱发也会形成开裂。

(3) 低塑性脆化裂纹 某些塑性较低的材料(如铸铁),在冷至低温时,由于收缩时引起的应变超过其本身的变形能力而产生开裂。

二、焊接冷裂纹产生的原因

(一) 形成冷裂纹的三要素

大量的生产实践和研究证明,钢种的淬硬倾向、焊接接头中扩散氢的含量及分布、接头所受的拘束应力是引起冷裂纹的三大原因。通常把它们称为形成冷裂纹的三要素。

1. 钢种的淬硬倾向

焊接接头的淬硬倾向主要取决于钢种的化学成分,其次是焊接工艺、结构板厚及冷却条件等。一般来说,钢的淬硬倾向越大,出现马氏体的可能性也越大,也越容易产生裂纹。当材料一定时,随着冷却速度不同,接头的组织将相应改变,冷却速度越高,马氏体的含量越高。马氏体含量对冷裂纹率的影响如图 7-19 所示。由图中可以看出,冷却速度提高使马氏体含量增加,导致裂纹率上升。这个规律对各种钢都是适用的,只是钢种的化学成分不同时,因马氏体的形态不同而产生冷裂纹的临界马氏体含量不同。总之,钢种的淬硬倾向决定了接头中硬脆组织的数量,是促使冷裂纹形成的重要因素之一。

2. 氢的影响

在焊接条件下,焊接材料中的水分、焊件坡口附近的油污、铁锈以及空气中的湿气都是

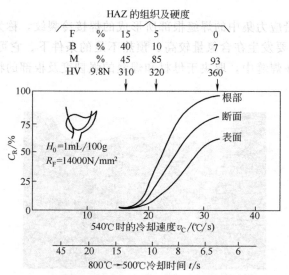

图 7-19 马氏体含量与冷却速度的关系及其对热影响区冷裂纹率的影响

焊缝金属中富氢的主要原因（一般情况下母材和焊丝中的含氢量是极少的，可以忽略不计）。焊条药皮中水分含量越多，空气中的湿气浓度越大，则焊缝中的扩散氢含量越多。所谓扩散氢是指焊缝金属中能自由扩散运动的那部分氢。大量研究证明，扩散氢是导致焊接接头产生冷裂纹的最重要的因素。有时就把这种由氢引起的延迟裂纹称为"氢致裂纹"。

在焊接过程中，由于电弧的高温作用，氢分解成原子或离子（即质子）状态，并大量溶解于焊接熔池中。在随后冷却和凝固的过程中，由于溶解度的急剧下降，氢极力向外逸出。但焊接条件下冷却较快，使氢来不及逸出而残存在焊缝金属的内部，使焊缝中的氢处于过饱和的状态。焊缝中的氢含量与焊条的类型、烘干温度以及焊后的冷却速度等有关。

焊缝中随着扩散氢含量的增加，冷裂纹率提高。例如，用含有较多有机物的焊条（如氧化钛纤维素型）进行焊接，出现了大量的焊道下裂纹；而用低氢型焊条焊接时，则未出现或很少出现焊道下裂纹。图 7-20 所示为在电弧气氛中加入不同量的氢试焊的结果，焊道下裂纹率随加氢量的增加而上升。

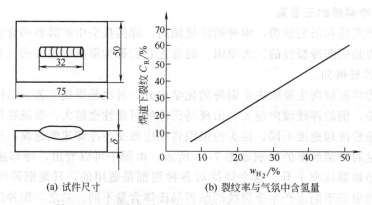

(a) 试件尺寸　　(b) 裂纹率与气氛中含氢量

图 7-20 电弧气氛中含氢量对焊道下裂纹率的影响

近年来，一些学者在显微镜下观察弯曲试件的断裂情况时，还观察到在裂纹尖端附近有氢气泡析出。扩散氢含量还影响延迟裂纹延时的长短，扩散氢含量越高，延时越短。

3. 焊接接头的拘束应力

焊接接头的拘束应力，包括接头在焊接过程中因不均匀加热和冷却而产生的热应力、金属结晶时由于体积变化产生的组织应力和结构自身约束条件（包括结构刚性、焊接顺序、焊缝位置等）造成的内应力。上述三方面的应力都是不可避免的，由于都与拘束条件有关而统称为拘束应力。拘束应力的作用也是形成冷裂纹的重要因素之一，在其他条件一定时，拘束应力达到一定数值就会产生开裂。

（二）三个要素的作用及其关系

实践和研究证明，上述三个要素的作用是既相互联系，又相互促进，不同条件下起主要作用的因素不同。如当扩散氢含量较高时，即使马氏体的数量或拘束应力比较小，也有可能开裂（如焊道下裂纹）。而当材料的碳当量较高而在接头中形成较多的针状马氏体时，即使扩散氢很少甚至没有，也会产生裂纹。因此，有必要进一步了解冷裂纹发生与扩展的规律，以及在冷裂纹形成过程中三要素的作用与相互联系，以便采取相应的措施防止冷裂纹的产生。

1. 氢在开裂过程中的作用

氢在冷裂纹形成过程中的作用与其溶解和扩散规律有关。

（1）氢在金属中的溶解与扩散　溶解在液体金属中的氢原子，在连续冷却凝固和发生固态相变时溶解度将发生突变，如图7-21（a）所示。在快冷时，就会有多余的氢来不及析出，从而以过饱和形式存在，如图中γ→α转变时，就来不及在γ→α转变时析出，而以过饱和溶解的形式存在于α相中。

由于氢的扩散能力很强，随着时间的延长过饱和的氢将不断扩散，其中一部分扩散到金属外部，另一部分则在金属内步迁移。氢在不同的晶格结构中扩散能力不同，在α相中的扩散能力比在γ相中高，如图7-21（b）所示。在发生γ→α相转变时，氢的溶解度突降，而扩散能力突升。这两个突变决定了氢在焊接接头冷却过程中的扩散方向与分布。

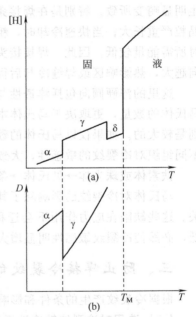

图7-21　氢的溶解度[H]、扩散系数 D 与晶体结构的关系

（2）焊缝金属结晶过程中氢的溶解与扩散　过饱和的氢以间隙原子状态游动地存在于α铁的体心立方晶格中，成为扩散氢。由于氢的体积小、质量小，因而，它能在体心立方晶格内的铁原子之间挤进挤出，自由扩散。这种扩散所需的扩散激活能小，扩散系数大，扩散速度快。这部分氢焊后逐渐向热影响区及母材扩散，随着时间延长，扩散到热影响区的氢浓度增加，焊缝中的氢浓度减小，热影响区靠近熔合线的粗晶区扩散氢的浓度最高，这一区域往往成为氢致裂纹的发生地。

2. 氢与力的共同作用

冷裂纹的延时现象从一开始就引起了人们的重视。氢致裂纹的延迟，实际上是氢逐渐向开裂部位扩散、集中，结合成分子并形成一定压力的过程。开始时，氢的分布相对比较均匀，在热应力和相变应力作用下金属中出现一些微观缺陷，氢开始向缺陷前沿高应力部位迁移。焊缝中氢的平均浓度越高，则迁移的氢数量越多，迁移的速度也越高。当氢聚集到发生裂纹所需要的临界浓度时，便开始产生微裂。由于裂纹尖端的应力集中，促使氢进一步向尖端高应力区扩散，裂纹扩展。氢的扩散、聚集并达到临界浓度都需要时间，这就形成了裂纹的延时特征。

氢致裂纹潜伏期与裂纹扩散期的长短，取决于氢的扩散速度，而扩散速度又由扩散氢含量与应力水平所决定。而且氢与应力水平有着互相补充的关系，即扩散氢含量越高，开裂所需的应力（临界应力）越小，潜伏期也越短；应力越大，则开裂所需的氢含量越低。冷裂纹一般形成于$-100 \sim +100$℃温度范围内，也是由氢的扩散特性所决定的。当温度高于100℃时，氢原子有足够的动能析出到金属外部，残留的扩散氢较少，不足以导致开裂。当温度低于-100℃时，氢在金属内部的扩散受到抑制，难以聚集而形成一定的压力。因此，当温度高于或低于上述范围时，一般都不会产生冷裂纹。

综上所述，延迟裂纹从裂源开始孕育并形成、扩展都需要时间，因而有延迟现象。延时长短则与应力水平、扩散氢含量和氢的析出条件等因素有关。具体地说，就是与焊接接头的拘束情况、应力集中程度、焊缝金属的扩散氢含量、冷却速度以及接头缺口处（根部或焊趾）金属的韧性等条件有关。

3. 钢材淬硬倾向的作用

马氏体是典型的淬硬组织，这是间隙原子碳的过饱和，使铁原子偏离平衡位置，晶格发生明显畸变所致。特别是在焊接条件下，近缝区的加热温度高达$1350 \sim 1400$℃，使奥氏体晶粒严重长大；当快速冷却时，粗大的奥氏体将转变成粗大的马氏体。硬脆的马氏体在断裂时所需能量较低。因此，焊接接头中有马氏体存在时，裂纹易于形成和扩展。钢材的淬硬倾向越大，热影响区或焊缝冷却后得到的脆性组织马氏体越多，对冷裂纹就越敏感。

这里的淬硬倾向包括淬透性与淬硬性两个方面。也就是说冷裂纹倾向的大小，既取决于马氏体的数量，更取决于马氏体本身的韧性。碳含量不同时，得到不同形态马氏体的韧性差别是较大的。如果仅以马氏体的数量来对比不同钢种的冷裂纹敏感性，会造成较大的误差。不同组织对冷裂纹的敏感性，大致按下列顺序递增。

铁素体或珠光体→贝氏体→条状马氏体→马氏体＋贝氏体→针状马氏体。

马氏体对冷裂纹的影响除了其本身的脆性外，还与不平衡结晶所造成的较多晶格缺陷有关。这些缺陷在应力作用下会迁移、集中，而形成裂源。裂源数量增多，扩展所需能量又低，必然使冷裂纹敏感性明显增大。

三、防止焊接冷裂纹的措施

根据冷裂纹产生的条件和影响因素，防止冷裂纹一般采取下列措施。

（一）选用对冷裂纹敏感性低的母材

母材的化学成分不仅决定了其本身的组织与性能，而且决定了所用的焊接材料，因而对接头的冷裂纹敏感性有着决定性作用。在化学成分中，碳对冷裂敏感性影响最大，所以选用低碳多元合金化钢材，可以有效提高焊接接头的抗冷裂性能。

（二）严格控制氢的来源

① 选用优质焊接材料或低氢的焊接方法。目前，对不同强度级别的钢种，都有配套的焊条、焊丝和焊剂，基本上满足了生产的要求。对于重要结构，则应选用超低氢、高强高韧性的焊接材料。CO_2气体保护电弧焊具有氧化性，可以获得低氢焊缝（[H]仅为$0.04 \sim 1.0$mL/100g）。

② 严格按规定对焊接材料进行烘干及进行焊前清理工作。

(三) 提高焊缝金属的塑性和韧性

具体的方法如下。

① 通过焊接材料向焊缝过渡 Ti、Nb、Mo、V、B、Te 或稀土元素来韧化焊缝,利用焊缝的塑性储备减轻热影响区的负担,从而降低整个接头的冷裂纹敏感性。

② 采用奥氏体焊条焊接某些淬硬倾向较大的中、低合金高强度钢,也可较好地防止冷裂纹。如用 E310 (A407) 焊条补焊 20CrMoV 钢汽缸体;用 E316 (A202) 焊条焊接 30CrNiMo 钢都取得了较好效果。但奥氏体焊缝本身强度低,对于承受主应力的焊缝需经过计算,在强度条件允许的情况下才可使用。

(四) 焊前预热

焊前预热可以有效降低冷却速度,从而改善接头组织,降低拘束应力,并有利于氢的析出,可有效防止冷裂纹,是生产中常用的方法。但焊前预热使劳动条件恶化,增加了结构制造的难度与工作量;预热温度选择不当,还会对产品质量带来不良影响。选择最佳预热温度是保证产品质量的关键。影响预热温度的因素有以下几方面。

1. 钢种的强度等级

在焊缝与母材等强的情况下,钢材的强度 σ_s 越高,预热温度 t_0 也应越高,如图 7-22 所示。

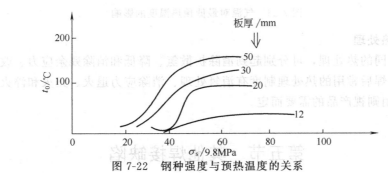

图 7-22 钢种强度与预热温度的关系

2. 焊条类型

不同类型焊条的焊缝金属扩散氢含量不同,预热温度亦应不同。焊缝金属中扩散氢含量越低,预热温度也越低。用奥氏体钢焊条焊接时,扩散氢含量低,可以不用预热。因此,用低氢 (或超低氢) 焊条焊接高强钢,可以降低预热温度。用奥氏体钢焊条焊接时,除扩散氢低外,焊缝金属具有优良的塑性,也是影响预热温度的一个重要因素。

3. 坡口形式

一般地说,坡口根部所造成的应力集中越严重,要求预热温度越高。

4. 环境温度

环境温度过低会使冷却速度上升,预热温度应相应提高,但一般提高的幅度不超过 50℃,如图 7-23 所示。板厚增加时,金属内部的导热损失的影响超过了环境温度的影响,预热温度提高的幅度减小。

(五) 控制焊接线能量

线能量增加可以降低冷却速度,从而降低冷裂纹倾向。但线能量过大,则可能造成焊缝及过热区的晶粒粗化,而粗大的奥氏体一旦转变为粗大的马氏体,裂纹倾向反而增高。因此,通过调整焊接线能量来降低冷裂倾向的效果是有限地。

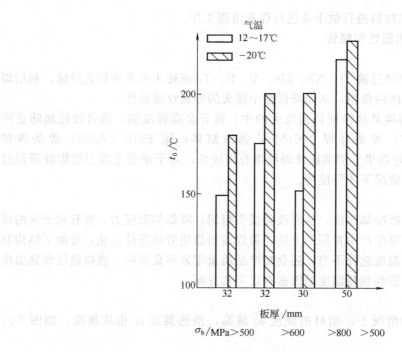

图 7-23　气温对最低预热温度的影响

（六）焊后热处理

焊后进行不同的热处理，可分别起到消除扩散氢、降低和消除残余应力、改善组织或降低硬度等作用。焊后常用的热处理制度有消氢处理、消除应力退火、正火和淬火（或淬火＋回火）。具体选用则视产品的需要而定。

第五节　其他焊接缺陷

一、咬边

焊接过程中，沿焊趾的母材部位产生的沟槽或凹陷即为咬边，如图 7-24 所示。咬边使母材金属的有效截面减少，减弱了焊接接头的强度，同时，在咬边处容易引起应力集中，承载后有可能在咬边处产生裂纹，甚至引起结构破坏。产生咬边的原因是操作工艺不当、操作规范选择不正确，如焊接电流过大，电弧过长，焊条角度不当等。

防止咬边的措施是：正确选择焊接电流、电压和焊接速度，掌握正确的运条角度和电弧长度等。

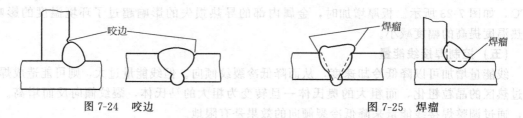

图 7-24　咬边　　　　　　　图 7-25　焊瘤

二、焊瘤

焊接过程中，熔化金属流淌到焊缝之外未熔化的母材上所形成的金属瘤即为焊瘤，如图 7-25 所示。

焊瘤不仅影响焊缝外表的美观，而且焊瘤下面常有未焊透缺陷，易造成应力集中。对于管接头来说，管道内部的焊瘤还会使管内的有效面积减少，严重时使管内产生堵塞。焊缝间隙过大、焊条位置和运条方法不正确、焊接电流过大或焊接速度太慢等均可引起焊瘤的产生。焊瘤常在立焊和仰焊时发生，在立焊中的焊瘤部位，往往还存在夹渣和未焊透等。

防止焊瘤的措施是：正确选择焊接工艺参数，灵活调节焊条角度，掌握正确的运条方法和运条角度，选择合适的焊接设备，尽量选择平焊位置。最重要的是要提高焊工的操作技术水平。

三、凹坑与弧坑

凹坑是指在焊缝表面或焊缝背面形成的低于母材表面的低洼部分，如图 7-26 所示。

弧坑指焊道末端的凹陷，且在后续焊道焊接之前或在后续焊道焊接过程中未被消除，如图 7-27 所示。常见的弧坑是发生在焊缝收尾处的下陷。

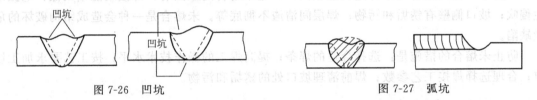

图 7-26 凹坑　　　　　　　　　　图 7-27 弧坑

由于填充金属不足，削弱了焊缝的有效截面面积，容易造成应力集中并使焊缝的强度严重减弱。弧坑处在冷却过程中还容易产生弧坑裂纹（也称火口裂纹）。

防止凹坑或弧坑的方法是：要选择正确的焊接工艺参数，如焊接电流、焊接速度等，提高焊工的操作水平，掌握正确的焊接工艺方法。为防止弧坑的产生，手工电弧焊时焊条必须在收尾处短时间停留或进行几次环形运条，以使由足够的焊条金属添满熔池。埋弧自动焊时，收弧时应先停止送丝再切断电源。

四、未焊透与未熔合

焊接时接头根部未完全熔透的现象称为未焊透，如图 7-28 所示。

图 7-28 未焊透

未焊透常出现在单面焊的根部和双面焊的中部。它不仅使焊接接头的力学性能降低，而且在未焊透处的缺口和端部形成应力集中点，承载后会引起裂纹。

未焊透产生的原因是焊接电流太小；运条速度太快；焊条角度不当或电弧发生偏吹；坡口角度或对根部间隙太小；焊件散热太快；氧化物和熔渣等阻碍了金属间充分熔合等。凡是造成焊条金属和母材金属不能充分熔合的因素都会引起未焊透的产生。

防止未焊透的措施包括：正确选择坡口形式和装配间隙，并清除坡口两侧和焊层间的污物及熔渣；选择适当的焊接电流和焊接速度；运条时，应随时注意调整焊条角度，特别是遇到偏吹和焊条偏心时，更要注意调整焊条角度，以使焊缝金属和母材金属得到充分熔合；对导热快、散热面积大的焊件，应采取焊前预热或焊接过程中加热的措施。

未熔合是指焊接时，焊道与母材之间或焊道与焊道之间未完全熔化结合的部分；或指点焊时母材与母材之间未完全熔化结合的部分，如图7-29所示。

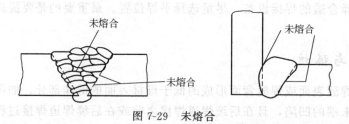

图7-29 未熔合

未熔合产生的危害与未焊透大致相同。产生未熔合的原因有：焊接线能量太低；电弧发生偏吹；坡口侧壁有锈垢和污物；焊层间清渣不彻底等。未熔合是一种会造成结构破坏的危险缺陷。

防止未熔合的措施是：选择合适的焊条；提高焊工的操作技术水平；按工艺要求加工坡口；合理选择焊接工艺参数；焊前清理坡口处的锈垢和污物。

五、塌陷与烧穿

塌陷是指单面熔化焊时，由于焊接工艺不当，造成焊缝金属过量透过背面，使焊缝正面塌陷，背面凸起的现象，如图7-30所示。

产生塌陷的原因主要是由于焊接电流过大而焊接速度偏小，坡口钝边偏小而根部间隙过大，焊工技术水平低也是造成塌陷的原因。塌陷易在立焊和仰焊时产生，特别是管道的焊接，往往由于熔化金属下坠出现这种缺陷。

塌陷削弱了焊缝的有效截面面积，容易造成应力集中并使焊缝的强度减弱，同时，在塌陷处由于金属组织过烧，对有淬火倾向的钢易产生淬火裂纹，承受动载荷时容易产生应力集中。

为防止产生塌陷应合理选择焊接工艺参数，提高焊工水平，合理选择焊接设备。

焊接过程中，熔化金属自坡口背面流出，形成穿孔的缺陷称为烧穿，如图7-31所示。

图7-30 塌陷　　　　　　　　　　图7-31 烧穿

烧穿在焊条电弧焊中，尤其是在焊接薄板时，是一种常见的缺陷。烧穿是一种不允许存在的焊接缺陷。产生烧穿的主要原因是焊接电流过大，焊接速度太低，当装配间隙过大或钝边太薄时，也会发生烧穿现象。

为了防止烧穿现象，要正确设计焊接坡口尺寸，确保装配质量，选用适当的焊接工艺参数。单面焊可采用加铜垫板或焊剂垫等办法防止熔化金属下塌及烧穿。焊条电弧焊焊接薄板时，可采用跳弧焊接法或断续灭弧焊接法。

六、夹渣

焊后残留在焊缝中的熔渣称为夹渣。图 7-32 所示为夹渣的例子。

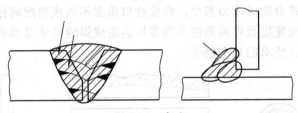

图 7-32 夹渣

夹渣与夹杂物不同，如前所述，夹杂物是由焊接冶金反应产生的，焊后残留在焊缝金属中的非金属杂质，其尺寸很小，且呈分散分布。夹渣尺寸一般较大（常在一至几毫米长），夹渣在金相试样磨片上可以直接观察到，用射线探伤也可以检查出来。

夹渣外形很不规则，大小相差也很悬殊，对接头的影响比较严重。夹渣会降低焊接接头的塑性和韧性；夹渣的尖角处，造成应力集中；特别是对于淬火倾向较大的焊缝金属，容易在夹渣尖角处产生很大的内应力而形成焊接裂纹。

（一）夹渣产生的原因

熔渣未能上浮到熔池表面就会形成夹渣。夹渣产生的原因如下。

① 在坡口边缘有污物存在。定位焊和多层焊时，尤其是碱性焊条脱渣性较差，如果下层熔渣未清理干净，就会出现夹渣。

② 坡口太小，焊条直径太粗，焊接电流过小，因而熔化金属和熔渣由于热量不足使其流动性差，会使熔渣浮不上来造成夹渣。

③ 焊接时，焊条的角度和运条方法不恰当，对熔渣和铁水辨认不清，把熔化金属和熔渣混杂在一起。

④ 冷却速度过快，熔渣来不及上浮。

⑤ 母材金属和焊接材料的化学成分不当，如当熔渣内含氧、氮、锰、硅等成分较多时，容易出现夹渣。

⑥ 焊接电流过小，使熔池存在时间太短。

⑦ 焊条药皮成块脱落而未熔化，焊条偏心，电弧无吹力，磁偏吹等。

（二）防止夹渣产生的措施

① 认真将坡口及焊层间的熔渣清理干净，并将凹凸处铲平，然后施焊。

② 适当增加焊接电流，避免熔化金属冷却过快，必要时把电弧缩短，并增加电弧停留时间，使熔化金属和熔渣分离良好。

③ 根据熔化情况，随时调整焊条角度和运条方法。焊条横向摆动幅度不宜过大，在焊接过程中应始终保持轮廓清晰的焊接熔池，使熔渣上浮到铁水表面，防止熔渣混杂在熔化金属中或流到熔池前面而引起夹渣。

④ 正确选择母材和焊接材料，调整焊条药皮或焊剂的化学成分，降低熔渣的熔点和黏度。

七、焊缝尺寸与形状不符合要求

焊缝尺寸与形状不符合要求主要指焊缝的外表高低不平，波形粗劣，宽窄不一，余高过高和不足等。这种缺欠除了造成焊缝成形不美观外，还将影响焊缝与基本金属的结合强度。焊缝尺寸过小会降低焊接接头的承载能力；焊缝尺寸过大会增加焊接工作量，使焊接残余应力和焊接变形增加，并会造成应力集中。焊接坡口角度不当或装配间隙不均匀、焊接电流过大或过小、运条方式或速度及焊角角度不当等均会造成焊缝尺寸及形状不符合要求。图7-33所示为焊缝形状不符合要求的几个例子。

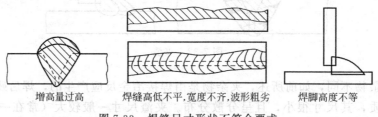

余高量过高　　焊缝高低不平,宽度不齐,波形粗劣　　焊脚高度不等

图 7-33　焊缝尺寸形状不符合要求

为防止此类缺陷，焊接时应注意选择正确的焊件坡口角度及装配间隙；正确选择焊接电流；提高焊工操作水平；焊接角焊缝时，尤其要注意保持正确焊条角度，运条速度及手法应根据焊角尺寸而定。

第六节　焊缝缺陷的返修

焊接结构存在不允许的焊接缺陷时，应予返修。对重大的质量问题应进行质量分析，制定出返修工艺措施，方可进行返修。

一般地说，经过检验，发现焊缝表面有裂纹、气孔，大于0.5mm的弧坑，深度大于0.5mm的咬边等缺陷，焊缝内部有超过探伤标准的缺陷以及接头的力学性能或耐腐蚀性能达不到要求时，均应进行返修。在同一位置上，经过两次返修，若尚未返修合格，则应对原返修方案进行审查分析，重新制定可行的返修方案，由制造厂技术负责人批准后再进行返修，并在产品质量证明书中详细注明。同一部位上的返修不得超过三次。

返修前应根据产品的材质、缺陷所在部位和大小等情况采用碳弧气刨、手工铲磨、机械加工或气割等方法将缺陷清除干净。若对缺陷是否已清除持有怀疑，应用X光透视检查。

低碳钢和$\sigma_s \leqslant 400$MPa的低合金钢都可采用碳弧气刨清除缺陷，气刨后应将刨层打磨出金属光泽，应注意勿使工件粘渣或造成铜斑，如已发生，应在补焊前清除，以防产生气孔或裂缝。

凡是对冷裂缝敏感的$\sigma_s > 400$MPa的低合金钢、高合金钢、不锈钢等，当存在表面缺陷或少量内部缺陷时，可使用扁铲、风铲、风动或电动砂轮去除缺陷并修磨坡口，返修部位表面要圆滑，不允许有尖锐棱角，如图7-34所示，其中图（a）的情况就不如图（b）那样对修复有利。

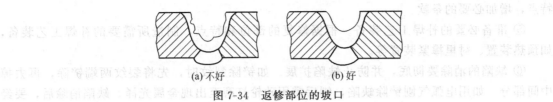

图 7-34 返修部位的坡口

凡不能采用碳弧气刨清除缺陷的焊缝,若内部存在大量缺陷或整个接头性能不合格,在工件几何形状允许的情况下,可在机床上(如刨边机)进行机械加工,清除应返修的焊缝。返修时尽可能采用自动焊。

产品环缝需整条返修时,可用气割将其割开,并割出坡口,再用砂轮磨平修齐进行焊接。

不论用哪种方法清除缺陷,焊缝的两侧也应进行清理,并保证修补的凹槽与基本金属和原焊缝平缓过渡。

返修焊接是在产品刚性约束较大的条件下进行的,因此应由焊接同类产品考试合格较有经验的焊工进行补焊,应小心仔细操作,力求一次返修合格。对要求预热焊接的钢材,返修焊接的预热温度应比产品焊接时高 30~50℃,返修过程应始终保持不低于此温度,返修后应按规定缓冷。

返修焊接所用的焊接材料与焊接工艺,应和焊接产品时一样。应采用多层多道焊,第一层的焊接电流可大些,以保证焊透,其他各层应采用正常电流快速不运条焊接。手工焊补的焊缝长度超过 1m 时,应以 300~400mm 为一段进行逆向分段焊接以减少内应力。每道焊缝的起弧和收弧处应错开,要注意起弧和收弧处的质量。每焊一层应仔细检查,确定未发生缺陷后再焊下一层。

当返修 T 形焊缝(如锅筒)时,应先焊纵向焊缝,后焊环向焊缝。

要求焊后进行热处理的产品,最好在热处理前进行返修焊接。若是在热处理后发现缺陷进行返修时,返修焊接后,应按原热处理规定进行处理。

返修部位的焊缝,焊后应修磨表面,使其外形与原焊缝基本一致。

返修焊接以后,应将工作面很好清理,并按原焊缝的焊接检验要求与标准,进行严格的焊接检验。

根据一些容器的修复实例,可将压力容器补焊程序要点归纳如下。

① 对检修中发现的缺陷,首先应进行全面分析,以确定是否应该补焊。因为补焊不仅需要在经济上付出高昂的代价,而且可能因工艺不当而造成新的缺陷。

② 已经决定必须补焊时,就要制定合理可行的修复方案,一般应考虑以下几点:

a. 缺陷的性质、部位、尺寸;

b. 容器原设计要求、材料、焊接工艺;

c. 容器补焊的现场施工条件(包括焊工水平、设备条件等);

d. 要求修复的期限和经费。

③ 补焊工艺试验。按照修复方案所规定的焊接材料、焊接工艺等,有重点地进行补焊工艺试验,从试验焊件的性能估计补焊的性能,以便进一步修订修复方案,使之更加完善。

④ 焊工考核。容器补焊都是采用手工焊,为保证质量,对参加补焊工作的焊工,应进行考核。考核的办法除根据"锅炉、压力容器焊工考试规则"外,还应考虑到要修复部位的

特点，增加必要的条款。

⑤ 准备必要的补焊工艺装备。根据修复的部位和特点，制造所需要的补焊工艺装备，如预热装置、衬里撑紧装置等。

⑥ 缺陷的消除要彻底，并防止缺陷扩展。如铲除裂纹时，先将裂纹两端铲除，再去掉中间部分。如用电弧气刨铲除缺陷，刨后需用砂轮打磨至出现金属光泽。缺陷消除后，要经磁粉探伤或着色探伤，以确认缺陷已彻底消除。

在消除缺陷的同时，准备好坡口，坡口区应有一定的角度，以利补焊时顺利排渣。

⑦ 补焊应按照方案规定的程序进行，对焊后不能进行热处理的补焊，可考虑采用半焊道补焊工艺，小直径焊条回火焊道修补工艺，焊后锤击等措施。

⑧ 补焊完成后，对高出母材的部分要用砂轮磨去，使之与母材齐平，然后进行无损探伤，以检验焊缝内部质量。

⑨ 容器修复后，放置一段时间（24h 以上），重新进行水压试验，合格后方可投入使用。

复习思考题

1. 什么是焊接缺陷？判断焊接缺陷的依据是什么？
2. 常见的危害较大的焊接缺陷有哪些？
3. 在焊缝中产生气孔的气体有哪些？试分析其来源。
4. 试述 CO 气孔的形成过程及特征。
5. 为什么碱性焊条焊接时对气孔更敏感？
6. 焊接时如何防止气孔的产生？
7. 焊缝中的夹杂物有哪些类型？其危害是什么？
8. 产生结晶裂纹的原因是什么？为什么结晶裂纹都产生在焊缝中？
9. 防止结晶裂纹的措施有哪些？
10. 为什么碳会增加硫、磷的有害作用？
11. 为什么说冷裂纹具有更大的危害性？
12. 比较结晶裂纹和冷裂纹的特征，其产生原因有何不同点和相同点。
13. 氢致裂纹为什么具有延迟性？
14. 焊接时如何防止冷裂纹的产生？
15. 造成咬边、焊瘤、凹坑、未熔合与未焊透的原因是什么？如何防止？
16. 简述产生夹渣的原因及防止措施。
17. 焊缝尺寸与形状不符合要求的危害是什么？
18. 焊接缺陷在需要返修时有何要求？
19. 压力容器补焊修复时应遵循怎样的程序？

第八章　典型焊接钢结构

第一节　钢结构的特点及类型

一、钢结构的特点

以热轧型钢（角钢、工字钢、槽钢、钢管等）、钢板、冷加工成形的薄壁型钢以及钢索作为基本元件，通过焊接、螺栓或铆钉连接等方式，按一定的规律连接起来制成基本构件后，再用焊接、螺栓或铆钉连接将基本构件连接成能够承受外载荷的结构称为钢结构。

目前钢结构特别是焊接钢结构在国民经济各部门获得非常广泛的应用。这是因为钢结构与其他材料制成的结构相比，具有下列特点。

(1) 强度高、质量小　钢材比木材、砖石、混凝土等建筑材料的强度要高出很多倍，因此，当承受的载荷和条件相同时，用钢材制成的结构自重较小，所需截面较小，运输和架设亦较方便。

(2) 塑性和韧性好　钢材具有良好的塑性，在一般情况下，不会因偶然超载或局部超载造成突然断裂破坏，而是事先出现较大的变形预兆，以便采取补救措施。钢材还具有良好的韧性，对作用在结构上的动力载荷适应性强，为钢结构的安全使用提供了可靠保证。

(3) 材质均匀　钢材的内部组织均匀，各个方向的物理力学性能基本相同，很接近各向同性体，在一定的应力范围内，钢材处于理想弹性状态，与工程力学所采用的基本假定较符合，故计算结果准确可靠。

(4) 制造方便　钢结构是由各种加工制成的型钢和钢板组成，采用焊接、螺栓或铆钉连接等手段制造成基本构件，运至现场装配拼接。故制造简便、施工周期短、效率高，且修配、更换也方便。这种工厂制造、工地安装的施工方法，具备了成批大件生产和成品精度高等优点，同时为降低造价、发挥投资的经济效益创造了条件。

(5) 耐腐蚀性差　黑色金属制造的钢结构处在空气中容易生锈，特别是在湿度大或有侵蚀性介质中腐蚀加速，因而需经常维修和保养，如除锈、涂涂料等，维护费用较高。

(6) 耐高温性差　钢材不耐高温，随着温度的升高，钢材强度会降低，在火灾中，未加防护的钢结构一般只能维持20min左右，因此对重要的钢结构必须注意采取防火措施，如在钢结构外面包混凝土或其他防火材料，或在构件表面喷涂防火涂料等。

(7) 钢材的低温脆性　当钢材在其临界温度以下服役时会发生脆性断裂。

同时，焊接结构与螺栓、铆接、铸造、锻造结构相比还具有以下明显的优点。

(1) 构造合理，应力集中系数小　接头连接效率高，对接接头可达100%，而铆接很难达到70%。

(2) 简化结构，减轻自重　由于焊接的强度较高，在同样承载条件下，可更轻、更薄，对交通运输工具来说还可因此而节约能量。

（3）密封性好 焊接结构对水、油、气的密封性都很好，是理想的密封结构，适合于制造各类容器。

（4）板厚限制小 铆接在板厚大于50mm时将会十分困难，而焊接结构高压容器的单层壁厚可达300mm以上。

（5）设计上简单、灵活 铆接结构的连接部分在设计上相当复杂，而焊接结构可将结构元件比较简单地对接、角接、T形连接或搭接起来，同时可制成任意结构，也较灵活，不像铸、锻工艺对工件形状有很多限制。

（6）制造周期短，成本低，经济效益好 焊接结构的制造工艺比铆接结构简单得多，可省去钻孔和划埋头孔等工作。采用现代分部件制造工艺，很容易实现专业化和批量生产。

（7）可焊接不同金属材料 采用焊接工艺能把不同金属连接起来，有效利用材料。焊接结构还可在不同部位采用不同性能的材料，充分发挥各种材料的特长，达到经济、优质。

当然，正如本书中介绍的焊接也有不可忽视的缺点，如会产生焊接变形，存在焊接残余应力，易产生裂纹等，其检查技术也比较复杂。

二、钢结构的类型

钢结构应用在各种建筑物和工程构筑物上，类型很多，通常可以根据钢结构基本元件的几何特征、结构外形、连接方式及建立的力学计算模型、外载荷与结构构件在空间的相互位置以及计算方法等几种情况来区分。

1. 按构成钢结构的基本元件的几何特征分

（1）杆系结构 若干根杆件按照一定的规律组成几何不变结构，称为杆系结构。其特征是每根杆件的长度远大于宽度和厚度，即截面尺寸较小。常见的塔式起重机的臂架和塔身是杆系结构（图8-1）；高压输电线路塔架、变电构架、广播电视发射塔架也是杆系结构（图8-2）。

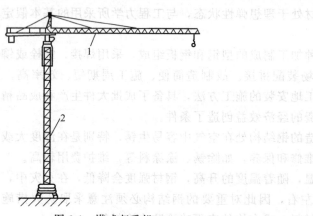

图8-1 塔式起重机
1—臂架；2—塔身

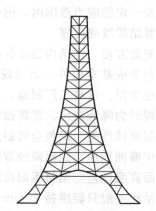

图8-2 广播电视发射塔架

网架结构是一种高次超静定的空间杆系结构，也称为网格结构。网架结构空间刚度大、整体性强、稳定性好、安全度高，具有良好的抗震性能和较好的建筑造型效果，同时兼有质量小、材料省、制作安装方便等优点，因此是适用于大、中跨度屋盖体系的一种良好的结构形式。近30年来，网架结构在国内外得到了普遍推广应用。

网架结构按外形可分为平板网架（简称网架，见图 8-3）和曲面网架（简称网壳，见图 8-4）；平板网架在设计、计算、构造和施工制作等方面都比曲面网架简便，应用范围较广。

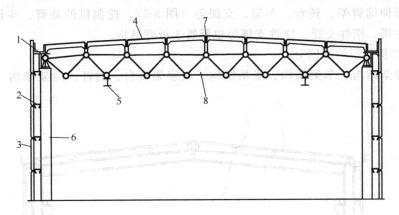

图 8-3　网架

1—内天沟；2—墙架；3—太空轻质条形墙板；4—太空网架板；5—悬挂吊车；
6—混凝土柱；7—找坡小立柱；8—网架

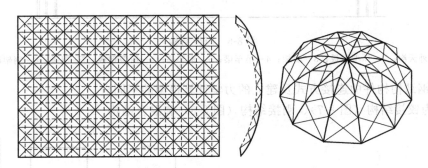

图 8-4　网壳

（2）板壳结构　由钢板焊接而成，钢板的厚度远小于其他两个尺寸。按照中面的几何形状，板又分为薄板和薄壳。薄板是中面为平面的板；薄壳是中面为曲面的板。因为板壳结构

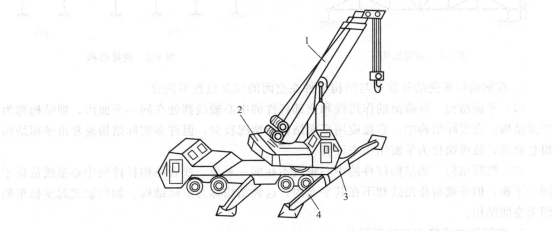

图 8-5　汽车式起重机

1—臂架；2—转台；3—车架；4—支腿

是由薄板和薄壳组成的，所以板壳结构又称薄壁结构。板壳结构有储气罐、储液罐等要求密闭的容器，大直径高压输油管、输气管等，以及高炉的炉壳、轮船的船体等。另外还有汽车式起重机箱形伸缩臂架、转台、车架、支腿等（图 8-5）。挖掘机的动臂、斗杆、铲斗，门式起重机的主梁、刚性支腿、挠性支腿等也都属于板壳结构。

2. 按钢结构外形的不同分

可分为臂架结构、车架结构、塔架结构、人字架转台、桅杆、门架结构（图 8-6）、网架等。

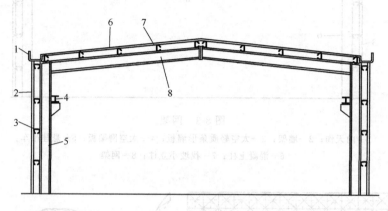

图 8-6　门架结构

1—外天沟；2—压型钢板；3—墙架；4—吊车梁；5—钢架柱；6—压型钢板；7—檩条；8—钢架横梁

3. 按钢结构构件的连接方式及建立的力学计算模型的不同分

可分为铰接结构（图 8-7）、刚接结构（图 8-8）和混合结构。

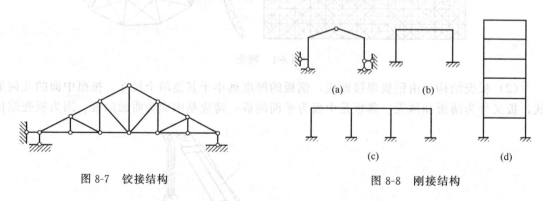

图 8-7　铰接结构　　　　　　图 8-8　刚接结构

4. 按钢结构承受的外载荷与结构杆件在空间的相互位置不同分

（1）平面结构　外载荷的作用线和全部杆件的中心轴线都处在同一平面内，则结构称为平面结构。在实际结构中，直接应用平面结构的情况较少，但许多实际结构通常由平面结构组合而成，故可简化为平面结构来计算。

（2）空间结构　当结构杆件的中心轴线不在同一平面，或者结构杆件的中心轴线虽位于同一平面，但外载荷作用线却不在其平面内，这种结构称为空间结构。如轮胎式起重机车架即为空间结构。

5. 按钢结构连接方法的不同分

可分为焊接结构、螺栓连接结构和铆钉连接结构。

(1) 焊接结构　焊接连接是目前钢结构最主要的连接方法，其优点是构造简单、省材料、易加工，并可采用自动化作业。但焊接会引起结构的变形和产生残余应力。

(2) 螺栓连接结构　螺栓连接也是一种较常用的连接方法，有装配便利、迅速的优点，可用于结构安装连接或可拆卸式结构中。缺点是构件截面削弱、易松动。

(3) 铆钉连接结构　铆钉连接是一种较古老的连接方法，由于它的塑性和韧性较好，便于质量检查，故经常用于承受动力载荷的结构中。但制造费工，用料多，钉孔削弱构件截面，因此目前在制造业中已逐步由焊接所取代。

6. 按钢结构构造的不同分

(1) 实腹式结构　构件的截面组成部分是连续的，一般由轧制型钢制成，常采用角钢、工字钢、T字形钢、圆钢管、方形钢管等。构件受力较大时，可用轧制型钢或钢板焊接成工字形、圆管形、箱形等组合截面，如汽车起重机箱形伸缩臂架。

(2) 格构式结构　构件的截面组成部分是分离的，常以角钢、槽钢、工字钢作为肢件，肢件间由缀材相连。根据肢件数目，又可分为双肢式、三肢式和四肢式。其中双肢式外观平整，易连接，多用于大型桁架的拉、压杆和受压柱；四肢式由于两个主轴方向能达到等强度、等刚度和等稳定性，广泛用于塔机的塔身（参见图 8-1）、轮胎起重机的臂架等，以减小质量。根据缀材形式不同，又可分为缀板式和缀条式。缀条采用角钢或钢管，在大型构件上则用槽钢，缀板采用钢板。

第二节　焊接结构设计基础

一、焊接结构采用时应注意的问题

结构焊接质量的好坏对其使用的安全性影响极大，而合理、正确进行焊接结构的设计，是保证其安全可靠的重要前提。在采用焊接结构时，下列因素必须给予考虑及注意。

(一) 材料的焊接性

作为构成焊接结构的材料，首先必须考虑材料的焊接性。钢材的焊接性可以用它的碳当量作为初步评价（见第六章）。

碳含量和合金含量较高的钢，一般有较高的强度和硬度，但它的碳当量 C_{eq} 值也较高，焊接性较差，焊接困难增加，焊缝可靠性降低，因此采用时应慎重考虑，同时在设计和工艺中应采取必要的措施。

(二) 结构的刚度和吸振能力

普通钢材的抗拉强度和弹性模量都比铸铁高，但吸振能力则远低于铸铁。当用焊接结构来代替对刚度和吸振性能有高要求的铸铁部件时，不能按许用应力削减其截面，而必须考虑结构的刚度和振动。必要时还应在接头设计中采取增大刚度和阻尼的特殊措施，在有这类要求的结构中采用高强度钢并无益处。

(三) 降低应力集中

焊接结构常常截面变化大，变化处过渡急剧、圆角小，设计不当将可能产生很大的应力集中，严重时可导致结构失效。在动载和低温工作等条件下的高强度钢结构，更需采取磨削或堆焊等措施进行圆滑过渡，以降低应力集中。

(四) 尽量避免焊接缺陷

焊接缺陷是降低焊接质量的最主要的原因。在结构设计时应考虑方便焊接操作和合理的焊接工艺，避免仰焊，焊缝布置应尽量避开高应力区，以避免产生裂纹等焊接缺陷，保证焊接质量。另外，也不要对焊缝质量提出过高要求，以免造成浪费。

(五) 控制和减小焊接应力与变形

焊接应力可能导致裂纹和严重变形，变形后还会留有残余应力，对结构强度有一定影响，它的逐步释放又会引起尺寸和精度的变化，严重时影响产品使用。较重要的焊接结构，尤其是采用焊接性和塑性、韧性较差的钢材时，焊后应进行热处理或采取其他消除、减小残余应力的措施。但首先必须合理地设计结构的形状，使之有利于降低接头的刚性（以减小焊接应力），有利于控制焊接变形。

(六) 克服焊接接头处的不均匀性

焊缝及热影响区的化学成分、金相组织、力学性能等都可能不同于母材，并且是一个变化的具有不均匀性的地区。因而在选择焊接材料、制定焊接工艺时，应保证接头处性能符合设计要求，克服和减小其不均匀程度。

(七) 减少和合理布置焊缝

在可能情况下可用冲压件来代替一部分焊接件，尽量多用轧制的板、管和型材，它们质量可靠，尺寸较精确，表面平整光洁，价格低廉。

另外应合理布置焊缝，使其对称布置，尽量和中性轴一致。要避免焊缝汇交和密集，让次要的焊缝中断而主要焊缝连续，使其有利于主要焊缝的自动焊接。

二、焊接结构总体设计要求

对焊接结构设计的总体要求是结构的整体或各部分在其使用过程中不应产生致命的破坏，其中包括弹性、塑性失效及断裂等，并达到所要求的使用性能。焊接结构的设计与材料及加工的关系如图 8-9 所示。

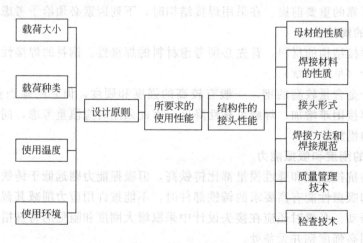

图 8-9 焊接结构的设计与材料及加工的关系

结构所要求的使用性能决定于以下因素：载荷的大小和种类、使用温度、使用环境以及由这些条件相应确定的设计原则。所以，确定载荷的大小和种类，并分析与此相应的结构各部分所产生的应力，在设计上是很重要的。更重要的是要探讨对应力构件各部分产生的应力

σ 会不会导致发生上述破坏。

一个好的焊接结构,就是其结构接头的实际性能较好地达到所要求的性能。由于焊接是热加工方法,所以影响焊接接头性能的因素,除了材料选择外,还受到一些加工技术的影响,影响接头性能的因素如图 8-9 的右边所示,为了提高焊接结构的可靠性,应对焊接结构构件的焊接接头性能,从设计、材料、加工方面进行综合考虑。

三、焊接结构设计中应考虑的工艺性问题

为了有效地进行焊接质量控制,在焊接结构设计中应考虑下列工艺问题。

(一)焊接工艺能否满足对结构所提出的要求

在焊接结构设计中必须了解一般焊接技术的特点以及由此产生的后果。

① 分析结构设计的技术条件,研究焊接工艺能否满足技术条件的要求。
② 对比各种焊接方法的优缺点,寻求合适的焊接工艺。
③ 结合结构特点,分析实现焊接工艺的难易程度,或提出改变设计的方案。
④ 选择合理的接头分布和设计。

(二)焊接结构设计的工艺性考虑

焊接结构设计的工艺性主要涉及以下几方面。

① 组装是否切实可行。
② 焊缝是否都能焊到。
③ 能否保证焊接质量。
④ 无损探伤是否可行。
⑤ 焊接变形是否可以控制。
⑥ 焊工操作是否方便及安全。

(三)提高焊接结构的抗裂性

提高结构的抗裂性是结构设计的关键之一,影响焊接结构抗裂性的因素有以下几方面。

① 结构形式。球形容器的抗裂能力比圆筒形容器差,这是由结构形式所决定的。因此,在同样的工作条件下,球形容器结构的选材应比圆筒形容器严格。
② 结构的工作条件。结构的介质条件、温度条件、载荷条件均可对结构的抗裂性能产生不同的影响,在结构和接头设计时应加以考虑。
③ 焊接接头的匹配。对于抗裂性要求高的接头,可采用韧性的预堆焊方法,以提高接头的抗裂性。
④ 选用韧性好的母材和抗裂性高的焊接材料。

四、合理的接头设计

焊接接头是构成焊接结构的关键部分,其性能好坏直接影响到整个焊接结构的质量,所以选择合理的接头形式是十分重要的。在保证焊接质量的前提下,接头设计应遵循以下原则。

① 接头形式应尽量简单,焊缝填充金属要尽可能少,接头不应设在最大应力可能作用的截面上。否则由于接头处几何形状的改变和焊接缺陷等原因,会在焊缝局部区域引起严重的应力集中。
② 接头设计要使焊接工作量尽量少,且便于制造与检验。

③ 合理选择和设计接头的坡口尺寸，如坡口角度、钝边高度、根部间隙等，使之有利于坡口加工和焊透，以减小各种焊接缺陷（如裂纹、未熔合、变形等）产生的可能性。

④ 若有角焊缝接头，要特别重视焊角尺寸的设计和选用。这是因为大尺寸角焊缝的单位面积承载能力较低，而填充金属的消耗却与焊脚尺寸的平方成正比。

⑤ 焊接接头设计要有利于焊接防护，即尽可能改善劳动条件。

⑥ 复合钢板的坡口应有利于降低过渡层焊缝金属的稀释率，应尽量减少复层的焊接量。

⑦ 按等强度要求，焊接接头的强度应不低于母材标准规定的抗拉强度的下限值。

⑧ 焊缝外形应尽量连续、圆滑，以减少应力集中。

⑨ 焊接残余应力对接头强度的影响通常可以不考虑，但是对于焊缝和母材在正常工作时缺乏塑性变形能力的接头以及承受重载荷的接头，仍需考虑残余应力对焊接接头强度的影响。

表 8-1 是部分合理焊接接头设计和选用范例，供学习和使用时参考。焊接接头形式的选用，主要根据焊件的结构形式、结构和零件的几何尺寸、焊接方法、焊接位置和焊接条件等情况而定，其中焊接方法是决定焊接接头形式的主要依据。

表 8-1　合理的焊接接头设计

不合理的设计	合理的设计	合理设计的效果
		焊缝避开最大应力作用的截面
		焊缝不在应力集中处
		焊缝布置在工作时最有效的地方，用少量的焊接金属得到最佳的承载效果
	$t_1 = t_2$ 时，$\alpha = 45°$ $t_1 > t_2$ 时，$\alpha < 45°$ $t_1 > t_2$ 时，$\alpha > 45°$	焊缝应便于制造与检验
		焊缝排列对称于截面重心，以减小应力和变形
		避免相邻焊缝过近，以减小焊接应力
		避免焊缝交于一点，以减小结构的局部刚性，有利于接头工作

续表

不合理的设计	合理的设计	合理设计的效果
		避免焊缝产生尖角，降低应力集中，提高接头的抗裂性
		避免焊缝集中，降低焊接残余应力，便于焊接生产
	预堆边焊道层	避免焊趾裂纹，利用预堆边焊接法，改善接头性能

第三节　压力容器的结构及生产工艺

压力容器是承受一定温度和压力作用的密闭容器。是现代工业生产中应用广泛的一种焊接设备。其结构形式多种多样，有塔、换热器、储罐、管道和锅筒等，但其基本构成是圆柱形、圆锥形、球形的壳体、封头、法兰、接管、支座和密封元件，这些部件的组合是一种典型的焊接结构。图 8-10 所示为容器典型形式。

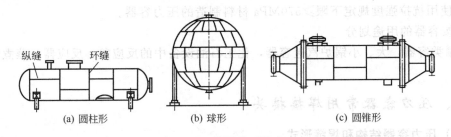

图 8-10　容器典型形式

一、压力容器的分类

压力容器是容器的一种，按其承受压力的高低分为常压容器和压力容器。两种容器无论在设计、制造方面，还是结构、重要性等方面均有较大差别。按原国家劳动部 1990 年 5 月颁发的"压力容器安全技术监察规程"的规定，其所监督管理的压力容器定义，是指最高工作压力 $p \geq 0.1 \mathrm{MPa}$，容积大于或等于 25L，工作介质为气体、液化气体或最高工作温度高于或等于标准沸点的液体的容器。压力容器的分类方法很多，主要的分类方法如下：

1. 按设计压力划分

可分为四个承受等级，即：

低压容器（代号 L）　$0.1\mathrm{MPa} \leq p < 1.6\mathrm{MPa}$

中压容器（代号 M）　1.6MPa≤p<10MPa
高压容器（代号 H）　10MPa≤p<100MPa
超高压容器（代号 U）　p≥100MPa

2. 按综合因素划分

在承受等级划分的基础上，综合压力容器工作介质的危害性（易燃、致毒等程度），可将压力容器分为Ⅰ、Ⅱ和Ⅲ类。

(1) Ⅰ类容器　一般指低压容器（Ⅱ、Ⅲ类规定的除外）。

(2) Ⅱ类容器

① 中压容器（Ⅲ类规定的除外）；

② 易燃介质或毒性程度为中度危害介质的低压反应容器和储存容器；

③ 毒性程度为极度和高度危害介质的低压容器；

④ 低压管壳式余热锅炉；

⑤ 低压搪玻璃压力容器。

(3) Ⅲ类容器

① 毒性程度为极度和高度危害介质的中压容器和 pV 大于或等于 $0.2MPa·m^3$ 的低压容器；

② 易燃或毒性程度为中度危害介质且 pV 大于或等于 $0.5MPa·m^3$ 的中压反应容器，或大于或等于 $10MPa·m^3$ 的中压储存容器；

③ 高压、中压管壳式余热锅炉；

④ 高压容器；

⑤ 中压的搪玻璃压力容器；

⑥ 移动式压力容器；

⑦ 使用抗拉强度规定下限≥570MPa 材料制造的压力容器。

3. 按容器的用途划分

储罐类容器，大、小锅炉汽包容器，化工石油设备中的反应釜、反应器、蒸煮球、合成塔等。

二、压力容器常用焊接接头

(一) 压力容器结构和焊缝形式

在锅炉和压力容器中，焊接接头主要形式有对接接头、角接接头和搭接接头。在不锈钢衬里的容器中还有塞接接头。筒体与封头等重要部件的连接均应采用对接接头，因为这种接头的强度可以达到与母材相等，受力也比较均匀。角接接头多半用于管接头与壳体的连接。搭接接头主要用于非受压部件与受压壳体的连接，如支座与壳体的连接。

锅炉及压力容器拼装时，其焊缝的形式按其受力情况和所处位置大致分为图 8-11 所示的 A、B、C、D 四种类型。

A 类和 B 类焊缝用于对接接头。

A 类焊缝是指筒节的拼接纵缝，封头瓣片拼接缝，筒节与半球封头的环缝，嵌入式接管与圆筒、封头的对接缝。

B 类焊缝包括筒节的环缝，筒体与椭圆形及蝶形封头间的环缝，锥体小端与筒体的接缝。

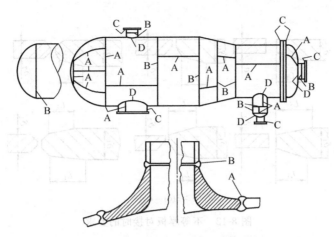

图 8-11 锅炉和压力容器焊缝形式分类

C 类焊缝是凸缘、管板或平端盖与筒节、封头、锥体之间的角焊缝。

D 类焊缝是指管接头与筒节、球体、锥体封头之间的接缝。

A 类焊缝是容器中受工作应力最大的焊缝,因此要求采用双面焊或保证全焊透的单面焊缝。B 类焊缝的工作应力为 A 类焊缝工作应力的一半,除了可采用双面焊的对接接头之外,也可采用带衬垫的单面焊缝。在中低压容器中,C 类焊缝的受力较小,通常采用角焊缝;但对于高压容器、盛有剧毒介质的容器和低温容器,应采用全焊透的焊缝。D 类焊缝是接管与壳体的交叉焊缝,受力条件较差,且存在较高的应力集中。在厚壁容器中,这种焊缝的拘束度相当大,焊接残余应力亦较大,容易产生裂纹之类的缺陷,因此,在这种容器中,D 类焊缝亦应采用全焊透的结构。对于低压容器可以采用局部焊透的单面或双面角焊缝。D 类焊缝也是锅炉及压力容器中的重要焊缝。

(二) 主体的焊接接头

1. 筒体和封头纵环缝的焊接接头

筒体和封头纵环缝的焊接接头,原则上均应采用对接接头,其基本形式与尺寸应符合 GB 985—88《气焊、手工电弧焊及气体保护焊焊缝坡口的基本形式与尺寸》、GB 986—88《埋弧焊焊缝坡口的基本形式与尺寸》及 GB 150—1998《钢制压力容器》的规定。选择坡口时应结合受压容器的焊接特点,注意以下原则。

① 尽量采用全焊透的焊接坡口,筒体内径<600mm 时,一般采用单面焊;筒体内径≥600mm 时,可采用双面焊。

② 筒体内径为 300~600mm,且长度<500mm 时,其纵焊缝可用双面焊。

③ 不焊透的单面焊缝和带永久性衬环的单面焊缝,只能在产品技术条件允许时采用。

④ 为改善劳动条件,应在容器内侧选用小坡口,以减少容器内部的工作量。

⑤ 在不等厚钢板对接焊接时,当薄板厚度 $\delta_2 \leq 10$mm,两板厚度差 $(\delta_1-\delta_2)>3$mm,或当薄板厚度 $\delta_2>10$mm,$(\delta_1-\delta_2)>30\%\delta_1$,或超过 5mm 时,均需按图 8-12 的要求削薄厚板边缘,其中 $L_1 \geq 3(\delta_1-\delta_2)$。

筒体与封头的对接接头也可采用图 8-13 的连接形式。

2. 衬里的焊接接头

容器的衬里可采用复合钢板、爆炸复合、堆焊、热套和松衬等方法。采用复合钢板衬里

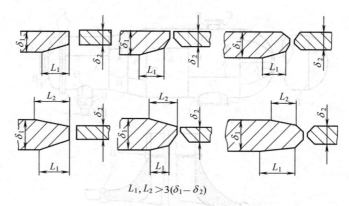

$L_1, L_2 > 3(\delta_1 - \delta_2)$

图 8-12 不等厚板对接时的要求

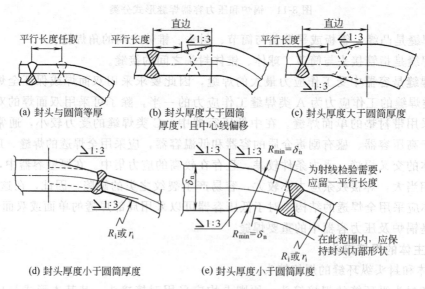

(a) 封头与圆筒等厚
(b) 封头厚度大于圆筒厚度，且中心线偏移
(c) 封头厚度大于圆筒厚度
(d) 封头厚度小于圆筒厚度
(e) 封头厚度小于圆筒厚度

图 8-13 圆筒与封头的连接

的容器，对接接头的形式可按图 8-14 选用。采用爆炸复合、堆焊和热套衬里的容器，其焊接接头的形式基本上与复合钢板类似。

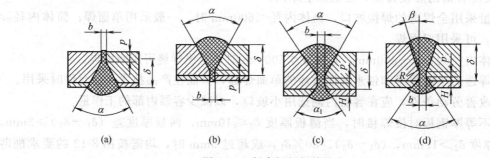

图 8-14 复合钢板焊接接头

松衬衬里是将衬里板材用焊接方法衬于容器内壁，主要有两种形式。

(1) 衬里的焊接与基体直接接触　如图 8-15 所示的接头形式，适用于可与基体直接焊接或与基体的熔点相差很大的衬里材料，如铬不锈钢、铝和铅等。图 8-15 (a) 工艺简单，

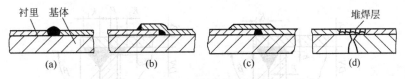

图 8-15 衬里能与基体直接焊接的接头形式

较常用；图 8-15（b）一端要弯曲成形，只适用于较薄或较软的衬里材料；图 8-15（c）需另加盖板，能增加衬里焊缝的可靠性；图 8-15（d）主要用于分段制造的容器分段处的衬里，需待基体环焊缝探伤合格后再堆焊。

（2）衬里材料不能与基体直接焊接　如图 8-16 所示的接头形式，适用于两者因互熔而达不到耐蚀要求时（如超低碳不锈钢衬里）或衬里材料不能与基体用熔化焊方法焊接的（如钛衬里）情况。在图 8-16 中，图（a）工艺较简单，用于内壁允许存在突出时；图（b）在盖板下衬里间互相焊接，但不焊透，这类接头焊缝应力较大；图（c）盖板制作成膨胀节形式，有利于衬里板的膨胀，适用于工作温度较高，衬里材料与基体热膨胀相差较大时；图（d）需在筒体上开槽，加工较费时，但衬里内壁平滑，比角焊缝应力小，焊缝数量少。

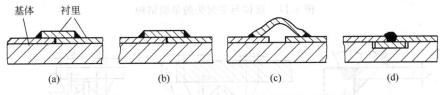

图 8-16 衬里不能与基体直接焊接的接头形式

对一些在工作中易引起衬里鼓起的设备，可用塞焊。一般塞焊需在衬里上开孔，孔径大小可根据衬里板厚选定。板厚为 1.5~2mm 时，塞焊孔径为 12~15mm，若板厚大于 2mm，则孔径为 16~25mm。塞焊孔的排列可为正方形或三角形，间距按使用温度而定，见表 8-2。

表 8-2　塞焊孔间距与温度的关系

使用温度/℃	<100	100~150	>100
塞焊孔间距/mm	200~250	50~200	80~150

塞焊方法存在电化学腐蚀及较严重的应力腐蚀，加工费时，一般较少采用。衬里材料一般不宜与塞体一起热处理，因此应在容器主体热处理后再施行衬里工序。

采用衬里结构时，应先在主体上开出检漏孔，以便对衬里焊缝进行密封检验。

3. 筒体与平封头的焊接结构

对于小直径（$DN<800mm$），且内部无法施焊的筒体与平封头的连接可用单面焊结构，如图 8-17 所示。在内部可施焊和筒体与平封头的连接应采用双面焊结构，如图 8-18 所示。当处于低温、交变载荷等工况时，焊缝表面要圆滑过渡。一些重要场合也可采用对接结构，采用氩弧焊打底等焊透工艺，如图 8-19 所示。

（三）接管的焊接接头

为了容器的正常操作、测试和检修，往往需要在器壳上开若干孔并连接接管。开孔不仅削弱了器壁，而且会在开孔接管附近区域产生很高的峰值应力，还常存在焊接残余应力和焊接缺陷的影响。接管焊缝大都为角焊缝，焊透性差，探伤也较困难，其质量的好坏对保证容

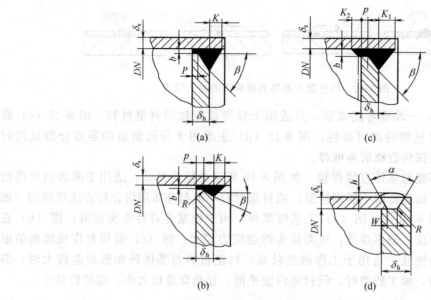

图 8-17 筒体与平封头的单面结构

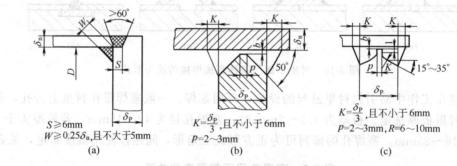

图 8-18 筒体与平封头的双面焊结构

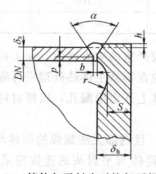

图 8-19 筒体与平封头对接氩弧焊打底

器的正常使用和寿命是至关重要的。

按接管与主体连接方式的不同，可以分为：接管端与主体内表面齐平的插入式［图 8-20（a）］；接管端伸入主体内表面的内伸式［图 8-20（b）］；接管置于主体表面的安放式［图 8-20（c）］和整体锻造的对接接管式［图 8-20（d）］。在连接方位上有垂直管、斜交管［图 8-21（a）、（b）］和切向管。切向管中又可分为切向安放式［图 8-21（b）、（c）］和切向

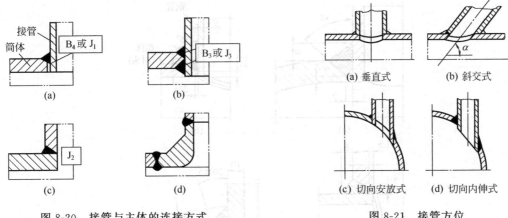

图 8-20 接管与主体的连接方式　　图 8-21 接管方位

内伸式 [图 8-21 (d)]，前者常用于筒壁较厚的容器（即当 $D/\delta \leqslant 30$ 时，其中 D 为容器直径，δ 为容器壁厚），此时接管与筒体轴线距离对其寿命影响不大；对于薄壁容器（当 $D/\delta \geqslant 100$ 时），切向内伸式接管较好，因为这时受接管与筒体轴线距离影响较大，距离加大导致寿命降低。

从连接形式看，对接焊缝比角接焊缝效果好，其中整体锻件，有加大过渡圆角半径的补强元件效果最佳。内伸式比安放式效果要好，而插入齐平式相对较差。接管方位中垂直管要比斜交管效果好。

对于接管和壳体的焊接接头，除应遵循接头合理设计的原则外，还应注意以下问题。

① 有条件双面焊时应尽量采用双面焊，对厚度较大的壳体（壁厚大于或等于 20mm），一般宜采用双面坡口。

② 对需预热后进行焊接的钢种，接管与壳体焊接尽量选用从设备外侧单面焊；要求全焊透时，可采用带垫板结构。但 Cr-Mo 钢及 $\sigma_s > 392$MPa 的钢严禁使用永久性垫板。

③ 要求接管与壳体全焊透而又无法双面焊时，可采用氩弧焊打底、单面焊双面成形、带垫板等焊接工艺。

1. 无补强板的接管焊接结构

图 8-22 所示为单面角焊缝形式，一般适用于常压设备的接管与壳体（或封头）之间的焊接，壁厚在 4~9mm 之间。

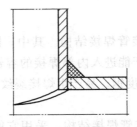

图 8-22 单面角焊缝

图 8-23 为单面坡口焊缝形式，适用于直径 ≤500mm 或不能进入内部焊接的容器，壁厚在 6~20mm 之间，操作压力一般使用在 1.6MPa 以下。但焊缝坡口形式及施焊方法不同时，如图 8-23 (d) 结构，当采用氩弧焊全焊透后可使用于操作压力 50MPa 以下。又如图 8-23

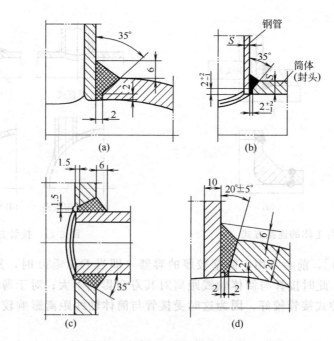

图 8-23 单面坡口焊缝

(c)、(d) 单面坡口焊接结构形式可使用于操作压力大于 1.6MPa 的场合。

图 8-24 所示为双面焊接，容器直径必须大于 500mm，适用于操作压力与温度高及容器内介质为剧毒及低温容器。

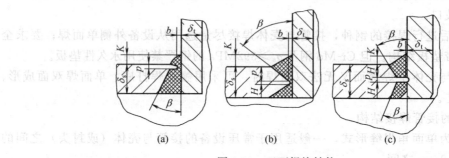

图 8-24 双面焊接结构

2. 带补强圈的接管焊接结构

图 8-25 所示为带外侧补强的接管焊接结构。其中，图 (a) 用于直径≤500mm 或不能进入内部焊接的容器，图 (b) 用于能进入内部焊接的容器。由于补强圈搭焊结构会引起较大的局部应力，对淬硬性强的高强度钢，易产生焊接裂纹。对局部应力大或易产生裂纹的钢种，应采用整体补强。

图 8-26 所示为带内侧补强的接管焊接结构，采用它能有效降低应力集中程度，但焊接时较麻烦，只能在设备结构及容器内径允许的条件下采用。

3. 内伸式接管的焊接结构

在容器内部结构及容器直径允许的条件下采用内伸式接管焊接形式比相应的补强板接管的焊接结构要好，见图 8-27。

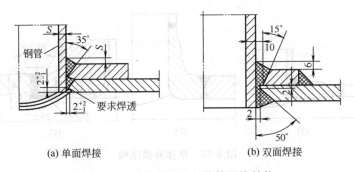

(a) 单面焊接　　　　　　(b) 双面焊接

图 8-25　带外侧补强的接管焊接结构

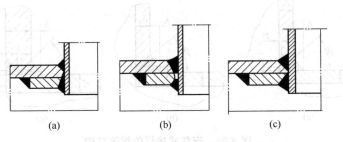

图 8-26　带内侧补强的接管焊接结构

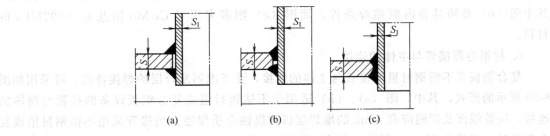

图 8-27　内伸式接管的焊接

4. 整体补强的结构形式

在下列情况下，应在接管与筒体连接中采用整体补强：

① 筒体材料为高强度钢（σ_s＞4MPa）和铬钼钢（15CrMo、12CrMo）；
② 补强厚度超过被补强件壁厚的 1.5 倍；
③ 设计压力≥4MPa；
④ 设计温度＞350℃或≤-20℃；
⑤ 容器内介质为剧毒；
⑥ 受疲劳载荷的容器；
⑦ 壳体（或封头）壁厚＞38mm。

图 8-28 所示为接管的整体补强结构。其中，图（a）为焊接式补强，便于制作，但较锻造结构补强差；图（b）为锻造元件补强，可适用于低温、高压或厚壁容器的接管焊接。

5. 安放式接管的焊接结构

图 8-29 所示为安放式接管的焊接结构。其中，图（a）可用于温度梯度大的工况，在保证焊透时可用于中压、高压和超高压容器管接头的连接。图（b）、(c) 均适用于压力、温度

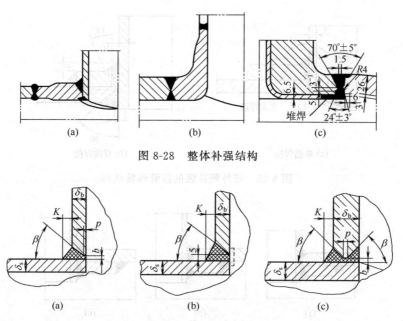

图 8-28 整体补强结构

图 8-29 安放式接管的焊接结构

有较大波动及内部有腐蚀介质的工况,并可用于低温及储存Ⅰ、Ⅱ级毒性危害介质的容器,其中图(b)必须具备内侧施焊条件,而图(c)则多半用于 Cr-Mo 钢及 $\sigma_s \geqslant 392\text{MPa}$ 的材料。

6. 衬里容器接管与主体的连接

复合钢板及不锈钢衬里的接管与主体的连接,要考虑到复合层的焊接特点,可采用如图 8-30 所示的形式,其中,图(a)、(b)适用于不锈钢衬里或复合钢板设备的接管与筒体的连接,接管端面及焊缝应有 4mm 的堆焊层以防腐蚀介质侵蚀。当接管采用不锈钢衬里或复合钢板时,可采用图(c)结构,衬管可伸入容器内 L 尺寸,待堆焊后一起磨平。图(d)

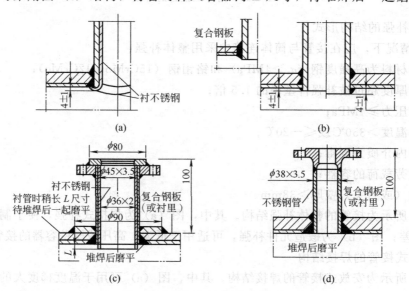

图 8-30 衬里容器接管与主体连接的结构

结构适用于不锈钢接管与不锈钢衬里或复合钢板容器的连接,图(d)与(c)结构的容器直径应≥500mm。

(四) 钢凸缘和管嘴的焊接接头

在带搅拌的容器设备中常会遇到钢凸缘结构,而设备上的温度、压力等自控测量仪表的接口常采用管嘴的形式。对不承受脉动载荷的容器凸缘与壳体可用角焊缝连接,如图8-31所示。

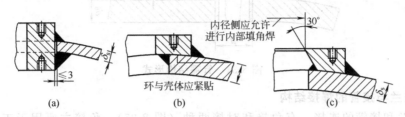

图 8-31 凸缘与壳体的角接形式

压力较高或要求焊透的容器应采用对接焊缝连接的凸缘,其焊接结构形式见图8-32。

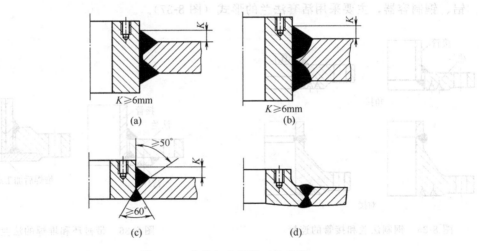

图 8-32 凸缘与容器的对接连接

管嘴的焊接接头形式见图8-33,其中,图(a)、(d)用于直径≤500mm的容器或不能

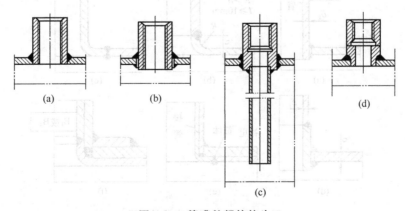

图 8-33 管嘴的焊接接头

进入内部焊接的容器,图 (b)、(c) 用于可以进入内部焊接的容器,一般可使用在压力 1.0MPa 以下。当螺纹部分长度接近壁厚时,可在主体上堆焊至需要厚度后,再加工平面和螺纹,使 $h < \delta_n/2$ 且不大于 10mm,结构形式可见图 8-34。

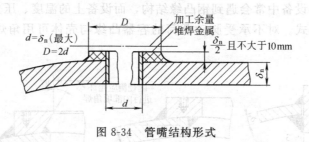

图 8-34 管嘴结构形式

(五) 法兰与接管的焊接结构

钢制法兰和接管的连接,有角接和对接两种(图 8-35)。角接主要用于工作压力 $p_s \leqslant 2.5$MPa 的容器,对接一般用于较高压力容器。为了节约不锈钢,对于公称直径 $DN \geqslant 100$mm 的不锈钢种复合钢板制造的容器,法兰经常采用衬环和堆焊不锈钢的形式(图 8-36)。铝、铜制容器,主要采用活套法兰的形式(图 8-37)。

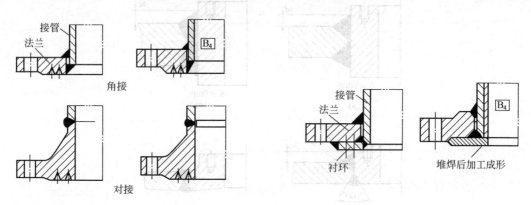

图 8-35 钢制法兰和接管的连接　　　　图 8-36 带衬环和堆焊的法兰

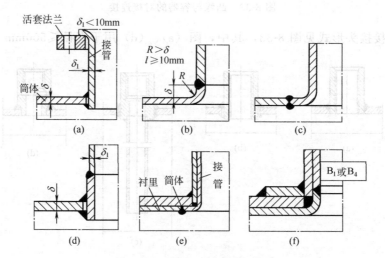

图 8-37 铝及衬铝容器的开孔

(六) 管板与筒体及管子的焊接接头

1. 管板与筒体的焊接接头

管板与筒体的连接形式由换热器的形式决定。固定管板换热器的管板与筒体的连接，由于多数无人孔，所以有一端或两端需用单面焊接接头。管板兼作法兰时与筒体连接的结构可见图 8-38。图 8-38（a）为不焊透单面焊对接接头，只宜用于筒壁 $\delta > 10\text{mm}$，$p_s \leqslant 1\text{MPa}$ 场合，而不宜用于易燃、易爆、易挥发及有毒介质的场合。对于 $p_s \geqslant 1\text{MPa}$ 的容器可选用带衬环或带锁口的接头形式，其中图 8-38（b）、(c) 结构可用于 $p_s \leqslant 4\text{MPa}$，而 $p_s > 4\text{MPa}$ 时可选用图 8-38（d）、(e) 结构形式。对于管板与筒体焊接后需经热处理的容器，可采用带短节筒体的接头形式，见图 8-38（f）。

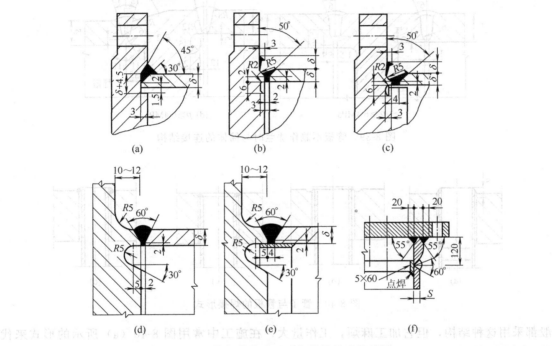

图 8-38　管板兼作法兰时与筒体的连接结构

当管板不兼作法兰或位于筒体内部时，可采用图 8-39 的形式，图 (a)、(b) 结构宜用于 $p_s \leqslant 4\text{MPa}$ 的场合，而 $p_s \geqslant 6.4\text{MPa}$ 时可用图 (c)、(d) 结构。

2. 管板与管子的焊接接头

管板与管子的连接形式有胀接、焊接和胀焊联合结构，选用时应根据压力、温度、介质及管子尺寸等条件综合考虑。胀接一般适用压力 $p_s \leqslant 4\text{MPa}$，操作温度 $<350℃$，其中贴胀时管孔采用光孔形式，当要承受较大拉脱力时可采用强度胀接，管板的管孔可开一至两条环形槽孔，有时可用管端翻边的方法来提高抗拉脱力。管子与管板的焊接结构，由于管孔不需开槽，而且管孔的粗糙度要求不高，加工制造简便，抗拉脱力强，结构强度高，补焊、拆卸都比更换胀管方便，目前应用较为广泛，通常称强度焊，若管子仅高出管板 1mm，称密封焊，只能保证管子与管板连接的密封性能而不能保证其拉脱强度，典型的结构可见图 8-40。图 8-40（a）是最常用的焊接结构形式。为避免停车后管板上积有残液，同时减少流体进入管口时的阻力，可采用图 8-40（c）结构。图 8-40（b）结构在管孔周围开沟槽，能减小焊接应力，适用于管板经焊接后（氩弧焊）不允许产生变形的场合，不锈钢管和管板的焊接一

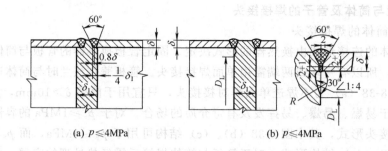

图 8-39 管板不兼作法兰时与筒体的连接结构

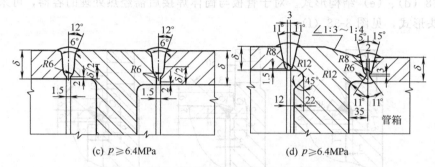

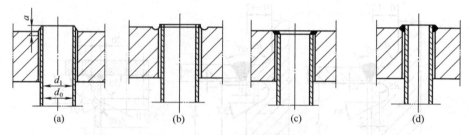

图 8-40 管子与管板的焊接形式

般都采用这种结构，但它加工麻烦，工作量大，在施工中常用图 8-40（a）所示的形式来代替。小直径管子在不能采用胀接时，常采用图 8-40（d）所示的焊接形式。

对密封性能要求较高的场合，承受振动或疲劳载荷的场合，及有间隙腐蚀和采用复合管板的场合，应采用胀焊联合的结构。这种结构可根据需要先胀后焊或先焊后胀。先胀后焊时因先胀管可提高焊缝抗疲劳的性能，且管壁贴合于管板孔壁，可防止焊接时产生裂纹，但胀管残留的润滑油易在焊接中产生气孔，严重影响焊缝质量。而先焊后胀可不必清理胀管后残留的油污，但对焊后胀管时的胀管位置要求较高，必须保证在 10～12mm 的范围内不进行胀接，否则容易损坏焊缝。这种方式目前采用较多。在胀焊联合结构中常用的是强度胀接加密封焊（图 8-41）和强度焊加贴胀（图 8-42），前者是以胀接来承受作用力，用密封焊来保证密封性，而后者是以焊接承受作用力，用贴胀来消除管子与管板之间的间隙。

目前，国外已发展了用爆炸胀接来连接管子与管板的方法。采用爆炸胀接加密封焊或强度焊的结构，不但连接强度高，而且胀接效率高，管壁能牢固紧贴在管板孔上，爆炸胀接不需要用润滑油，管端无油污存在，对胀后焊接有很大好处，可适用于薄壁管、厚壁小直径及大厚度管板的胀接。当管子的管端泄漏后，在不能用机械胀管修复时，采用爆炸胀接进行修理效果很好。

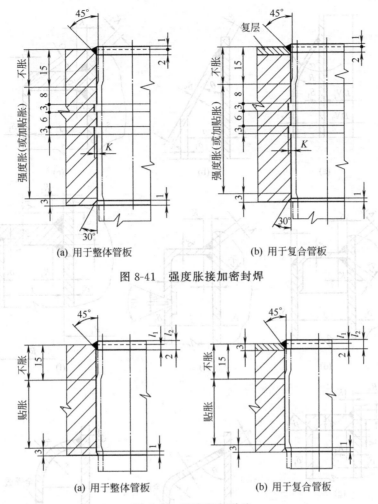

图 8-41 强度胀接加密封焊

图 8-42 强度焊加贴胀

（七）筒体与夹套连接的焊接结构

反应釜和真空设备由于加热和冷却工艺的需要都常带有夹套结构，这种夹套结构可分为不可拆和可拆两种形式。不可拆夹套肩的形式可见图 8-43。图（a）、（b）结构，一般使用于操作压力 1.6MPa 以下；图（c）、（d）、（e）结构制造简单，适用于夹套内压力较低，且介质为非易燃、易爆和无毒的场合；图（f）、（g）、（h）结构可适用于中、低压条件；图（i）结构是最常用的夹套结构，而图（j）结构连续，受力状况好，可适用于各种夹套连接结构，但封闭件制造较困难。不可拆夹套底的形式可见图 8-44，图示结构可分别适用于椭圆、碟形和锥形封头。可拆式夹套结构见图 8-45，而其夹套底部的结构可见图 8-46。可拆式结构一般适用于低压及小直径设备。

（八）容器支座及其与主体的连接

1. 卧式容器的支座

卧式容器大多采用鞍式支座。具体尺寸可根据容器直径大小及质量参阅 JB 1167—81《鞍式支座》选用，根据容器直径，在 $DN=150\sim4000$mm 范围内可分成四种标准系列，同一直径的鞍式支座分 A 型（轻型）、B 型（重型）。每种类型又分为 I 型（固定支座）、Ⅱ型

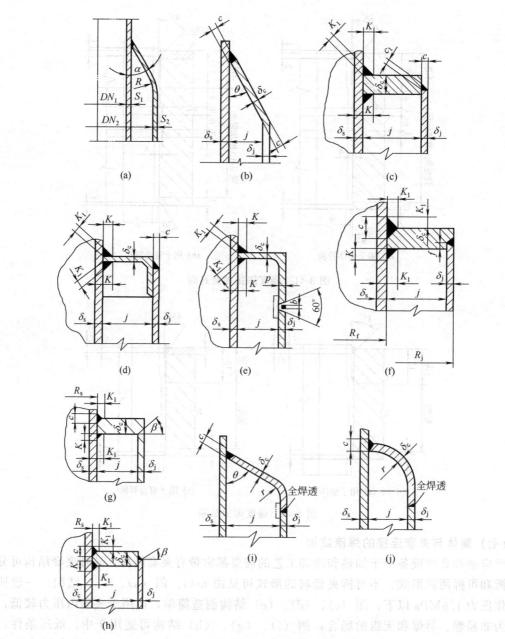

图 8-43 筒体与夹套不可拆连接的焊接结构

(活动支座),两者除地脚螺栓孔不同外,其余均相同,常一起配对使用。

鞍座与主体连接有加衬板及不加衬板两种(图 8-47)。有下列情况之一时应加衬板:

① 壳体材料的焊接性较差;
② 壳体的刚性差;
③ 壳体与支座材料的强度相差较大(如铝壳体加钢支座);
④ 壳体在焊接支座前已经过热处理。

采用鞍座的卧式容器,支座与容器连接的焊缝受力很小,因此角焊缝的焊脚不宜过大,一般均为间断焊缝。

第八章 典型焊接钢结构

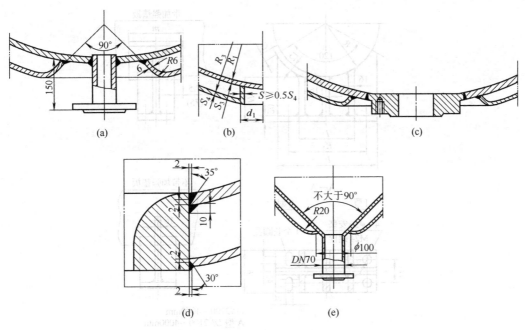

图 8-44 不可拆夹套设备的底部结构

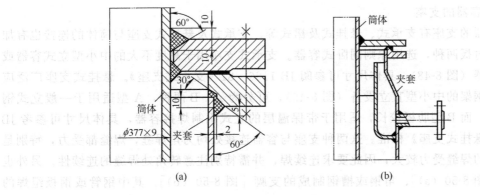

图 8-45 可拆式夹套结构

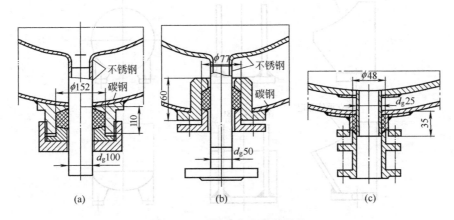

图 8-46 可拆式夹套底部结构

253

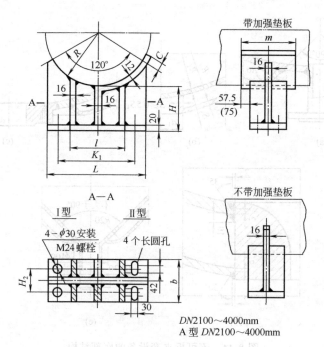

图 8-47 鞍座与主体的连接

2. 立式容器的支座

立式容器的支座有支承式、悬挂式及裙式等。支承式及悬挂式支座与筒体的连接也有加衬板及不加衬板两种，选用原则同卧式容器。支承式支座用于高度不大的中小型立式容器或小型卧式容器（图 8-48），具体尺寸可参阅 JB 1166—81《支承式支座》。悬挂式支座广泛应用于现场有钢架的中小型直立设备（图 8-49），可分为 A、B 两种，A 型适用于一般立式钢制焊接容器，而 B 型肋板较长，适用于带保温层的立式钢制焊接容器，具体尺寸可参考 JB 1165—81《悬挂式支座》标准。这两种支座与容器连接处均为角焊缝，焊缝都受力，特别是悬挂式支座的焊缝受力较大，因此要求连续焊，并需特别注意转角处焊缝的连续性。另外也有用钢管［图 8-50（a）］、角钢或槽钢制成的支脚［图 8-50（b）］，其中钢管或钢板组焊的

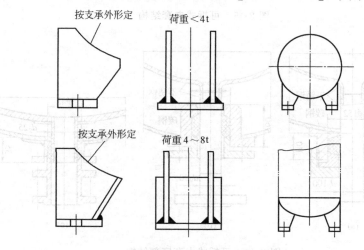

图 8-48 支承式支座

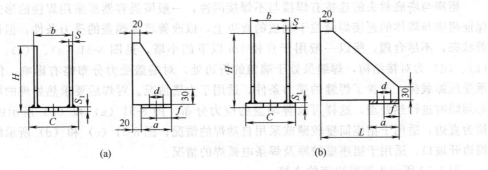

图 8-49　悬挂式支座

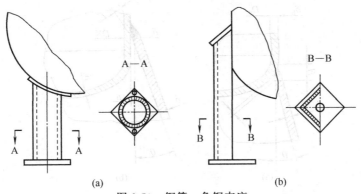

图 8-50　钢管、角钢支座

支承式支座常焊在容器的底盖上；角钢或槽钢制成的支脚则焊在筒体的下侧。

裙式支座主要适用于高大的塔类容器，有圆筒形和圆锥形两种（图 8-51）。圆筒形裙座制造方便，较经济，在塔的支承中应用较广。但对受力情况较复杂的塔，由于圆筒形结构尺寸的限制，不能配制足够的地脚螺栓，因此需采用圆锥形裙座。

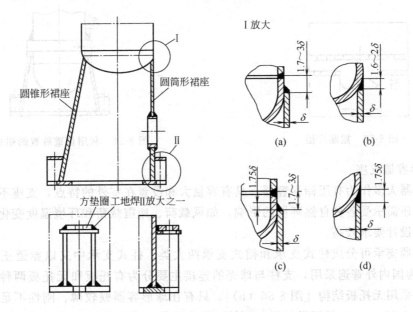

图 8-51　裙式支座

裙座与塔底封头的连接有焊接与不焊接两种，一般塔类容器都采用焊接的形式。搭接可保证裙座与塔体的连接焊缝位于端盖的直边上，以改善塔体端盖的受力条件，但焊缝处于受剪状态，不尽合理，所以一般用于直径 1m 以下的小塔，见图 8-51 (a)、(c)。图 8-51 中 (b)、(d) 为对接结构，焊缝虽处于端盖的折边处，对端盖受力分布略有影响，但它使焊缝承受压缩载荷，改善了焊缝的受力条件，适用于大塔情况。对焊后要求热处理的塔，此焊缝必须同时进行热处理，这样可改善端盖的应力分布。图 8-51 (a) 和 (b) 所示的接头裙座筒为直边，适用于裙座筒壁较薄或采用自动焊的情况；图 8-51 (c) 和 (d) 所示的接头裙座筒边开坡口，适用于裙座壁较厚及焊条电弧焊的情况。

图 8-52 所示为锥形裙座的连接。

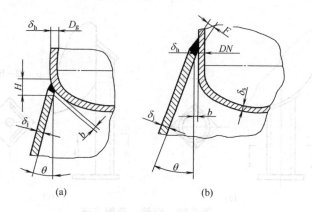

图 8-52 锥形裙座的连接

裙座与封头的连接焊缝如遇到封头的拼接焊缝时，应在裙座上开槽避开，如图 8-53 所示。

单层厚壁塔的裙座，可采用图 8-54 的形式，在筒体上焊上一支承圈，利用容器的自重放置于裙式支座上，此种形式只宜安装于风载荷较小的地方。

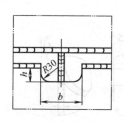

图 8-53 裙座开槽

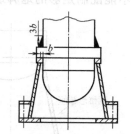

图 8-54 利用自重放置的裙式支座

3. 球形容器支座

球形容器大多作为有压储存容器，具有容量大和设置在室外的特点，支座不仅要承受较大的重力，还需承受各种自然环境的影响，如风载荷、地震载荷和环境温度变化的作用，因而对支座的设计要求较高。

球形容器支承可分成柱式支承和裙式支承两大类。柱式支承中又以赤道正切柱式支座 (图 8-55) 为国内外普遍采用，支柱与球壳的连接主要分为有托板和无托板两种结构，一般标准设计都采用无托板结构 [图 8-56 (b)]。只有在球形容器壁较薄、刚性不足时才用有托板结构 [图 8-56 (a)]，托板虽能增加刚性，但也增加了搭接焊缝，在低合金高强钢的施焊中易产生裂纹，探伤也较困难。此外，还有 V 形柱式支柱［图 8-57（a）］和三柱会一形柱式［图 8-57（b）］。支柱与球完连接端部结构，可分为平板式［图 8-56（a）］及半球式［图 8-56（b）］两种，后者受力合理，都为引进球形容器采用。支柱与球壳连接的下部结构，分为直接连接［图 8-56（b）］和有托板连接［图 8-56（a）］两种，有托板结构可以改善支承和焊接条件，并便于焊缝检验。连接支柱的拉杆是承受风载荷及地震载荷的部件，可增加球罐的稳定性，拉杆结构可分为可调式（图 8-58）和固定式（图 8-59）两种，可调式拉杆分成长短两段，用可调螺母连接，以调节拉杆的松紧度，其结构形式有单层交叉可调式拉杆［图 8-58（a）］和双层交叉可调式拉杆等，拉杆与支柱的连接见图 8-58（b）。固定式拉杆由于不能调节则很少采用。

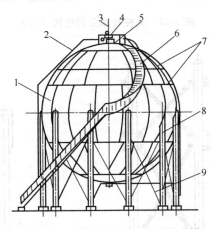

图 8-55　赤道正切柱承单层壳球罐
1—球壳；2—液位计导管；3—避雷针；4—安全泄放阀；5—操作平台；
6—盘梯；7—喷淋水管；8—支柱；9—拉杆

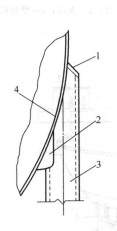 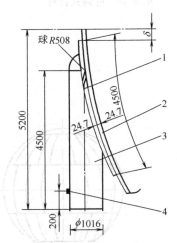

(a) 无补强板平板顶有托板结构的柱头　　　　(b) 有补强板半球无托板结构的柱头

1—端板；2—托板；3—支柱；4—球罐　　　　1—加强板；2—赤道球瓣；3—支柱；4—可熔塞

图 8-56　支柱与球壳的连接（一）

裙式支承包括圆筒裙式支柱［图 8-60（a）］、锥形支柱［图 8-60（b）］等，由于支座低，球体重心低，支座稳定性较好，金属材料节省，但一般仅适用于小型球形容器。

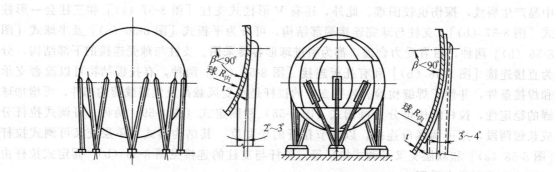

(a) V形柱式支承球罐　　　　(b) 三柱会一形柱式支承球罐

图 8-57　支柱与球壳的连接（二）

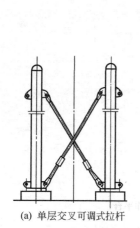

(a) 单层交叉可调式拉杆　　(b) 双层交叉可调式拉杆

图 8-58　可调式拉杆

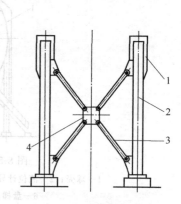

图 8-59　固定式拉杆

1—补强板；2—支柱；3—管状拉杆；4—中心板

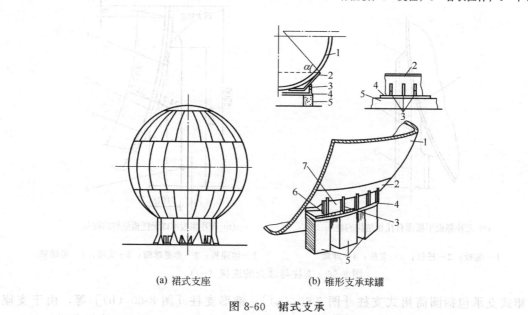

(a) 裙式支座　　　　(b) 锥形支承球罐

图 8-60　裙式支承

1—球壳；2—圆锥壳；3—肋板；4—支承底板；5—混凝土底座；6—内护板；7—外护板

三、圆筒形压力容器的生产工艺

目前，工业生产中最典型和最常用的结构形式是圆筒形和球形容器。下面重点介绍这两种焊接结构的生产工艺。

(一) 圆筒形压力容器的基本结构

根据结构特点和工作要求，圆筒形压力容器主要由筒体、封头及附件（如法兰、开孔补强、接管、支座）等部分组成，如图 8-61 所示。

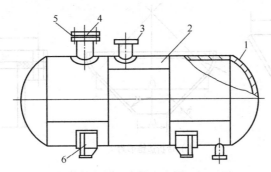

图 8-61　圆筒形压力容器结构图
1—封头；2—筒体；3—接管；4—人孔盖；5—人孔；6—支座

1. 筒体

筒体是圆筒形压力容器的主要承压元件，它构成了完成化学反应或储存物料所需的最大空间。筒体一般由钢板卷制或压制成形后组装焊接而成。当筒体直径较小时，可采用无缝钢管制作。对于即轴向尺寸较大的筒体，利用环焊缝将几个筒节拼焊制成。根据筒体的承载要求和钢板厚度，其纵向焊缝和环向焊缝可采用开坡口或不开坡口的对接接头。对于承受高压的厚壁容器筒体，除了采用单层厚钢板制作外，也可采用层板包扎、热套、绕带或绕板等工艺制作多层筒体结构。

2. 封头

封头即是容器的端盖。根据形状的不同，分为球形封头、椭圆形封头、碟形封头、锥形封头和平板封头等结构形式，如图 8-62 所示。

(二) 圆筒形压力容器的制造工艺

由于圆筒形压力容器的基本结构都是由容器主体和一些零部件组成，因而各种圆筒形压力容器的制造过程基本相同。下面以如图 8-63 所示的典型压力容器——储槽为例介绍其具体加工工艺过程。

1. 封头的制造

目前封头多采用椭圆形结构，它一般由容器制造厂或封头专业加工厂制作。封头的制造工艺大致如下。

（1）坯料拼焊　封头一般多用整块板料冲压，但当钢板宽度不够时，可采用钢板拼接。通常有两种方法：其一是用瓣片和顶圆板拼接而成，这时焊缝方向只允许是径向或环向，如图 8-64 所示。按规范要求，其径向焊缝之间最小距离应不小于名义厚度 δ_n 的 3 倍，且不小于 100mm；另外一种是用两块或左右对称的三块板材拼焊，其焊缝必须布置在直径或弦的方向上。拼焊后，焊缝不能太高，否则冲压时模具与焊缝间将产生很大的摩擦，阻碍金属流

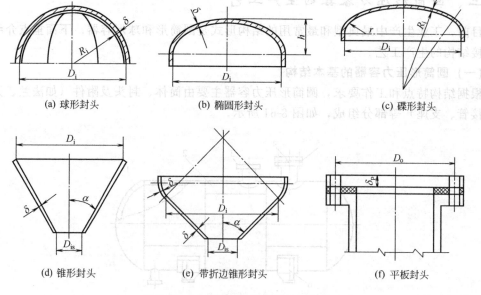

图 8-62 压力容器常用封头结构形式

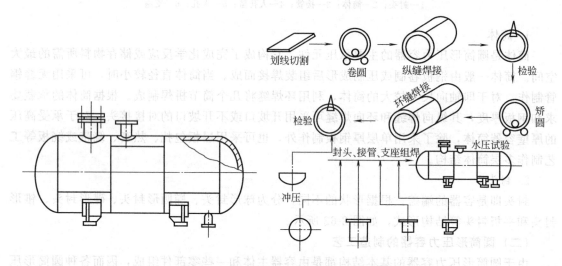

图 8-63 圆筒形压力容器制造工艺流程

动,同时可能因变形不均匀产生鼓包现象。加上冲压时边缘部分增厚,摩擦和受力都很大。为此,靠边缘部分的焊缝也应打磨平整。

(2) 坯料加热成形 在封头冲压过程中,为避免加热时变形太大和氧化损失过大,以及冲压时坯料丧失稳定性,除薄板坯料采用冷冲压外,绝大多数封头是利用金属坯料塑性变形大的特点,多选择热冲压成形。热冲压时,为保证成形质量,对坯料采用快速加热,并控制加热的起始温度。对低碳钢加热温度为 900~1050℃,终止温度约为 700℃。由于冲压变形量大,一般应取上限值。另外坯料加热时,为防止脱碳及产生过多的氧化皮等,可在坯料表面涂抹一层加热保护剂。封头压制是在水压机或油压机上,用凹凸模具一次压制成形。在设备条件允许的情况下,还可以采用旋压或爆炸成形的工艺制作封头。

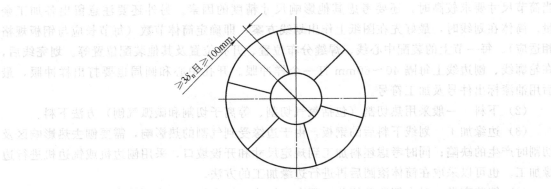

图 8-64 拼焊封头

(3) 封头边缘的切割加工　由于封头压延变形量很大，坯料尺寸很难确定，因而在压制前坯料必然放有余量，同时为了与筒体装配，对已经成形的封头还要正确切削其边缘。有时切割封头边缘可与焊接坡口加工合在同一工序中完成（当封头不再用机械加工方法加工时）。切削边缘时，一般应先在平台上划出保证封头直边高度的加工位置线，然后用氧气切割或等离子切割割去加工余量，具体可采用图 8-65 所示的立式自动火焰切割装置来完成。

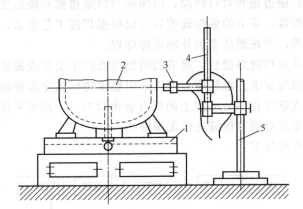

图 8-65　立式自动火焰切割装置
1—花盘；2—封头；3—切割嘴；4—导杆；5—支架

(4) 封头的机械加工　若封头的断面坡口精度要求较高或其他形式坡口需机加工，可以在立式车床上车削，以适合与筒体焊接。如果封头上开设有人孔密封面也可一并加工。封头加工完后，应对主要尺寸进行检验，以保证能与筒体装配焊接。

封头制造的工艺流程如下：

划线 → 气割下料 → 拼焊 → 压制成形 → 划出余量 → 切割 → 机械加工 → 检验 → 装配

2. 筒体节的制造

当筒体直径在 800mm 以下时，可以采用单张钢板卷制圆筒体，这时筒体节上只有一条纵向焊缝（筒体纵向焊缝数与可供使用的钢板的最大尺寸有关）；当筒体直径为 800～1600mm 时，可用两个半圆筒合成，筒体节上有两条纵焊缝；若筒体直径为 1000～3000mm 或更大时，应视钢板的规格确定筒体节上采用一条或两条纵焊缝。

(1) 划线　筒体卷制成形后应是一个精确的圆柱形，因此在划线时，应考虑板厚及坯料弯曲变形对直径的影响。通常筒节下料的展开长度 L 按筒节中性层直径 D_m 作为计算依据。

当筒节尺寸要求较高时,还要考虑其他影响尺寸精度的因素。另外还要注意留出各加工余量。筒体在划线时,最好先在图纸上作出划线方案,即确定筒体节数(每节长应与钢板规格相适应)、每一节上的装配中心线、焊缝分布位置、开孔位置及其他装配位置等。划完线后,在轮廓线、刨边线上每隔 40～60mm 打一个样冲眼。开孔中心和圆周也要打出样冲眼,最后用油漆标出件号及加工符号。

(2) 下料　一般采用热切割(包括氧气切割、等离子切割和碳弧气刨)方法下料。

(3) 边缘加工　划线下料后的钢板,由于边缘受到气割的热影响,需要刨去热影响区及切割时产生的缺陷;同时考虑坯料加工到规定尺寸和开设坡口,采用刨边机或铣边机进行边缘加工。也可以采取在筒体滚圆后再进行边缘加工的方法。

(4) 筒节弯卷　对本例薄壁筒节,可在三辊或四辊卷板机上冷卷制作。卷制过程中要经常用样板检查曲率,卷制后保证其纵缝处的棱角、径纵向错边量均符合规范中的有关技术要求。

(5) 纵缝组对与焊接　纵缝组对要求比环缝高得多,但纵缝的组对比环缝简单。对薄壁小直径筒节,可在卷板后直接在卷板机上组对焊接。对厚壁大直径筒节要在滚轮架上进行。组对时需要一些装配夹具或机械化装置,如螺钉拉紧器、杠杆螺旋拉紧器等,利用它们来校正两板边的偏移、对口错边量和对口间隙,以保证对口错边量和棱角度的要求。组对好后即可进行定位焊和纵缝焊接,筒节的纵焊缝坡口可以根据焊接工艺要求,在卷制前加工好。筒体纵缝一般采用双面焊,并按照从里到外的顺序施焊。

(6) 筒节矫圆　纵向焊缝焊接后,筒节的圆形可能产生变形或偏差,对此需要用卷板机进行滚轧矫形以满足圆度要求。滚轧矫形可以采用热滚矫形或冷滚矫形。对于壁厚在 25mm 以上的低碳钢材料,或壁厚在 10mm 以上的低合金钢材料,一般可采用热滚矫形。

接下来,还应按要求对筒节焊缝进行无损探伤。

筒节制造的工艺流程如下:

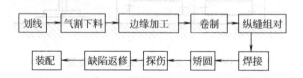

3. 容器的总装

容器总装包括筒节与筒节、筒节与封头以及接管、法兰、人孔、支座等附件的装配。

(1) 筒节间的装配　这种装配是在完成筒节纵向焊缝,并对筒节已经检验矫形后进行。筒节间的环缝装配要比纵缝装配困难得多。虽然筒节在前述加工过程中已利用卷板机、推拉夹具等工艺装备对其进行过矫形,但仍有可能还会出现各种不太精确的情况,因此筒节间装配时,仍需要使用压板、螺栓、推撑器等夹具。筒节间的装配一般采用立装或卧装方式,装配前可先测量其周长,然后根据测量尺寸采用选配法进行装配,以减小错边量。也可以在筒体两端内使用径向推撑器,把筒节两端撑圆后进行装配。另外,相邻筒节的纵向焊缝应错开一定的距离。

(2) 封头与筒节的装配　仍然可以采用立装或卧装。在小批量生产时,封头与筒节一般采用手工的卧式装配方法,如图 8-66 所示。即在滚轮支架上放置筒体,并使筒节端部伸出支架 400～500mm 以上。在封头上焊一个吊环,用起重机吊起封头,移至筒体端部,相互对准后横跨焊缝焊一些刚性不大的小板,用于固定封头与筒节间的相互位置。移去起重机后，用螺栓压板等将环向焊缝逐段对准到适合于焊接的位置，再用"Ⅱ"形马横跨焊缝并用点固焊固定。

在成批生产时，用上述装配方法显然很费事，所以一般采用专用的封头装配台来完成。

（3）筒体开孔　容器附件主要是设备上的各种接管、人手孔及支座等。附件装焊前要在筒体上按图样要求确定开孔中心，划出中心线和圆周开孔线，打上冲眼，并用色漆标上主中心线的编号，然后切出孔和坡口。按照规定要求，开孔中心位置允许偏差为±10mm。开孔可用手工气割或机械化气割，大型制造厂也采用机械自动化气割开孔机开孔。

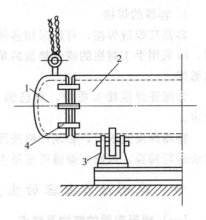

图 8-66　封头与筒节的装配
1—封头；2—筒体；3—滚轮；4—搭板

（4）接管组焊　接管与筒体组对时，先把接管插入筒体开孔内，然后用点焊在短管上的支板或用磁性装配手定位好，如图 8-67 所示。接下来按筒体内表面形状在短管上划相贯线，将接管多余部分切去，再把接管插入筒体内用磁性装配手或支板定位好，先从内部焊满，而后从外面挑焊根后焊满。对接管上需要连接法兰时，安装接管应保证法兰面的水平和垂直，其偏差不得超过法兰外径的1%，且不大于3mm。若设计有专用夹具，可以直接准确地将接管装焊在筒体上。

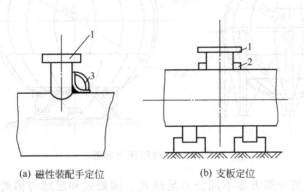

(a) 磁性装配手定位　　(b) 支板定位

图 8-67　接管在筒体上的安装方法
1—接管；2—支板；3—磁性装配手

（5）支座组焊　本例卧式设备采用鞍式支座，其基本结构如图 8-68 所示。在底板上划好线，焊上腹板和纵向立肋，组焊时需保证各零件与底板垂直。然后将弯制好的托板与腹板和纵向立肋组焊，最后，将支座组合件焊在筒体预先划好的支座位置线上。

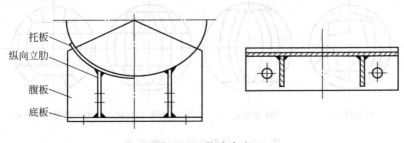

图 8-68　鞍式支座

4. 容器的焊接

容器环焊缝焊接，可以采用各种焊接操作机进行双面焊。但在焊接容器最后一道环焊缝时，应采用手工封底的或带垫板的单面自动埋弧焊。其他附件与筒体的焊接，一般采用焊条电弧焊。

为保证焊接接头质量，对已编制的将用于生产的每项焊接工艺，需要进行焊接工艺评定。

容器焊接完成后，必须严格按照 GB 150—1998 中的压力容器制造与验收要求，用各种方法进行检验，以确定焊缝质量是否合格。

四、球形压力容器的生产工艺

(一) 球形容器的结构及特点

球形容器是一种先进的大型压力容器，通常又称为球罐，如图 8-69 所示。它主要用来储存带有压力的气体或液体。

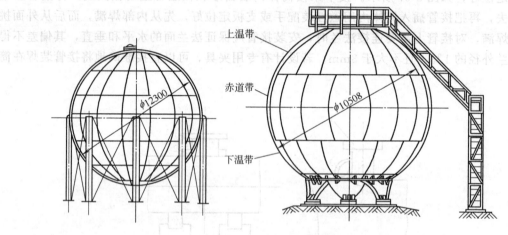

图 8-69 球形压力容器

球形容器的结构按分瓣方案不同分为足球式、橘瓣式和足球与橘瓣混合式等形式，如图 8-70 所示。其中足球式球罐分为四边形和六边形两种，四边形球瓣有 24 块，六边形球瓣共有 48 块，如图 8-70（a）所示。这种结构的优点是球瓣只有一种形式，尺寸都一样，制造方便，材料利用率高，焊缝总长度较短。但由于焊缝布置较复杂，对现场组对和采用自动焊不方便，现在国内较少使用。

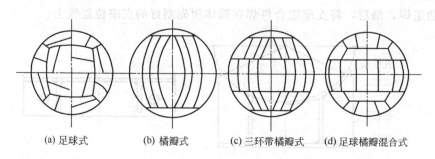

(a) 足球式　　(b) 橘瓣式　　(c) 三环带橘瓣式　　(d) 足球橘瓣混合式

图 8-70 球形容器的分瓣形式

橘瓣式球罐根据直径大小和钢板尺寸，可制作成单环带、双环带直至九环带结构。目前工业上应用较多的则是三环带橘瓣式球罐，如图 8-70（b）、（c）所示。它的主要优点是只有水平和垂直方向两种焊缝，安装方便，利于自动焊焊接。不足的是各带球瓣的形状和尺寸不同，互换性差，制造工作量较大。

足球橘瓣混合式球罐的中部采用橘瓣式，南北极各有三块与赤道带不同的橘瓣片，温带为尺寸相同的足球瓣，如图 8-70（d）所示。这种结构有四种规格的球瓣，瓣材利用率高，制造方便，现场组装工作量不大，常用作大型球罐。

（二）球形容器的制造工艺

由于球形容器直径较大，受运输条件限制，一般不能在容器制造厂全部完成制造和组装工作。通常是制造厂制作完球瓣及其他零件后在厂内预装，然后将零件编号，分瓣片在现场组装焊接。因此，球瓣的分片方案、瓣片的下料、坡口加工、装配精度等尺寸必须确保质量。同时制造工艺还必须满足球形容器现场组装的要求。

球形容器的一般制造工艺流程是：

下料 → 球瓣制造 → 对焊组装 → 焊接 → 焊缝检验 → 安装附件 → 水压试验

1. 球瓣制造

球瓣制造在整个球形容器制造中是一个很重要的生产工艺过程。它主要包括：钢材检验、平面划线、切割成形、球面划线、开坡口、检验等。

（1）球瓣划线下料　由于球面是不可展曲面，所以球片的划线下料有多种方法。常用的下料方法是瓣片法，又称为经纬线下料法或西瓜瓣法。利用此法展开为近似平面后，压延成球面，再经简单修整即成为一个瓣片。另外也可以按计算周边适当放大，切成毛料，然后压制成形后二次划线，精确切割出瓣片，此法称为二次下料，目前应用比较普遍。

（2）球瓣成形　球瓣成形的方法有模压法和卷制法两种，生产中主要采用模压法。模压法又分为热压成形和冷压成形。热压成形时，先将板坯放入加热炉内均匀加热到 900～1000℃，取出坯料放到冲压设备模具上冲压成形。一次冲压成形后再进行冷矫。由于热压成形操作费用较高，劳动条件差，所以只有当直径小，曲率大和板坯较厚，并受压力机能力限制无法冷压时，才采用热压成形。如采用冷压成形，无需加热，直接将板坯放在模具上，往复移动，压力机每次冲压坯料的一部分，压一次移动一定距离，相继两次加压行程范围要有一定重叠面积，这样可以避免工件局部产生过大的突变和折痕。一般压到三遍即可成形。冷压成形无氧化皮，成形美观，制造精度高，比较适合制造大型球瓣，所以冷压成形已经成为球形容器球瓣加工的主要方法。

（3）切割坡口　将加工好的球瓣按划出的切割线切出坡口，如图 8-71 所示。对薄壁球瓣可用 V 形坡口。对厚壁球瓣一般采用偏 X 形坡口，钝边不宜过大，赤道带和下温带环缝以上的焊缝，大坡口在里，即里面先焊；下温带环缝及以下的焊缝，大坡口在外，即外面先焊。切割坡口时最好用三

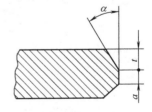

图 8-71　球罐坡口形式

支割具同时进行，以减少球瓣的受热次数，同时也可以缩短加工时间。

（4）检验　球瓣成形的好坏，将直接影响组装的质量和难度。

因此在球瓣成形加工中必须严格检验，除符合 GB 150—1998 钢制压力容器的有关规定外，还应满足球形容器制造的有关技术要求。

2. 球罐的组装

球罐一般直径较大，多属超限设备，在容器制造厂只能完成球瓣和附件的加工，组装工作需要在现场进行。球罐的装配方法很多，有散装法（亦称逐片或组合件吊装法）、胎装法和球带组装法，目前则以现场散装法使用较为普遍。散装法就是借用中心立柱将瓣片或组合瓣片直接吊装成球体的一种安装方法。其特点是以先安装的赤道带为基准，以此向上下两端装配。整个球罐的质量由支柱来承担，有利于球罐定位，稳定性好，且辅助工具较少。图8-72 所示为散装法的组装示意图。

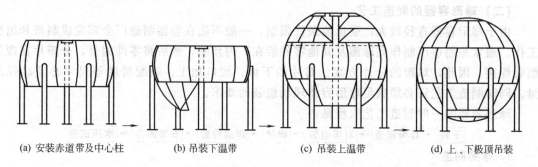

(a) 安装赤道带及中心柱　　(b) 吊装下温带　　(c) 吊装上温带　　(d) 上、下极顶吊装

图 8-72　球罐散装法的组装示意

球罐现场散装时，在基础中心放一根作为装配或定位用的支柱，如图 8-73 所示。它由直径为 300～400mm 的无缝钢管制成，分段用法兰连接。装赤道板时，用于拉住瓣片中部，并用花篮螺钉调节和固定位置。装下温带时，先把下温带板上口挂在赤道板下口，再夹住瓣片下口，通过钢丝绳吊在中心柱上。为了调节和拉住下温带板，可以在钢丝绳中间加一神仙葫芦。装上温带板时，它的下口搁在赤道板上口，再用固定在中心柱上的顶杆顶住上口，通过中间的双头螺钉调节位置。温带板全装好后，拆除中心柱。

由于棱角、错边和强制装配都会造成应力集中，因此球罐组装时应避免，并应达到如下技术要求：手工电弧焊的装配间隙为 (3 ± 2)mm；等厚度球壳板的错边量 $e\leqslant 0.1\delta$（δ 为板厚）且不大于 3mm，相邻板厚度差小于 3mm 时，错边量 $e\leqslant 0.1\delta_1+(\delta_2-\delta_1)$ 且不大于 4mm；组装后用样板测量对接接头的棱角（包括错边量），应不大于 7mm。

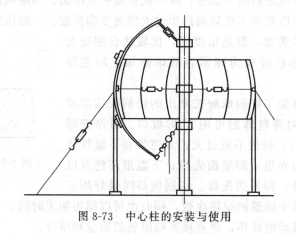

图 8-73　中心柱的安装与使用

3. 球罐的焊接

一般情况下球罐的焊接采用焊条电弧焊完成，焊前应严格控制接头处的质量，并在焊缝

两侧预热,预热温度一般为100~200℃。同时应按国家有关规范进行焊接工艺评定。

球罐的焊接,可以将壳体完全组装后,先焊纵缝后焊环缝;或先焊每个环带的纵缝,然后再焊各环带间的环缝,以减小焊接变形。但实际球体的制造,装焊过程总是交替进行的。其安装、焊接过程是:

支柱组合→吊装赤道板→吊装下温带板→吊装上温带板→装里外脚手→赤道纵缝焊接→下温带纵缝焊接→上温带纵缝焊接→赤道下环缝焊接→赤道上环缝焊接→上极板安装→上极板环缝焊接→下极板安装→下极板环缝焊接。

球罐焊接完成后,必须按规范进行射线和磁粉探伤(赤道带焊接结束即可穿插探伤)以及水压试验和气密性试验。

4. 球罐焊后的整体热处理

球罐焊接完以后,为消除热应力,对某些材质和一定壳体厚度的球罐需要进行整体热处理,即整体退火。一般方法是:加热前先将球罐支座上的地脚螺栓松开,以便罐体热膨胀以及支柱能向外移动。然后在球罐外面包上保温层,并用压缩空气将柴油喷成雾状,在罐内点燃后进行加热,加热温度一般为620℃左右。为了防止球罐顶部过热,罐内上部加设挡热板。另外在球罐的上、中、下部等多处安装测温计,当达到温度要求时即停止加热,并保温24h后缓慢冷却。

球罐的整体热处理,还可以采用火焰加热的退火装置,如图8-74所示。即将整台球罐作为炉体,在上人孔处安装一个带可调挡板的烟囱;同样在球罐外加保温层并安装测温热电偶。在下人孔口处安装一只高速烧嘴,它的喷射速度极快,燃料喷出后点火即可燃烧,其喷

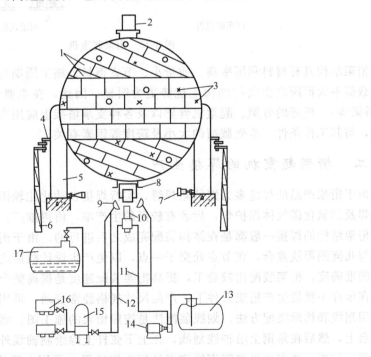

图8-74 火焰加热退火装置示意

1—保温毡;2—烟囱;3—热电偶布置点(图上共16个点,分别布置在球面的两侧,其中o为内侧,×为外侧);4—指针和底盘;5—支柱;6—支架;7—千斤顶;8—内外套筒;9—点燃器;10—烧嘴;11—油路软管;12—气路软管;13—储油罐;14—泵组;15—储气罐;16—空气压缩机;17—液化气储罐

射热流呈旋涡状态，能对球罐进行均匀加热，实现整体退火处理。

第四节 桁架起重机生产工艺

一、桁架起重机的种类

桁架起重机属于臂架类型起重机。主要有固定旋转起重机、塔式起重机、汽车起重机、铁路起重机等（图 8-75）。其结构生产特点均属于焊接桁架类。焊接桁架是指由直杆在节点处通过焊接相互连接组成的承受横向弯曲的格构式结构。桁架结构的组成是由许多长短不一、形状各异的杆件通过直接连接或借助辅助元件（如连接板）焊接而成节点的构造。

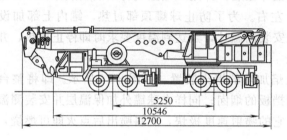
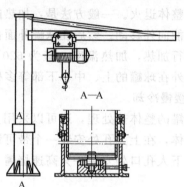

图 8-75 桁架起重机

桁架结构具有材料利用率高、质量小、节省钢材、施工周期短及安装方便等优点，尤其是在载荷不大而跨度很大的结构上优势更为明显。因此，在主要承受横向载荷的梁类结构（如桥梁等）、机器的骨架、起重机臂架以及各种支承塔架上应用非常广泛。桁架杆件材料的选用，与其工作条件、承受载荷的大小及跨度等因素有关。

二、桁架起重机的焊接生产

由于桁架产品的焊缝多为短的角焊缝，实行焊接自动化比较困难，故目前国内主要采用手弧焊及二氧化碳气体保护焊，后者有较高的生产率，值得推广。

桁架结构的焊接一般都是在结构装配完成之后进行的。由于桁架装配焊接后需保证杆件轴线与几何图形线重合，在节点处交于一点，以免产生设计载荷之外的偏心矩，故装配要有较高的准确度。桁架装配比较费工，提高桁架装配速度是提高整个桁架生产率的重要途径。

在单件小批量生产桁架条件下，产品尺寸规格经常变动，采用专门胎具生产不合适，而多采用划线和仿形装配方法。划线装配法是按照桁架的施工图，将切割下料好的角钢置于装配平台上，然后在角钢上沿轴线划线，在上下弦杆上除绘制轴线外，还要绘出腹杆轴线（竖直准线）位置，并在水平和竖直线交点处打上样冲眼，再用白漆圈上（作标记），然后在节点板上划线，将划好线的弦杆与之按线装配，然后将两端划好的中心线的腹杆与带有节点板的弦杆装配，装配时使用万能夹具（如螺旋压紧器等），全部位置合适后进行点固焊，接着将已完成装配点固的半片桁架吊起，翻转放置在平台上（图 8-76），再以这半片桁架作为仿模，在对应位置放置对应的节点板和各种杆件，用万能夹具卡紧后［图 8-76（b）］点固焊；已完成新的半片桁架，吊下翻转 180°，放置平台上，则可布置垫板，装配另外一半桁架各杆件［图 8-76（c）］，点固焊完成之后，即可到焊接工作地，进行全部焊缝的焊接。

除采用角钢、槽钢等杆件轴心划线法之外，也有在平台上先划几何图形线，依据几何图形线绘制型钢杆件轮廓线，按此线装配。

在上述装配方法中，局部尺寸要求严格的部位，例如塔式桁架与柱相交接处采用了定位器。图 8-77 所示为装配半片桁架的靠模定位器。图中Ⅰ为底座，Ⅱ为固定靠模Ⅲ的定位器，Ⅳ为定位器立柱。图 8-77（b）所示为正在装配新桁架情况。桁架支承垫板装配在立柱定位器上，位置被螺栓准确固定。当这种定位器布置较多，就组成了装配桁架的模架，形成所谓桁架结构模架装配法。这种模架除了制成平面的，适于平面桁架之外，也常制成空间的桁架装配模架，如装配起重机的桁架（空间桁架）。这种模架是由槽钢拼成的，模架上带有定位器和夹紧器，当桁架生产批量小时，制造模架的经济效益较差。

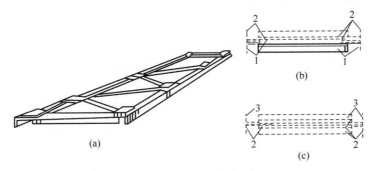

图 8-76　桁架仿形装配法示意
1—仿形样模；2—仿制上半部桁架；3—仿制下半部桁架

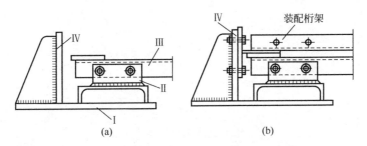

图 8-77　装配桁架端部（支承部）的定位器

综上所述，焊接桁架的工艺分析首先考虑保证产品几何形状（装配位置正确），然后希望提高生产率，首要的是装配效率，焊接工艺要采用半自动的、灵活的熔焊工艺，如 CO_2 气保护焊等。

复习思考题

1. 焊接钢结构与其他形式连接的钢结构相比具有哪些优点和不足？
2. 钢结构是如何分类的？
3. 合理的焊接结构设计应注意考虑哪些方面？

4. 压力容器的分类？
5. 锅炉和压力容器结构的拼装焊缝是如何分类的？A、B类焊缝适用于什么场合？
6. 压力容器什么时候应采取全焊透接头？
7. 容器的支座有哪些形式？各用于什么场合？
8. 裙座和筒体采用对接或搭接方式各有什么优缺点？
9. 圆筒形压力容器的主要部件有哪些？其中端盖有何结构形式及特点？
10. 简述圆筒形压力容器制造的主要焊接工艺过程。
11. 简述球形结构的结构特点和工艺过程。
12. 桁架组装时有哪些技术要求？如何保证？
13. 简述桁架结构的特点和工艺过程。

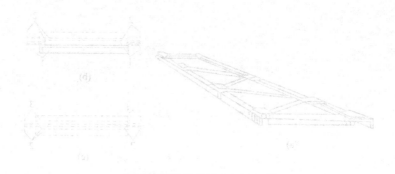

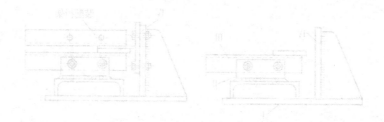

第九章 焊接检验

焊接检验是保证焊接产品质量的重要措施。焊接检验应该坚持以防为主，以治为辅。在焊前和焊接过程中，对影响焊接质量的因素进行认真检查，以减少和防止焊接缺陷的出现，焊后根据产品的技术要求，对焊缝进行质量检验，以确保焊接结构使用的安全可靠。

焊接检验一般包括焊前检验、焊接过程中检验和成品的焊接质量检验。

焊前检验是焊接检验的第一个阶段，包括检验焊接产品图样和焊接工艺规程等技术文件是否齐全，焊接构件金属和焊接材料的型号及材质是否符合设计或规定的要求，构件装配和坡口加工的质量是否符合图样要求，焊接设备及辅助工具是否完善，焊接材料是否按照工艺要求进行去锈、烘干等准备，以及焊工操作水平的鉴定等。

焊接过程中的检验是焊接检验的第二阶段，包括检验在焊接过程中焊接工艺参数是否正确，焊接设备运行是否正常，焊接夹具夹紧是否牢固，在操作过程中可能出现的焊接缺陷等。焊接过程中检验主要在整个操作过程中完成。

成品的焊接质量检验是焊接检验的最后阶段，检验方法很多，应根据产品的使用要求和图样的技术条件选用。本章主要介绍对成品焊接接头质量检验的几种常用方法。

焊接检验可分为非破坏性检验、破坏性检验和声发射检验三类，每类中又有若干具体检验方法，如图 9-1 所示。

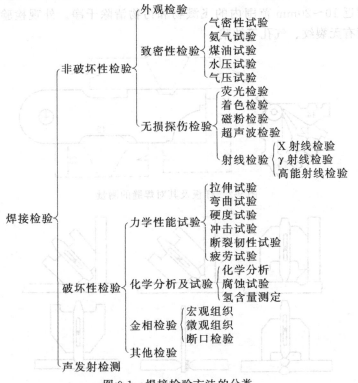

图 9-1 焊接检验方法的分类

破坏性检验要破坏焊缝或接头，通常不能在产品上进行，而是在工艺评定阶段随产品一起焊接的试板上进行，因此所获得的数据有很大的随机性和局限性。

而一些重要的焊接结构必须采用不破坏其原有的形状、不改变或不影响其使用性能的检测方法，来保证产品的安全性和可靠性，因此非破坏性检验——无损检测技术在当今获得很大发展。

声发射检测是利用材料或结构在外力或内力作用下，产生变形或断裂时发出的声音发射信号，来确定缺陷的产生、运动和发展情况。声发射检测是一种动态的无损检测方法，即焊接结构、焊接接头或材料的内部缺陷处于运动变化过程中才能实施的检测。因此利用声发射检测技术可以在焊接过程中对焊缝实行实时监控，及时确定缺陷的位置；也可以对运动中的焊接结构进行监测，当有危险性缺陷出现时能进行预报，防止重大事故发生。声发射检测已经被广泛应用于焊接工艺研究和一些重要焊接结构的连续监视和评价。

第一节　非破坏性检验

非破坏性检验是指在不损坏被检验材料或成品的性能、完整性的条件下进行检测缺陷的方法，包括外观检验、致密性检验和无损探伤检验。

一、外观检验

焊接接头外观检验是以肉眼直接观察为主，一般可借助于标准样板（图9-2）、焊缝万能量规（图9-3），必要时利用5~10倍放大镜来检查。外观检验主要是为了发现焊接接头的表面缺陷，如焊缝的表面气孔、咬边、焊瘤、烧穿及焊接表面裂纹、焊缝尺寸偏差等。检验前，需将焊缝附近10~20mm范围内的飞溅物和污物清除干净。外观检验应特别注意焊缝有无偏离，表面有无裂纹、气孔等缺陷。

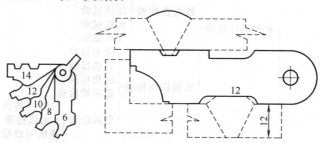

图9-2　样板及其对焊缝的测量

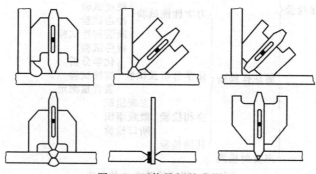

图9-3　万能量规的应用

二、致密性检验

致密性检验是检验焊接管道、盛器、密闭容器上焊缝是否存在不致密的缺陷，以便及时发现，进行排除并修复。常用的致密性检验方法有气密性试验、氨气试验、煤油试验、水压试验和气压试验。

1. 气密性试验

在密闭容器中，通过远低于容器工作压力的压缩空气，在焊缝外侧涂上肥皂水。如果焊接接头有穿透性缺陷时，由于容器内外气体的压力差，肥皂水就有气泡出现。这种检验方法常用于受压容器接管加强圈的焊缝。

2. 氨气试验

向被检容器通入含 1%（体积分数）（在常压下的含量）氨气的混合气体，并在容器的外壁焊缝表面贴上一条比焊缝略宽、用 5% 的硝酸汞水溶液浸过的纸带。当混合气体加压至所需压力值时，如果焊接接头有不致密的地方，氨气就会泄漏作用在浸过硝酸汞溶液的试纸上，致使该部位呈现出黑色斑纹，从而确定缺陷部位。这种方法比较准确、快捷，同时可在低温下检查焊缝的致密性。氨气试验常用于某些管子或小型受压容器。

3. 煤油试验

在焊缝表面（包括热影响区）涂上石灰水溶液，待干燥后，在焊缝的另一面仔细地涂上煤油。由于煤油具有渗透性很强的特性，当焊接接头存在贯穿性缺陷时，煤油就能渗透过去，在涂有石灰水的带状白色表面上显露出油斑点或带条状的油迹。为了精确地确定缺陷的大小和位置，检查工作要在涂煤油后立即开始，发现油斑就及时将缺陷标出，以免渗油痕迹渐渐散开而模糊不清。

煤油试验的持续时间与焊件板厚、缺陷的大小及煤油量有关，一般为 15~20min。试验时间通常在技术条件下标出。如果在规定的时间内，焊缝表面未显现油斑，可评为焊缝致密性合格。

煤油试验常用于不受压容器的对接焊缝，如敞开的容器，储存石油、汽油的固定式容器等。

4. 水压试验

水压试验不仅用来检验焊接容器整体的致密性，同时也可用来检验焊缝的强度，一般是超载检验。试验用的水温，碳钢不低于 5℃，其他合金钢不低于 15℃。若环境温度分别低于上述温度时，试验用的水温必须分别保持上述温度要求。

试验时，将容器注满水，彻底排尽空气，并用水压机向容器内加压，如图 9-4 所示。试验压力的大小，视产品工作性质而定，一般为容器工作压力 1.25~1.5 倍。在升压过程中，应按规定逐渐上升，中间作短暂停压。当水压达到试验压力最高值后，应持续一定时间，一般为 10~15min。之后再将压力缓缓地降至容器的工作压力，并用 0.4~0.5kg 的圆头小锤在距离焊缝 15~20mm 处，沿焊缝方向轻轻敲打，同时仔细检查焊缝。若发现焊缝上有水珠、细水流或潮湿现象时应及时标注，待容器卸载后进行返修处理，直至产品水压试验合格为止。试验用水的温度应稍高于周围空气的温度，以防止容器外表凝结露水，影响检验。

由于水压试验一般均在高压状态下进行，所以，受试产品一般应经消除应力热处理后才能进行水压试验；试验所用的压力计，应经计量部门校核后才能使用，而且至少要有两只压力计同时使用，以免发生非正常爆破造成人身伤亡事故。必要时，可在受试容器上安置应变测试器材，以防在试验过程中出现超过材料屈服强度的危险状态。

水压试验主要用于高压容器的致密性检验。

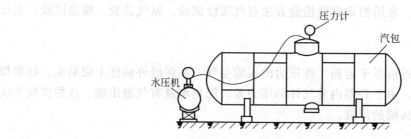

图 9-4　锅炉汽包的水压试验

5. 气压试验

气压试验和水压试验一样是检验在压力下工作的焊接容器和管道的焊缝致密性。气压试验是比水压试验更为准确和迅速的试验方法，同时检验后的产品不需进行排水处理。但是，气压试验比水压试验的危险性大。

试验时，先将气压加至产品技术条件的规定值，然后关闭进气阀，停止加压。用肥皂水涂在焊缝上，检查焊缝是否漏气，或检查工作压力表数值是否下降。如果均无，则该产品合格，否则应该找出缺陷部位，待卸压后进行返修、补焊，直至再进行检验合格后方能出厂。

气压试验具有一定的危险性，如果操作不当会出现非正常的爆炸，因此，气压试验时必须遵守以下安全措施。

① 要在隔离场所进行试验，在升压过程中严禁工作人员在现场作业或检查工作。

② 当被试产品处在气体压力下时，不得敲击、振动和修补缺陷。

③ 在输送压缩空气到产品的管道上时，要设置一个储气罐，以保证进气的稳定。在储气罐的气体入出口处，各装一个开关阀，在输出端（即产品的输入口端）装上安全阀，工作压力计和监视压力计。升压应分级逐步提高，每级一般可为试验压力的 10%～20%，每级之间应适当保压，保压时间不小于 10～30min，以观察有无异常现象。

④ 当产品内的压力值达到所需的试验数值时，应关闭阀门停止加压。

⑤ 在低温下进行试验时，要采取防止产品冻结的措施。

第二节　无损探伤检验

无损探伤检验是非破坏性检验中的一种特殊的检验方式，是利用渗透（荧光检验、着色检验）、磁粉、超声波、射线等检验方法来发现焊缝表面的细微缺陷及存在于焊缝内部的缺陷。目前，这类检验方法已在重要的焊接结构中被广泛应用。

一、荧光检验

它是用来发现焊件表面缺陷的一种方法。检验的对象是不锈钢、铜、铝及镁合金等非磁性材料。这个方法也可用来检验焊缝的致密性。它是利用浸透矿物油的氧化镁粉在紫外线的照射下，能发出黄绿色荧光的特性而进行检验。

检验时，先将被检验的焊件预先浸在煤油和矿物油的混合液中数分钟，由于矿物油具有很好的渗透能力，能渗进极细微的裂纹，因此焊件表面干燥后，缺陷中仍残留有矿物油。此时撒上氧化镁粉末，在暗室内，用水银石英灯发出的紫外线照射，这时残留在表面缺陷内的荧光粉（氧化镁粉）就会发光，显示缺陷的状况。荧光检验如图9-5所示。

二、着色检验

它的原理与荧光检验相似，不同之处用着色剂来取代荧光粉显现缺陷。

检验时，在擦净的焊缝表面涂上一层红色流动性和渗透性良好的着色剂，使其渗透到焊缝表面的缺陷内。然后将焊缝表面擦净，并涂上一层白色显示液，白色的底层上渗出的红色的条纹，表明该处缺陷的位置和形状。

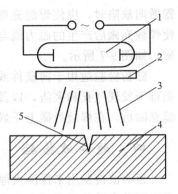

图 9-5　荧光检验
1—紫外线光源；2—滤光板；
3—紫外线；4—被检验焊件；
5—充满荧光粉的缺陷

着色检验的灵敏度较荧光检验高，也较为方便。其灵敏度一般为0.01mm，深度不小于0.03~0.04mm。

三、磁粉检验

它也是用来探测焊缝表面细微裂纹的一种检验方法。磁粉检验是利用强磁场中，铁磁性材料表层缺陷产生的漏磁场吸附磁粉的现象来进行检验的。

检验时，将焊缝两侧局部充磁，焊缝中便有磁力线通过。如果断面形状不同，或内部（近表层）有气孔、夹渣和裂纹等缺陷存在于焊缝中，则磁力线的分布就不是均匀的，而因各段磁阻不同产生弯曲，绕过磁阻较大的缺陷。如果缺陷位于焊缝表面或接近表面，则阻碍磁力线通过，这样磁力线不但会在焊件内部弯曲，而且还会有一部分磁力线绕过缺陷而暴露在空气中，产生漏磁现象，如图9-6所示。这时在焊缝表面撒上铁粉，由于缺陷处漏磁的作用，铁粉就会被吸附，聚集成与缺陷形状和长度相近似的迹象，以此判断缺陷的大小和位置。缺陷的显露和缺陷与磁力线的相对位置有关，与磁力线相垂直的缺陷最易显露。所以显

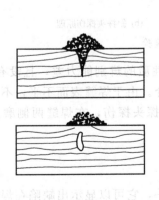

图 9-6　焊缝中有缺陷时产生漏磁现象

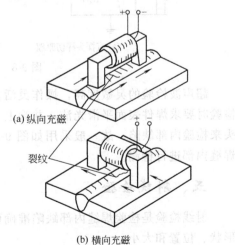

图 9-7　磁粉检验时焊缝缺陷的显露

露横向缺陷时，应使焊缝充磁后产生的磁力线沿焊缝的轴向（纵向）；显露纵向缺陷时，应使焊缝充磁后产生的磁力线与焊缝垂直。在实际检验时，必须对焊缝进行交替的纵、横向充磁，如图9-7所示。

磁粉检验适用于薄壁件或焊缝表面裂纹的检验，还能显露出一定深度和大小的未焊透，但难于发现气孔和夹渣，以及隐藏在深处的缺陷。磁粉检验有干法和湿法两种。干法是当焊缝充磁后，在焊缝处撒上干燥的铁粉；湿法则是在充磁的焊缝表面涂上铁粉的悬浊液。

四、超声波检验

超声波检验用来探测大厚度焊件焊缝内部的缺陷。它是利用超声波在金属内部直线传播遇到两种介质的界面时会发生反射和折射的原理来检验焊缝中缺陷的。

检验时，超声波由探头经焊件表面传入，并在焊件内部传播。超声波在遇到焊件表面、内部缺陷和焊件的底面时，均会反射回探头，由探头将超声波转变成电信号，并在示波器上出现三个脉冲信号：始脉冲（焊件表面反射波信号）、缺陷脉冲、底脉冲（焊件底面反射波信号），如图9-8（a）所示。由缺陷脉冲与始脉冲及底脉冲间的距离，可知缺陷的深度，并由缺陷脉冲信号的高度来确定缺陷的大小。图9-8（b）所示为用斜探头探伤的原理。由于其焊件底面反射波信号无法再反射到探头上，故在示波器上只显示出始脉冲和缺陷脉冲。

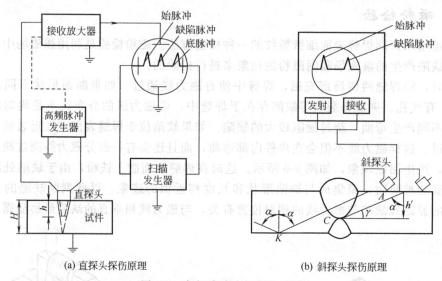

(a) 直探头探伤原理　　　　　　　　(b) 斜探头探伤原理

图9-8　高频脉冲式超声波检验

超声波检验的灵敏度高，操作灵活方便，但对缺陷性质的辨别能力差，且没有直观性。检验时要求焊件表面平滑光洁，并涂上一层油脂作为媒介。由于焊缝表面不平，不能用直探头来检验内部缺陷，故一般采用如图9-8（b）所示的斜探头探伤，在焊缝两侧磨光面上对焊缝内部进行检测。

五、射线检验

射线检验是检验焊缝内部缺陷准确而可靠的方法之一，它可以显示出缺陷在焊缝内部的形状、位置和大小。

1. 射线检验的原理

它是利用 X 射线和 γ 射线等能程度不同地透过不透明物体，使照相底片得以感光，从而进行焊接检验。射线通过不同物质的时候，会不同程度地被吸收，如金属厚度、密度越大，射线被吸收就越多。因此射线在通过缺陷处和无缺陷处被吸收的程度不同，使得射线透过接头后，射线强度的衰减有明显差异，使胶片上相应部位的感光程度也不一样。由于缺陷吸收的射线小于金属材料所吸收的射线，所以，通过缺陷处的射线对胶片感光较强，冲洗后的底片，在缺陷处颜色较深，无缺陷处则底片感光弱，底片颜色较淡。通过对底片上影像的观察、分析，便能发现焊缝内有无缺陷及缺陷的种类、大小与分布。图 9-9 所示为 X 射线与 γ 射线检验的示意。

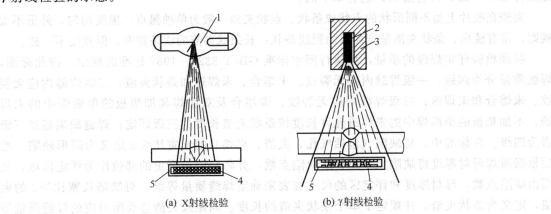

(a) X 射线检验　　　(b) γ 射线检验

图 9-9　X 射线与 γ 射线检验示意

1—X 射线管；2—R 射线源；3—铅盒；4—底片；5—底片夹

焊缝在射线检验之前，必须进行表面检查，表面上的不规则程度应不妨碍对底片上缺陷的辨认，否则应加以整修。

2. 射线检验结果的识别

用 X 射线和 γ 射线对焊缝进行检验，一般只应用在重要结构上。这种检验由专业人员进行，但作为焊工应具备一定的评定焊缝底片的知识，能够正确判定缺陷的种类和部位，以做好返修工作。

经射线照射后，在胶片上有一条淡色影像即是焊缝，在焊缝部位中显示的深色条纹或斑点就是焊接缺陷，其尺寸、形状与焊缝内部实际存在的缺陷相当。图 9-10 所示为几种常见焊接缺陷在胶片中显示的结果。

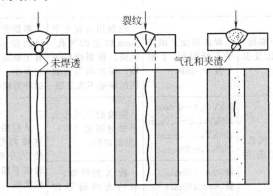

图 9-10　胶片中焊接缺陷的显示

未焊透在胶片上是一条断续或连续的黑色直线。在 I 形坡口对接焊缝中，宽度常是较均匀的；V 形坡口焊缝中的未焊透，在胶片上的位置多是偏离焊道中心呈断续的线状，即使是连续的也不太长，宽度不一致，黑度也不均匀；V 形、X 形坡口双面焊中的底部或中部未焊透，在胶片上呈黑色较规则的线状；角焊缝的未焊透，呈断续线状。

裂纹在胶片上一般呈略带曲折的黑色细条纹，有时也呈现直线细纹；轮廓较为分明，两端较为尖细，中部稍宽，有分支的现象较少见，两端黑度逐渐变浅，最后消失。

气孔在胶片上多呈圆形或椭圆形黑点，其黑度一般是中心处较大而均匀地向边缘减小；黑点分布不一致，有密集的，也有单个的。

夹渣在胶片上呈不同形状的点状或条状。点状夹渣一般为单独黑点，黑度均匀，外形不太规则，带有棱角；条状夹渣呈宽而短的粗线条状；长条状夹渣的线条较宽，但宽度不一致。

射线检验评定焊缝的质量，可执行国家标准 GB/T 3323—1987 标准的规定。按此标准，焊缝质量分为四级：一级焊缝内应无裂纹、未熔合、未焊透和条状夹渣；二级焊缝内应无裂纹、未熔合和未焊透；三级焊缝内应无裂纹、未熔合及双面焊和加垫板的单面焊中的未焊透，不加垫板的单面焊中的未焊透允许长度按条状夹渣长度的三级评定；焊缝缺陷超过三级者为四级。在标准中，将缺陷（包括气孔、夹渣、夹钨）的长宽比≤3 定义为圆形缺陷。然后根据所焊母材厚度将缺陷大小换算成缺陷点数，并将缺陷最严重的部位作为评定区域，从而由缺陷点数，母材厚度和评定区的尺寸查表来确定焊缝质量等级。对缺陷长宽比＞3 的夹渣，定义为条状夹渣，并规定了单个条状夹渣的长度、间距及夹渣总长所对应的焊缝质量等级。表 9-1 列出几种无损探伤检验方法的比较。

表 9-1　几种无损探伤检验方法的比较

检验方法	可探出缺陷	可检验厚度	灵敏度	判断方法	说明
着色检验 荧光检验	贯穿表面的缺陷（如微细裂纹、气孔等）	表面	缺陷宽度小于 0.01mm，深度小于 0.03mm 者检查不出	直接根据着色溶液（渗透液）在吸附显影剂上的分布，确定缺陷位置，缺陷深度不能确定	焊接接头表面一般不需加工，有时需打磨加工
磁粉检验	表面及近表面的缺陷（如细微裂纹、未焊透、气孔等）。被检验表面最好与磁场正交	表面及近表面	比荧光法高。与磁场强度大小及磁粉质量有关	直接根据磁粉分布情况判定缺陷位置。缺陷深度不能确定	（1）焊接接头表面一般不需加工，有时需打磨加工；（2）限于母材及焊缝金属均为铁磁性材料
超声波检验	内部缺陷（裂纹、未焊透、气孔及夹渣）	焊件厚度上限几乎不受限制，下限一般 8～10mm	能探出直径大于 1mm 以上的气孔、夹渣。探裂纹较灵敏。探表面及近表面的缺陷不太灵敏	根据荧光屏上信号的指示，可判断有无缺陷及其位置和大小。判断缺陷的种类较难	检验部位的表面需加工 $IR_a12.5$～$R_a3.2$，可以单面探测
X 射线检验	内部裂纹、气孔、未焊透、夹渣等缺陷	50kV，0.1～0.6mm 100kV，1.0～5.0mm 150kV，≤2.5mm 250kV，≤60mm	能检验出尺寸大于焊缝厚度 1%～2% 的缺陷	从照相底片上能直接判断缺陷种类、大小和分布；对裂纹不如超声波灵敏度高	焊接接头表面不需加工；正反两个面都必须是可接近的（如无金属飞溅粘连及明显的不平整）
γ 射线检验		镭，60～150mm 钴，60～150mm 铱 192，1.0～65mm	较 X 射线低，一般约为焊缝厚度的 3%		

第三节 破坏性检验

破坏性检验是从焊件或试件上切取试样,或以产品(或模拟体)的整体破坏进行试验,以检查其力学性能、抗腐蚀性能等的检验方法。它包括力学性能试验、化学分析、腐蚀试验、金相检验、焊接性试验等。

一、力学性能试验

力学性能试验用于对焊接接头的试验,一般是对焊接试(样)板进行拉伸、弯曲、冲击,以及硬度和疲劳强度等试验。焊接试(样)板的材料、坡口形式、焊接工艺等应与产品的实际情况相同。从试(样)板上截取试样的位置如图9-11所示。

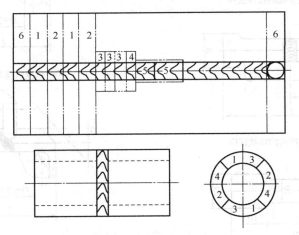

图 9-11 焊接试样的截取位置
1—拉伸;2—弯曲;3—冲击;4—硬度;
5—熔敷金属拉伸;6—舍弃

1. 拉伸试验

拉伸试验是为了测定焊接接头或熔敷金属的抗拉强度、屈服点、伸长率和断面收缩率等力学指标。在拉伸试验时,还可以发现试样断口中的某些焊接缺陷。拉伸试样一般有板状试样、圆形试样和整管试样三种,如图9-12所示。

拉伸试验除了检验焊接接头及焊件的强度和塑性之外,有些技术标准要求进行熔敷金属的拉伸试验,来测定其伸长率,以鉴定焊接材料的性能。另外,或以通过高温短时拉伸试验来测定耐热钢焊接接头在高温条件下的瞬时强度和塑性指标。为了解长期在高温下工作的耐热钢焊接接头的性能,有时还要进行高温持久强度试验。

2. 弯曲试验

弯曲试验也称冷弯试验,是测定焊接接头弯曲时的塑性的一种试验方法,也是检验表面质量的一种方法。试验时以一定形状和尺寸的试样,在室温条件下被弯曲到出现第一条大于规定尺寸的裂纹时的弯曲角度作为评定标准。弯曲试验还可以反映出焊接接头各区域的塑性差别,以及熔合区的熔合质量和暴露的焊接缺陷。弯曲试验分正弯、背弯和侧弯三种,可根据产品技术条件选定。背弯易于发现焊缝根部缺陷，侧弯能检验焊层与焊件之间的结合强度。

冷弯角一般以 90°或 180°为标准，检查焊接接头有无裂纹。当试样达到规定角度后，拉伸面上不出现长度超过 3mm，宽度超过 1.5mm 的裂纹为合格。弯曲试验的示意如图 9-13 所示。

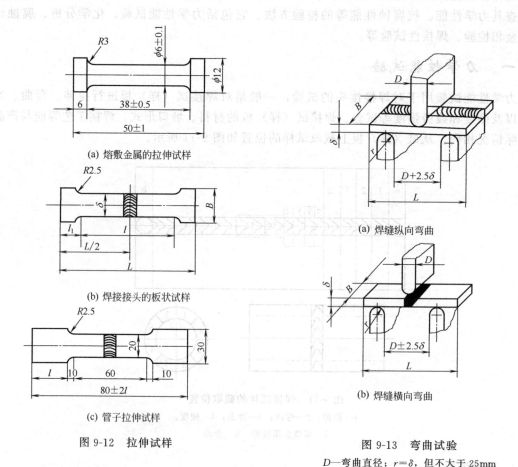

图 9-12　拉伸试样

图 9-13　弯曲试验

D—弯曲直径；$r=\delta$，但不大于 25mm

3. 硬度试验

实验目的是测定焊接接头各个部分的硬度，以便了解区域偏析和近缝区的淬硬倾向。常见的硬度为布氏硬度（HB）和洛氏硬度（HR）。

4. 冲击试验

实验目的是测定焊缝金属或焊件热影响区在受冲击载荷时抵抗断裂的能力（韧性），以及脆性转变的温度。冲击试验通常是在一定温度下（例如 0℃、-20℃、-40℃等），把有缺口的冲击试样放在试验机上测定。试样缺口部位可以开在焊缝上，也可以开在热影响区内，根据试验要求确定。图 9-14 所示为焊接接头的冲击试样。

5. 断裂韧度试验

断裂韧度试验是通过对具有裂纹的试样进行试验，测定材料抵抗裂纹开裂和扩展能力的试验方法。

6. 疲劳试验

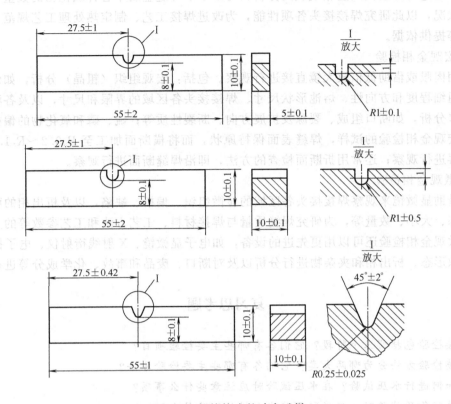

图 9-14 焊接接头的冲击试样

用来测定焊接接头在交变载荷作用下的强度。常以在一定交变载荷作用下断裂时的应力和循环次数表示。疲劳强度试验根据受力不同，可分为拉压疲劳、弯曲疲劳和冲击疲劳试验等。

二、化学分析及腐蚀

1. 化学分析

焊缝的化学分析是检查焊缝金属的化学成分。化学分析的试样从焊缝金属或堆焊层上取得。一般常规分析需试样 50~60g。经常被分析的元素有碳、锰、硅、硫和磷等。如对一些合金钢或不锈钢中含有的镍、铬、钛、钒、铜作分析，则要多取一些试样。

2. 腐蚀试验

焊缝和焊接接头的腐蚀破坏的形式有：总体腐蚀、晶间腐蚀、刀状腐蚀、点腐蚀、应力腐蚀、海水腐蚀、气体腐蚀和腐蚀疲劳等。腐蚀试验的目的是确定在给定的条件下金属抗腐蚀的能力，估计产品的使用寿命，分析腐蚀的原因，找出防止或延缓腐蚀的措施。

腐蚀试验的具体方法根据产品对耐腐蚀性能的要求而定。常用的方法有不锈钢晶间腐蚀试验、应力腐蚀试验、腐蚀疲劳试验、大气腐蚀试验、高温腐蚀试验等。

三、金相检验

焊接接头的金相检验是用来检查焊缝、热影响区及焊件的金相组织情况，以及确定内部缺陷等。通过对焊接接头金相组织的分析，可以了解焊缝金属中各种氧化物的数量、晶粒度及组织状况，以此研究焊接接头各项性能，为改进焊接工艺、制定热处理工艺规范、选择焊接材料等提供依据。

1. 宏观金相检验

即用肉眼或借助低倍放大镜直接进行观察。包括：宏观组织（粗晶）分析，如焊缝一次结晶的粗细程度和方向性、熔池形状尺寸、焊接接头各区域的界限和尺寸，以及各种焊接缺陷；断口分析，如断口组成、裂源及扩展方向、断裂性质等；硫、磷和氧化物的偏析程度。

对宏观金相检验的试样，焊缝表面保持原状，而将横断面加工至 $R_a3.2 \sim R_a1.6$，经过腐蚀后再进行观察；还常用折断面检查的方法，即沿焊缝断面进行观察。

2. 微观金相检验

即借助显微镜来观察焊接接头各区域的显微组织、偏析、缺陷，以及析出相的种类、性质、形态、大小、数量等，为研究焊缝质量与焊接材料、工艺方法和工艺参数等的关系提供依据。微观金相检验还可以用更先进的设备，如电子显微镜、X射线衍射仪、电子探针等分别对组织形态、析出相和夹杂物进行分析以及对断口、废品和事故、化学成分等进行分析。

复习思考题

1. 接检验包括哪三个阶段？它们各有哪些主要检验项目？
2. 接检验方法分为哪两大类？它们各有哪些主要检验方法？
3. 如何进行水压试验？在水压试验时应注意些什么事项？
4. 进行气压试验时，应采取哪些安全措施？为什么？
5. 荧光检验和着色检验在用途和原理方面有哪些相同和不同之处？
6. 磁粉检验的原理和用途是什么？如何操作才更容易显露焊缝的缺陷？
7. 超声波检验的原理和用途是什么？直探头和斜探头探伤在示波管荧光屏上显示的脉冲信号有什么不同？为什么？
8. 射线检验的原理是什么？如何识别经X射线或γ射线检验所获得的胶片中所显示的焊接缺陷？
9. 简述几种无损探伤检验方法的比较。
10. 力学性能试验中主要试验方法的目的是什么？
11. 化学分析和腐蚀试验的目的是什么？

主要参考文献

1. 雷世明主编，焊接方法与设备. 北京：机械工业出版社，2000
2. 郑应国主编. 焊工工艺学. 第2版. 北京：中国劳动出版社，1989
3. 陈云祥主编. 焊接工艺. 北京：机械工业出版社，2002
4. 宇永福，张德生主编. 金属材料焊接. 北京：机械工业出版社，1998.5
5. 中国机械工程学会焊接学会编. 焊接手册. 材料的焊接、第2卷. 第2版. 北京：机械工业出版社，2001
6. 王宽富，冯丽云编. 焊接与化机焊接结构. 杭州：浙江大学出版社，1992
7. 英若采主编. 熔焊原理及金属材料焊接. 第2版. 北京：机械工业出版社，1999
8. 陈梅春主编. 金属熔化焊基础. 北京：化学工业出版社，2002
9. 邢晓林主编. 焊接结构生产. 北京：化学工业出版社，2002
10. 陈伯蠡编著. 焊接工程缺欠分析与对策. 北京：机械工业出版社，1997
11. 劳动部培训司组织编. 焊工工艺学. 第2版. 北京：中国劳动出版社，1989
12. 王国凡主编. 钢结构焊接制造. 北京：化学工业出版社，2004
13. 朱玉义主编. 焊工实用技术手册. 南京：江苏科学技术出版社，1999
14. 机械工业学会焊接学会编. 焊接手册. 第1~3卷. 第2版. 北京：机械工业出版社，2001
15. 吴树雄，尹士科编，焊丝选用指南. 北京：化学工业出版社，2002
16. 沈惠塘编. 焊接技术与高招. 北京：机械工业出版社，2002
17. 邱葭菲编. 焊接切割作业安全技术. 长沙：中南工业大学出版社，2003.10

内 容 提 要

本书以高等职业教育的培养目标为基础，较系统地介绍了焊接冶金基础、焊接应力与变形、焊接材料、焊接工艺、常用焊接方法、常用金属材料的焊接、焊接缺陷的产生及防止、典型焊接钢结构、焊接检验等。全书内容编写以够用和简单实用为原则，便于学习和掌握，对进行焊接生产也有一定的指导作用。

本书可作为高等职业学校机械类非焊接专业的焊接技术课程用书，也可供相关工程技术人员、工人参考。